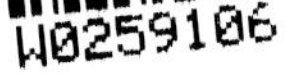

Applied Mineralogy
Technische Mineralogie

Edited by
Herausgegeben von

V. D. Fréchette, Alfred, N.Y.
H. Kirsch, Essen
L. B. Sand, Worcester, Mass.
F. Trojer, Leoben

7

Springer-Verlag
Wien New York 1974

W. Dreyer

Materialverhalten anisotroper Festkörper

Thermische und elektrische Eigenschaften

Ein Beitrag zur Angewandten Mineralogie

Springer-Verlag
Wien New York 1974

Professor Dr. rer. nat. WOLFGANG DREYER, Leiter der Forschungsstelle für Petromechanik und Gesteinsphysik der Technischen Universität Clausthal, D-3392 Clausthal-Zellerfeld, Bundesrepublik Deutschland

Softcover reprint of the hardcover 1st edition 1974

Library of Congress Catalog Card Number 74-5597

Mit 121 Abbildungen

ISBN-13:978-3-7091-8345-8 e-ISBN-13:978-3-7091-8344-1
DOI: 10.1007/978-3-7091-8344-1

Vorwort

Die rasche Entwicklung der auf dem Gebiet der Angewandten Mineralogie betriebenen Materialforschung hat unser Verständnis für das Zusammenspiel von Einkristall- und Texturverhalten anisotroper Festkörper wesentlich erweitert und verfeinert. Ein früher kaum beachtetes Spezialgebiet der Mineralogie ist zu einer ausgereiften und nun schon fast unübersehbaren Wissenschaft herangewachsen. Noch vor wenigen Jahren konnte jeder interessierte Mineraloge — gleichsam nebenher — alle Arbeiten über das Materialverhalten anisotroper Festkörper leicht lesen und verarbeiten. Heute erscheinen über dieses Thema rund tausend Arbeiten pro Jahr, und aus der Zunahmerate läßt sich ablesen, daß diese Zahl künftig wohl noch zunehmen wird. Dieser Sachverhalt begründet die Notwendigkeit einer zusammenfassenden Darstellung des heutigen Wissensstandes.

Die in dieser Monographie zusammengefaßten Untersuchungsergebnisse berühren einen Forschungszweig der Angewandten Mineralogie, der mit den Grundlagenwissenschaften Mathematik, Physik und Kristallkunde eng gekoppelt ist. Ursprünglich war daran gedacht, außer der Behandlung der thermischen und elektrischen Eigenschaften der Festkörper auch Probleme der magnetischen, elastomechanischen und piezophysikalischen Anisotropie in die Monographie mit aufzunehmen, doch hätte dies den Rahmen des Buches gesprengt. Im Rahmen der Gefügemechanik seien die im Springer-Verlag erschienenen Symposien von J. Grewen und G. Wassermann (1969) sowie P. Paulitsch (1970) hervorgehoben, welche sich mit Texturen in Forschung und Praxis sowie mit der experimentellen und natürlichen Gesteinsverformung befassen. In der letztgenannten Veröffentlichung sind eigene Untersuchungen des Verfassers auf dem Gebiet der mechanischen Regelungseigenschaften monomineralischer Gesteine bei gerichteter Beanspruchung publiziert worden.

Der Verfasser war bemüht, sich weitgehend der Nomenklatur der Metallphysik zu bedienen, um so das Band zwischen der Metall- und Gesteinsphysik enger zu knüpfen und zu vertiefen. Neben eigenen Untersuchungsergebnissen wurden die in der Weltliteratur sehr verstreut mitgeteilten Meßdaten gesammelt und zusammengestellt. Hierbei war in der Regel eine Normierung auf die gegenwärtig benutzten Einheitssysteme erforderlich, was umfangreiche Umrechnungen und Umzeichnungen von Diagrammen erforderte. Inwieweit es dem Verfasser gelungen ist, mit der Erarbeitung dieser Monographie die fühlbare Lücke im Hinblick auf eine geschlossene Abhandlung der thermischen und elektrischen Eigenschaften der Festkörper zu schließen, möge der Leser entscheiden. Mein Dank gilt der Deutschen Forschungsgemeinschaft für die finanzielle Hilfe bei der Beschaffung aufwendiger elektronischer Apparaturen sowie dem Springer-Verlag in Wien für die sorgfältige und sachgemäße Gestaltung des Werkes.

Clausthal, im Sommer 1974

W. Dreyer

Inhaltsverzeichnis

1. Stand und Zielsetzung der Texturforschung

1.1. Abgrenzung des Themas

In Festkörpern bestimmt außer den Kristalleigenschaften insbesondere die Orientierung der anisotropen Teilbereiche das Materialverhalten. Hierbei wird die Gesamtheit der Orientierungen der Kristalle des polykristallinen Verbandes als Textur bezeichnet. Texturen sind durch die Vorgeschichte des Festkörpers geprägt und können durch Erstarrungs-, Rekristallisations- und Bearbeitungsvorgänge entstehen.

Bahnbrechende Arbeiten wurden auf dem Gebiet der Texturforschung von Metallphysikern geleistet, welche sich speziell mit dem Texturverhalten metallischer Werkstoffe befaßt haben. Sie sind in dem umfassenden Werk von G. Wassermann und J. Grewen (1962) eingehend behandelt worden und werden weitgehend als bekannt vorausgesetzt. Die vorliegende Arbeit befaßt sich über den Werkstoff Metall hinaus mit den Mineral- und Textureigenschaften von Gesteinen und umfaßt somit auch das Arbeitsfeld der Petromechanik und Gesteinsphysik.

In Einengung des Themas werden Anisotropien der Kornform nur randlich berührt. Der erweiterte Begriff der Gefügeregelung, der sowohl die Anisotropie der Kristallorientierung als auch die der Kornform, der Korngrößenverteilung usw. umfaßt, wird nur in denjenigen Fällen herangezogen, bei denen Kornform-, Korngrößen- und Kornbindungseffekte nicht mehr vernachlässigt werden dürfen.

Die Textur der Festkörper wird im gesamten Probenraum als homogen vorausgesetzt. Bei Triaxialuntersuchungen trifft die Bedingung der Homogenität der Textur meist nur im Kernbereich der Proben zu. Die Einregelung im Korngefüge geschieht fast ausschließlich nach bestimmten Gitterebenen, hauptsächlich nach Zwillingsgleitebenen. Wie F. Karl und H. Kern (1968) nachweisen konnten, erfolgte die Verformung natürlicher Marmore bei den durchgeführten Langzeitversuchen unter der echt triaxialen Prüfpresse tatsächlich überwiegend durch Betätigen von Zwillingsschiebungsflächen, während bei den Kurzzeitverformungen von D.T. Griggs, F.J. Turner und H.C. Heard (1960) vorwiegend gewisse Rhomboederflächen betätigt wurden, wobei offenbar Translationen und Spaltflächen bedeutsamer beteiligt waren. Grundlegend sind ferner die Untersuchungen von H. Kern und G. Braun (1973) über die Deformation und Gefügeregelung von Steinsalz im Temperaturbereich von 20 bis 200° C. Die Versuche wurden an feinkörnigen künstlichen Steinsalzproben durchgeführt und dienten der Zielsetzung, die Beziehungen zwischen Beanspruchung, Verformung und Gefügebildung von Steinsalz aufzuzeigen. Dabei wurde für Steinsalzgefüge erstmals das Röntgentexturgoniometer zur gefügekundlich-statistischen Analyse herangezogen.

1.2. Koordination der Kristallorientierung

Die Kristalle können in einer Probe verschiedene Lagen einnehmen. Abb. 1 zeigt die Lage x_1, x_2, x_3 eines Kristalls bezogen auf ein probenfestes Koordinatensystem x_1', x_2', x_3'. Die Beschreibung der Kristallorientierung erfolgt durch die Angabe der Drehung, die das probenfeste Koordinatensystem in das kristallfeste überführt. Zur Unterstützung des räumlichen Vorstellungsvermögens verwendet man meistens graphische Darstellungsverfahren.

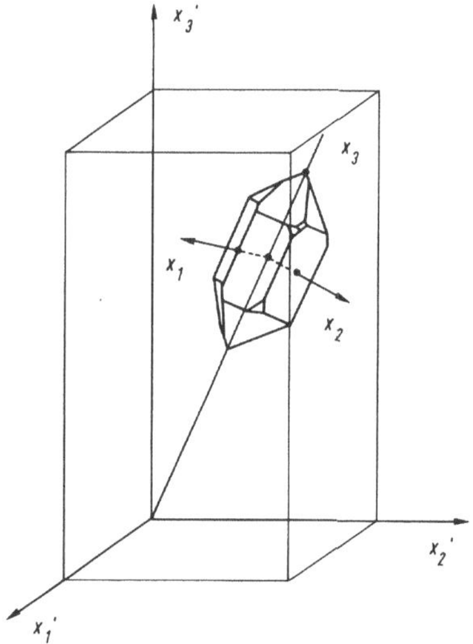

Abb.1: Kristallfestes Koordinatensystem x_1, x_2, x_3 im probenfesten Koordinatensystem x_1', x_2', x_3'

Man denkt sich den Kristall im Mittelpunkt einer Kugel und verlängert die drei Kristallachsen x_1, x_2, x_3 bis zum jeweiligen Durchstoßpunkt auf der Kugeloberfläche. Im rechten Teil von Abb. 2 ist diese Darstellung gewählt worden, um den Begriff der einfachen Fasertextur zu erläutern. Der polykristalline Festkörper sei aus idiomorph gedachten Einzelkristallen aufgebaut, deren Achsen x_3 stets der Probenachse x_3' parallel gerichtet sind. Die Lage der azimutalen Achsen x_1 und x_2 sei beliebig und statistisch. Die Durchstoßpunkte der beiden Achsen x_1 und x_2 beschreiben einen Großkreis – hier den Äquatorkreis – mit gleichmäßiger linearer Besetzungsdichte.

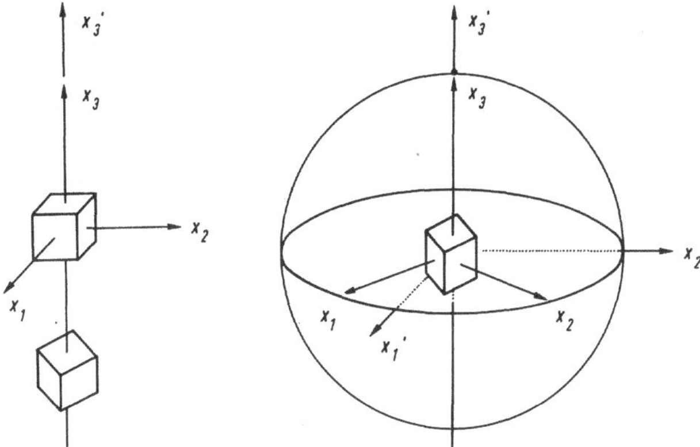

Abb. 2: Fasertextur mit Würfelkante als Faserachse

Die Koordinatensysteme der kristall- bzw. probenfesten Zuordnung werden in der Regel der Kristall- bzw. Probensymmetrie angepaßt. So wählt man bei kubisch kristallisierenden Mineralen zweckmäßigerweise die Würfelkantenrichtungen als Achsen. Hat man das kristallfeste System x_1, x_2, x_3 für einen Kristall in dieser Weise festgelegt, so ist diese Zuordnung für alle anderen Kristalle der polykristallinen Probe verbindlich. Bei der Festlegung des kristallfesten Koordinatensystems gibt es jedoch wegen der Kristallsymmetrie verschiedene kristallographisch gleichwertige Zuordnungsmöglichkeiten. Beim kubischen System kann man beispielsweise das kristallfeste Koordinatensystem auf 24 verschiedene Arten gleichwertig festlegen, da es für die erste Koordinatenachse 6 gleichwertige Kantenrichtungen und für die zweite Achse dann noch jeweils 4 Möglichkeiten der gleichwertigen Fixierung gibt.

Selbstverständlich kann es neben der Kristallsymmetrie auch Symmetrien im probenfesten Koordinatensystem geben. So sind bei Walzproben die Walzrichtung, Querrichtung und Normalenrichtung, welche mit x_1', x_2', x_3' bezeichnet werden, zweizählige Drehachsen. Auch das probenfeste Koordinatensystem kann auf verschiedene, aber symmetrisch gleichwertige Arten gewählt werden.

1.3. Systematik der Anisotropie

Es seien im folgenden stets nur solche polykristallinen Proben betrachtet, deren Kristalldichte – definiert als die Anzahl der Kristalle bezogen auf das Probenvolumen – so groß ist, daß statistische Aussagen möglich sind. Ist die Orientierung der Kristalle völlig regellos, so wird die Lagenkugel auf ihrer gesamten Oberfläche überall annähernd homogen mit Durchstoßpunkten belegt. Das vielkristalline Material verhält sich als Ganzes isotrop. Sind dagegen alle Teilbereiche gleich orientiert, so ähnelt das Verhalten des Verbandes dem des Einkristalls.

Unter Berücksichtigung der kristallographischen Symmetrieelemente konnte K. Weissenberg (1922) die Gesamtheit aller theoretisch möglichen Texturen ableiten. Die Sondierung der Fälle führte zu der Einteilung in 8 Anisotropieklassen. Die höchste Anisotropieklasse besitzt zugleich auch unendlich viele Symmetrieebenen. Die nächst niedrige Anisotropieklasse entspricht der völlig regellosen Orientierung und ist durch ein Symmetriezentrum charakterisiert sowie durch unendlich viele Drehachsen unendlich hoher Zähligkeit. Diese Anisotropieklasse besitzt zugleich auch unendlich viele Symmetrieebenen. Die nächst niedrige Anisotropieklasse umfaßt die Fasertexturen. Sie besitzt außer dem Symmetriezentrum eine Drehachse unendlicher Zähligkeit – die Faserachse – und eine dazu senkrechte Symmetrieebene. Bei dieser Anisotropieklasse gehen durch die Faserachse unendlich viele, radial angeordnete Symmetrieebenen. Senkrecht zur Faserachse stehen unendlich viele zweizählige Drehachsen. Eine weitere Anisotropieklasse betrifft Walztexturen. Auch die vollkommen gleichartige Orientierung sämtlicher Kristalle ist in der Systematik vertreten. Ein bekanntes Beispiel ist die Textur kubisch kristallisierender Metalle in Walzblechen. Die Kristalle liegen mit einer Würfelfläche in der Walzebene, wobei eine Würfelkante in die Walzrichtung weist. Die restlichen Anisotropieklassen der Systematik sind ohne besondere praktische Bedeutung und mögen unbesprochen bleiben.

1.4. Texturformen

Bei der in Abb. 2 dargestellten Fasertextur ist bei allen Kristallagen die kristallographische Richtung [001] ausgezeichnet. Diese Texturklasse, bei der eine Würfelkante eine stets gleichbleibende Richtung zeigt, gehört zu den gewöhnlichen Fasertexturen. Ein weiteres Beispiel dieser Klasse ist in Abb. 3 wiedergegeben. Hier liegt die Richtung $[0\bar{1}1]$, d. h. die Flächendiagonale aller Kristalle parallel x_3'.

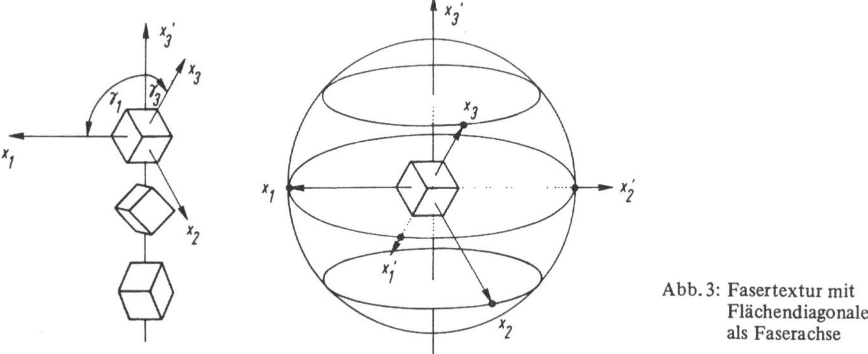

Abb. 3: Fasertextur mit Flächendiagonale als Faserachse

Die Kristallachse x_1 bildet mit der Faserachse x_3' den Winkel γ_1 von 90° (Altgrad). Der auf die Faserachse bezogene Winkel γ_2, der in Abb. 3 nicht eingetragen ist, beträgt 135° und der Winkel γ_3 nur 45°. Die Bildung einer Faserachse längs der Flächendiagonale wird bei gezogenen Eisendrähten tatsächlich beobachtet.

Abb. 4 kennzeichnet eine gewöhnliche Fasertextur mit ausgezeichneter Raumdiagonale [$1\bar{1}1$], welche bei allen Kristallen dieser Textur parallel x_3' liegt. Die Kristallachse x_1 bildet mit der Faserachse x_3' den Winkel γ_1 von 54,7°. Der auf die Faserachse bezogene Winkel γ_2 beträgt – als Differenz von 180° und 54,7° – 125,3° und der Winkel γ_3 wiederum 54,7°.

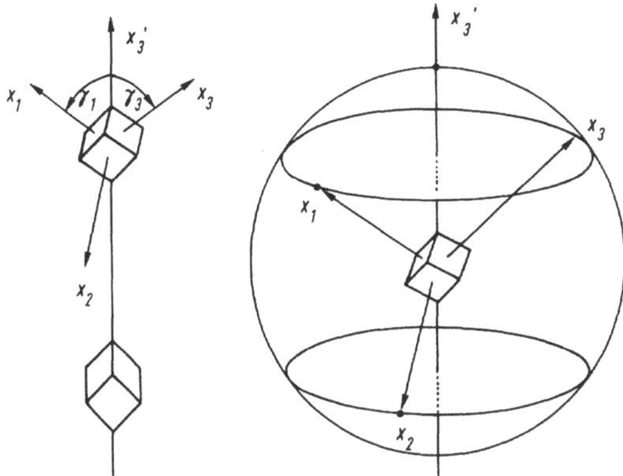

Abb.4: Fasertextur mit Raumdiagonale als Faserachse

Die bisher behandelten Texturen, bei denen die Faserachsen sämtlicher Kristalle kristallographisch identisch sind, bezeichnet man als gewöhnliche bzw. einfache Fasertexturen. Die Gesamtheit der möglichen, einer Fasertextur zugehörigen Orientierungen kann man sich durch alle die Stellungen repräsentiert denken, die ein einzelner Kristall durchläuft, wenn man ihn um die Faserachse als Drehachse mit unendlicher Zähligkeit rotieren läßt. Die Ebene, die bei dieser Drehung ihre Stellung beibehält, heißt diatrope Netzebene. Sie steht senkrecht zur Faserachse. Es gibt aber auch Fälle, bei denen nur ein gewisser Prozentsatz aller Kristalle der Probe mit der Würfelkante [001] als ausgezeichnete kristallographische Richtung parallel x_3' liegt; bei den restlichen Kristallen ist eine andere kristallographische Richtung – beispielsweise die Flächendiagonale [$0\bar{1}1$] – parallel x_3' angeordnet. Eine solche in Abb. 5 dargestellte Textur wird als doppelte Fasertextur bezeichnet. Der mengenmäßige Anteil der Kristalle an beiden Orientierungen braucht nicht gleich zu sein. Fälle, bei denen 3 odere mehrere kristallographisch verschiedene Faserachsen auftreten, sind jedoch äußerst selten beobachtet worden.

Fasertexturen sind nicht nur bei Metallen bekannt geworden, sie können auch im Mineralbereich auftreten. So lassen sich beispielsweise aus plastisch verformbarem Chlorargyrit Fäden ziehen, deren Textur denen gezogener Metalldrähte gleicht. V. Caglioti (1933) bestimmte die Textur solcher Fäden röntgenographisch. Bei einem Streckgrad von 92 % ergab sich eine doppelte Fasertextur nach [100] und [111]. Nach Temperung bei 320° C und Rekristallisation trat Fasertextur nur nach [100] auf. Bei der Untersuchung des Einflusses von Zusätzen an Fremdchloriden und Bromiden auf die Bearbeitbarkeit des Chlorargyrits ergab sich, daß schon sehr kleine Zusätze von Kupfer-, Kalzium- und Magnesiumchlorid in der

Größenordnung von 0,01 % genügen, um Argyrit vollkommen unbearbeitbar zu machen.

Die als Flächendiagonale fungierende Faserachse x_3 beschreibt bei der Spiralfasertextur einen Kegel vom halben Öffnungswinkel ϑ um die probenfeste Achse x_3'. Gemäß Abb. 6 handelt es sich um eine einfache Spiralfasertextur mit nur einer kristallographischen Vorzugsrichtung. Die Orientierung der Kristalle um die Faserach-

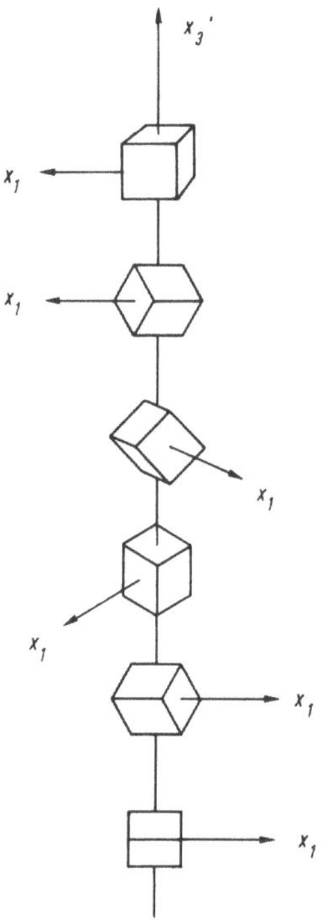

Abb. 5: Doppelte Fasertextur mit einheitlicher Faserachse

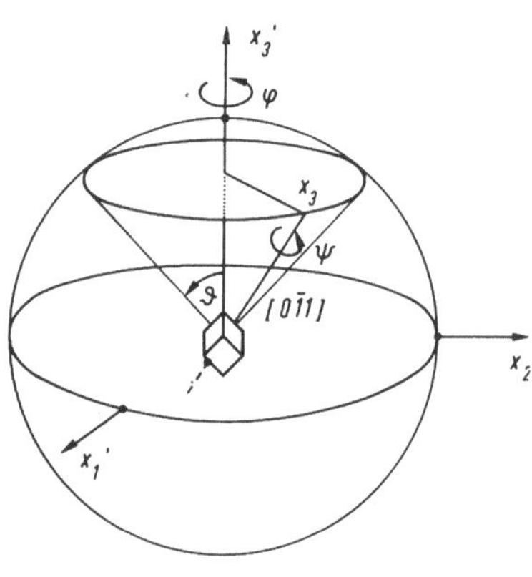

Abb. 6: Spiralfasertextur

se x_3 sei regellos, so daß die Winkelkoordinate ψ nicht in Erscheinung tritt. Zusätzlich sei eine statistische Verteilung der Faserachse um x_3' angenommen, wodurch in der Verteilungsfunktion nur noch der Winkel ϑ eine Rolle spielt. Derartige Verteilungsfunktionen werden in einem späteren Kapitel behandelt.

Erreicht der Neigungswinkel ϑ zwischen der Faserachse x_3 und der Drahtachse x_3' den Wert von 90°, so spricht man von einer Ringfasertextur. Abb. 7 gemäß stehe bei der Ringfasertextur die Normale x_3 der Basisfläche des hexagonalen Kristalls senkrecht zur Drahtachse x_3'. Die Ringfasertextur bildet bezüglich x_3 einen Äquatorkreis. Die Normalen der Prismenflächen des Kristalls liefern wie die Achsen x_1 und x_2 bei der Drehung um die Faserachse x_3 einen senkrecht auf der Äquatorebene stehenden Großkreis. Wird gleichzeitig eine Drehung um die Drahtachse x_3' ausgeführt, so bestreicht dieser Großkreis die ganze Kugeloberfläche.

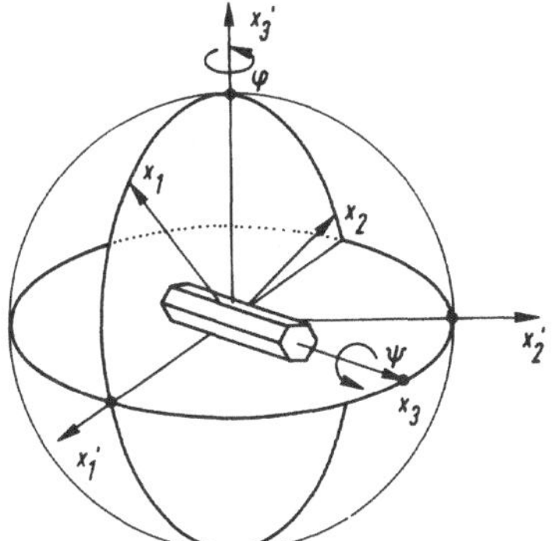

Abb. 7: Ringfasertextur

Auch Spiralfaser- und Ringtexturen können mehrfache Texturen mit kristallographisch verschiedenen Faserachsen bilden.

Eine weitere Gruppe wichtiger Texturen tritt bei Preß- und Walzvorgängen auf. Walztexturen können in gewissen Fällen durch eine Überlagerung mehrerer Fasertexturen beschrieben werden. Während Fasertexturen nur eine wichtige Bezugsrichtung haben – nämlich die Faserachse –, weisen Walztexturen drei Bezugsrichtungen auf. Diese drei Bezugsrichtungen sind Walzrichtung, Querrichtung und Normalenrichtung mit den Koordinaten x_1', x_2', x_3'. Walz- und Querrichtung bestimmen die Walzebene.

Walztexturen besitzen wegen der drei aufeinander senkrecht stehenden zweizähligen Drehachsen im allgemeinen rhombische Symmetrie. In besonderen Fällen kreuzgewalzter Proben kann auch tetragonale Symmetrie auftreten. Hier sind Walz- und Querrichtung nicht unterscheidbar, so daß die Walznormale x_3' eine vierzählige Achse ist. Bei Kreuzwalzung in allen drei Raumrichtungen erhält man kubische Symmetrie.

Die Darstellung von Walztexturen und die Mittelung von Tensoren mit Texturfunktionen rhombischer Symmetrie ist zumeist komplizierter als bei Fasertexturen. Die Symmetrieeigenschaften der Einkristalle bringen aber auch hier Vereinfachungen.

Beim Walzvorgang treten oftmals inhomogene Texturen auf. Die inhomogene Verteilung der Textur im Probenraum ist dadurch bedingt, daß infolge Reibwirkung an den Preßwalzen die Randpartien des gewalzten Materials anders verformt werden als das Probeninnere. Diese Inhomogenität der Verformung hat die Inhomogenität der Textur zur Folge. In allen Fällen, wo Inhomogenitäten zu vermuten sind, müssen über den gesamten Probenraum Texturbestimmungen angesetzt und so homogene Teilbereiche abgegrenzt werden.

Wie bereits erwähnt, tritt eine Inhomogenität auch auf, wenn man bei der Bestimmung der Textur nicht genügend viele Kristalle heranzieht, so daß keine statistische Aussage mehr zustande kommt. Besonders bei grobkörnigem Material ist diese Erscheinung zu beobachten. Hier ist man gezwungen, zu größeren Probekörpern überzugehen, wodurch die Streuung der Textur reduziert wird.

Im Rahmen petromechanischer und gesteinsphysikalischer Untersuchungen haben Stauchtexturen, welche durch rotationssymmetrische und echt triaxiale Beanspruchungen erzeugt werden, besondere Bedeutung erlangt. Umfassende Untersuchungen von E. B. Knopf (1949), F. J. Turner (1949), D. T. Griggs und W. B. Miller (1951), F. J. Turner und C. S. Chih (1951), F. J. Turner, D. T. Griggs und H. C. Heard (1954), F. J. Turner, D. T. Griggs, R. H. Clark und R. H. Dixon (1956), M. S. Paterson (1958), D. T. Griggs, F. J. Turner und H. C. Heard (1960), H. Siemes und D. Schachner (1965), H. Siemes (1966), H. Kern (1969) sowie H. Kern (1971) zielen auf eine wechselseitige Verknüpfung von Verformungs- und Texturmessungen. In den meisten Fällen blieb das Untersuchungsfeld auf die Behandlung monomineralischer Gesteine – insbesondere Salz-, Kalk- und Quarzitgesteine – beschränkt. Dieses spezielle Gebiet der Texturforschung wurde von W. Dreyer (1967) in einer zusammenfassenden Darstellung behandelt und konnte zu einem gewissen Abschluß geführt werden. Die heute noch notwendige Beschränkung auf monomineralische Gefüge kennzeichnet den Stand der Textur- und Gefügeforschung, welche in bezug auf den Effekt der Wechselwirkung unterschiedlicher Mineralkomponenten nur ganz wenige Ansätze hervorgebracht hat.

1.5. Entwicklungstendenzen der Textur- und Gefügeforschung

Um das physikalische Verhalten polykristalliner Festkörper verstehen und voraussagen zu können, wurden Theorien entwickelt, die die Eigenschaften eines Aggregats aus denen seiner Bausteine abzuleiten gestatten. Derartige Bemühungen setzen nicht nur die Kenntnis der Wechselwirkung der anisotropen Körner eines metallischen Werkstoffes bzw. monomineralischen Gesteins voraus, sie erfordern zusätzlich die quantitative Erfassung der Achsen- bzw. Kornformverteilung im Probenbereich.

Die Textur wird hierbei optisch mit Hilfe des Universaldrehtisches sowie mit Hilfe der Röntgenbeugung ermittelt und in Polfiguren dargestellt. Für die meisten praktischen und wissenschaftlichen Belange genügt der darin enthaltene Informationsumfang. Die röntgenographischen Untersuchungsmethoden haben indes den Nachteil, daß zur Erfassung einer statistisch ausreichenden Anzahl von Kristallen Strahlungen großer Querschnittsbreite benötigt werden. Sie erlauben zudem auch nur die experimentelle Bestimmung von Polfiguren; eine Orientierungsverteilung läßt sich aus Polverteilungen jedoch nicht eindeutig gewinnen. Diese Begrenzung bedeutet, daß es nicht möglich ist, aus röntgenographisch ermittelten Integrationsergebnissen den Mengenanteil einzelner Texturkomponenten anzugeben. Die vollständige Information über die Textur eines Vielkristalls erhält man nur durch individuelle Orientierungsbestimmungen an möglichst vielen Einkristallen.

Mit lichtoptischen Methoden sind auf diesem Wege Texturbestimmungen durchgeführt worden, worüber C. S. Barrett und L. H. Levenson (1940) berichten. Einige wenige Texturen sind auch röntgenographisch ermittelt worden, doch erfordert die von C. G. Dunn (1959) entwickelte Technik relativ große und einheitlich orientierte Probenbereiche. Die röntgenographische Einzelauflösung liegt bei etwa 10 μm. Für Fließtexturen reicht diese Auflösung jedoch nicht aus. Durch Ausmessen von Ätzgruben im Elektronenmikroskop gelingt es nach D. I. Lajner, E. I. Krupnikova und A. S. Baj (1961), in einen Bereich bis herab zu 1 μm vorzustoßen. In diesem Meßbereich war auch die elektronenmikroskopische Feinbereichsbeugung erfolgreich. Der Bündelquerschnitt des hierzu verwandten Elektronenstrahls kann sehr klein gemacht werden, wobei sich der Strahl genau lokalisieren läßt und eine Abbildung des durchstrahlten Bereichs und seiner Umgebung möglich wird. Auf diese Weise sind Messungen zum Studium der Keimbildung bei der Rekristallisation von J. L. Walter und E. F. Koch (1962) sowie H. Hu (1964) durchgeführt worden. Die Ermittlung einer Orientierungsverteilung gelang mit der elektronenmikroskopischen Beugungsmethode von F. Haessner, U. Jakubowski und M. Wilkens (1964). Die Arbeit, welche über den Einsatz und die ersten Resultate der neuen Technik zur Ermittlung von Texturen berichtet, läßt erwarten, daß unsere zur Zeit noch sehr geringen Kenntnisse über die Orientierungsverteilung von Walzproben bereichert werden. Für ein tieferes Verständnis der Entstehung solcher Texturen, sowie als erweiterte Grundlage für die noch lückenhafte Theorie der Rekristallisationstexturen, ist der Einsatz der neuen Untersuchungsmethode von höchstem Wert.

Für die quantitative Beschreibung der Polfiguren und Orientierungsverteilungen sind mathematische Grundlagen notwendig, die im Schrifttum sehr verstreut oder gar nicht behandelt sind. Diese Grundlagen sind im folgenden Kapitel zusammengefaßt dargestellt und ergänzt worden.

2. Mathematische Grundlagen

2.1. Koordinatentransformation

Um die physikalische Eigenschaft eines Kristalls in verschiedenen Richtungen beschreiben zu können, bedarf es der Koordinatentransformation. In Abb. 8 sei das orthogonale Basissystem mit den Grundvektoren

$$x_1 = \begin{pmatrix} 1 \\ 0 \\ 0 \end{pmatrix} \tag{1}$$

$$x_2 = \begin{pmatrix} 0 \\ 1 \\ 0 \end{pmatrix} \tag{2}$$

$$x_3 = \begin{pmatrix} 0 \\ 0 \\ 1 \end{pmatrix} \tag{3}$$

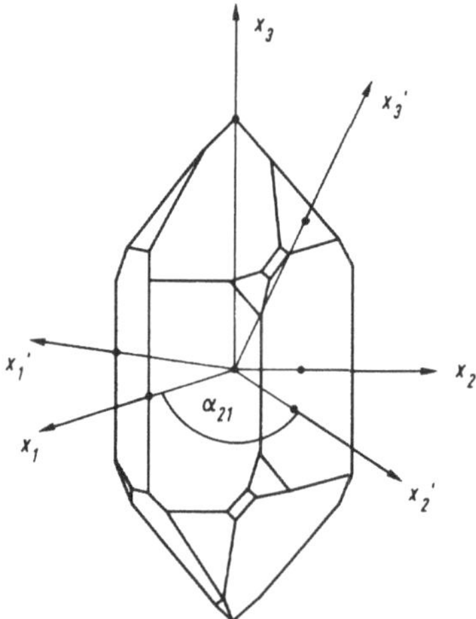

Abb. 8: Zuordnung zweier orthogonaler Koordinatensysteme

gegeben. Das gegen dieses kristallfeste Basissystem gedrehte orthogonale Koordinatensystem kann dann durch die Einheitsvektoren

$$x_1' = a_{11}\, x_1 + a_{12} x_2 + a_{13}\, x_3 \tag{4}$$

$$x_2' = a_{21}\, x_1 + a_{22}\, x_2 + a_{23}\, x_3 \tag{5}$$

$$x_3' = a_{31}\, x_1 + a_{32}\, x_2 + a_{33}\, x_3 \tag{6}$$

ausgedrückt werden. Setzt man (1), (2), (3) in (4), (5), (6) ein, folgt:

$$x_1' = \begin{pmatrix} a_{11} \\ a_{12} \\ a_{13} \end{pmatrix} \tag{7}$$

$$x_2' = \begin{pmatrix} a_{21} \\ a_{22} \\ a_{23} \end{pmatrix} \tag{8}$$

$$x_3' = \begin{pmatrix} a_{31} \\ a_{32} \\ a_{33} \end{pmatrix} \tag{9}$$

Das Vektortripel (7), (8), (9) läßt sich in bekannter Matrixschreibweise durch

$$\begin{pmatrix} x_1' \\ x_2' \\ x_3' \end{pmatrix} = \begin{pmatrix} a_{11} & a_{12} & a_{13} \\ a_{21} & a_{22} & a_{23} \\ a_{31} & a_{32} & a_{33} \end{pmatrix} \begin{pmatrix} x_1 \\ x_2 \\ x_3 \end{pmatrix} \tag{10}$$

mit der Matrix

$$a_{ij} = \begin{pmatrix} a_{11} & a_{12} & a_{13} \\ a_{21} & a_{22} & a_{23} \\ a_{31} & a_{32} & a_{33} \end{pmatrix} \tag{11}$$

angeben, welche die Kurzform

$$x_i' = a_{ij}\, x_j \tag{12}$$

ermöglicht.

Die a_{ij} bedeuten die Richtungskosinus

$$a_{ij} = \cos \alpha_{ij} \tag{13}$$

der Winkel α_{ij} zwischen den gestrichenen und ungestrichenen Vektoren. So läßt sich beispielsweise der Richtungskosinus a_{21} als Kosinus des Winkels α_{21} zwischen den Vektoren x_2' und x_1 angeben.

Von den 9 Winkeln α_{ij} würden 3 genügen, um die Lage der beiden Koordinatensysteme gegeneinander zu bestimmen. Es müssen also 6 Gleichungen zwischen den 9 Winkeln bestehen. Da die gestrichenen Vektoren Einheitsvektoren sein sollen, folgt als Nebenbedingung:

$$a_{11}^2 + a_{12}^2 + a_{13}^2 = 1 \tag{14}$$

$$a_{21}^2 + a_{22}^2 + a_{23}^2 = 1 \tag{15}$$

$$a_{31}^2 + a_{32}^2 + a_{33}^2 = 1 \tag{16}$$

Die Orthogonalität des gestrichenen Dreibeins fordert:

$$a_{11}a_{21} + a_{12}a_{22} + a_{13}a_{23} = 0 \tag{17}$$

$$a_{21}a_{31} + a_{22}a_{32} + a_{23}a_{33} = 0 \tag{18}$$

$$a_{31}a_{11} + a_{32}a_{12} + a_{33}a_{13} = 0 \tag{19}$$

Diese 6 Gleichungen (14) bis (19) reduzieren die Zahl der unabhängigen Winkel α_{ij} auf 3. In gekürzter Form lauten die 6 Nebenbedingungen:

$$a_{ik}\, a_{jk} = \delta_{ij} \tag{20}$$

Die Orientierung der beiden Koordinatensysteme bleibt erhalten, wenn die Transformationsdeterminante den Wert 1 annimmt:

$$\begin{vmatrix} a_{11} & a_{12} & a_{13} \\ a_{21} & a_{22} & a_{23} \\ a_{31} & a_{32} & a_{33} \end{vmatrix} = 1 \tag{21}$$

Da nicht nur die Summe der Quadrate einer Zeile stets 1 sein muß, sondern auch die einer Spalte, gilt das (14) bis (16) gleichwertige Gleichungssystem:

$$a_{11}^2 + a_{21}^2 + a_{31}^2 = 1 \tag{22}$$

$$a_{12}^2 + a_{22}^2 + a_{32}^2 = 1 \tag{23}$$

$$a_{13}^2 + a_{23}^2 + a_{33}^2 = 1 \tag{24}$$

Die Summe der Produkte entsprechender Elemente zweier verschiedener Zeilen ist stets 0; aber auch die zweier Spalten:

$$a_{11}a_{12} + a_{21}a_{22} + a_{31}a_{32} = 0 \tag{25}$$

$$a_{12}a_{13} + a_{22}a_{23} + a_{32}a_{33} = 0 \tag{26}$$

$$a_{13}a_{11} + a_{23}a_{21} + a_{33}a_{31} = 0 \tag{27}$$

Die Beziehungen (22) bis (27) lauten abgekürzt:

$$a_{ki}\,a_{kj} = \delta_{ij} \tag{28}$$

Jedes Element ist gleich seiner Adjunkte:

$$a_{11} = a_{22}a_{33} - a_{23}a_{32} \tag{29}$$

$$a_{12} = a_{23}a_{31} - a_{21}a_{33} \tag{30}$$

$$a_{13} = a_{21}a_{32} - a_{22}a_{31} \tag{31}$$

$$a_{21} = a_{13}a_{32} - a_{12}a_{33} \tag{32}$$

$$a_{22} = a_{11}a_{33} - a_{13}a_{31} \tag{33}$$

$$a_{23} = a_{12}a_{31} - a_{11}a_{32} \tag{34}$$

$$a_{31} = a_{12}a_{23} - a_{13}a_{22} \tag{35}$$

$$a_{32} = a_{13}a_{21} - a_{11}a_{23} \tag{36}$$

$$a_{33} = a_{11}a_{22} - a_{12}a_{21} \tag{37}$$

2.2. Einführung von Eulerkoordinaten

Abb. 9 entsprechend führt man als die frei wählbaren Koordinaten die Winkel φ, ϑ, ψ ein. Dreht man das Koordinatensystem um den Winkel φ um die Achse x_3, gilt als Transformationsmatrix:

$$\Phi = \begin{pmatrix} \cos\varphi & \sin\varphi & 0 \\ -\sin\varphi & \cos\varphi & 0 \\ 0 & 0 & 1 \end{pmatrix} \tag{38}$$

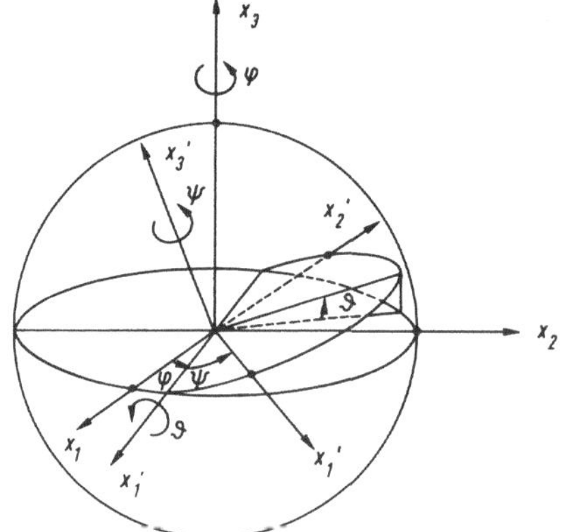

Abb. 9: Eulerkoordinaten

Die Drehung um die neue Achse x_1 um den Winkel ϑ liefert die Drehmatrix:

$$\Theta = \begin{pmatrix} 1 & 0 & 0 \\ 0 & \cos\vartheta & \sin\vartheta \\ 0 & -\sin\vartheta & \cos\vartheta \end{pmatrix} \tag{39}$$

Die letzte Drehung erfolgt um die geneigte Achse x_3' um den Winkel ψ:

$$\Psi = \begin{pmatrix} \cos\psi & \sin\psi & 0 \\ -\sin\psi & \cos\psi & 0 \\ 0 & 0 & 1 \end{pmatrix} \tag{40}$$

Für die Gesamtdrehung resultiert die Matrix

$$a_{ij} = \Psi \cdot \Theta \cdot \Phi \tag{41}$$

mit den Komponenten:

$$a_{11} = \cos\varphi \cos\psi - \sin\varphi \cos\vartheta \sin\psi \tag{42}$$

$$a_{12} = \sin\varphi \cos\psi + \cos\varphi \cos\vartheta \sin\psi \tag{43}$$

$$a_{13} = \sin\vartheta \sin\psi \tag{44}$$

$$a_{21} = -\cos\varphi \sin\psi - \sin\varphi \cos\vartheta \cos\psi \tag{45}$$

$$a_{22} = -\sin\varphi \sin\psi + \cos\varphi \cos\vartheta \cos\psi \tag{46}$$

$$a_{23} = \sin\vartheta \cos\psi \tag{47}$$

$$a_{31} = \sin\varphi \cos\vartheta \tag{48}$$

$$a_{32} = -\cos\varphi \quad \sin\vartheta \tag{49}$$

$$a_{33} = \cos\vartheta \tag{50}$$

2.3. Einführung von Standardkoordinaten

Vom IRE-Institut (Institute of Radio Engineers) werden insbesondere bei dielektrischen und piezoelektrischen Untersuchungen die in Abb. 10 erläuterten Drehkoordinaten benutzt. Statt der Drehung um die Achse $x_1^{\cdot}$ wird die Drehung um die Achse $x_2^{\cdot}$ durchgeführt, und zwar um den Winkel δ. Dies liefert die Zwischenmatrix:

$$\Delta = \begin{pmatrix} \cos\delta & 0 & -\sin\delta \\ 0 & 1 & 0 \\ \sin\delta & 0 & \cos\delta \end{pmatrix} \tag{51}$$

Mit

$$a_{ij} = \Psi \cdot \Delta \cdot \Phi \tag{52}$$

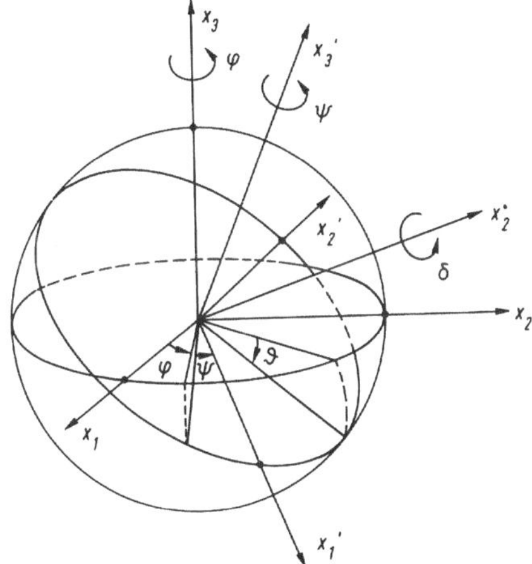

Abb.10: Standardkoordinaten

resultiert:

$$a_{11} = \cos\varphi \quad \cos\delta \quad \cos\psi \quad - \sin\varphi \quad \sin\psi \tag{53}$$

$$a_{12} = \sin\varphi \quad \cos\delta \quad \cos\psi \quad + \cos\varphi \quad \sin\psi \tag{54}$$

$$a_{13} = -\sin\delta \quad \cos\psi \tag{55}$$

$$a_{21} = -\cos\varphi \quad \cos\delta \quad \sin\psi \quad -\sin\varphi \quad \cos\psi \tag{56}$$

$$a_{22} = -\sin\varphi \quad \cos\delta \quad \sin\psi \quad +\cos\varphi \quad \cos\psi \tag{57}$$

$$a_{23} = \sin\delta \quad \sin\psi \tag{58}$$

$$a_{31} = \cos\varphi \quad \sin\delta \tag{59}$$

$$a_{32} = \sin\varphi \quad \sin\delta \tag{60}$$

$$a_{33} = \cos\delta \tag{61}$$

2.4. Drehung des Koordinatensystems um eine vorgegebene Achse

Gemäß Abb. 11 werde das Koordinatensystem um die Achse x_4 gedreht, wobei der Einheitsvektor die Form

$$x_4 = \begin{pmatrix} a_{41} \\ a_{42} \\ a_{43} \end{pmatrix} \tag{62}$$

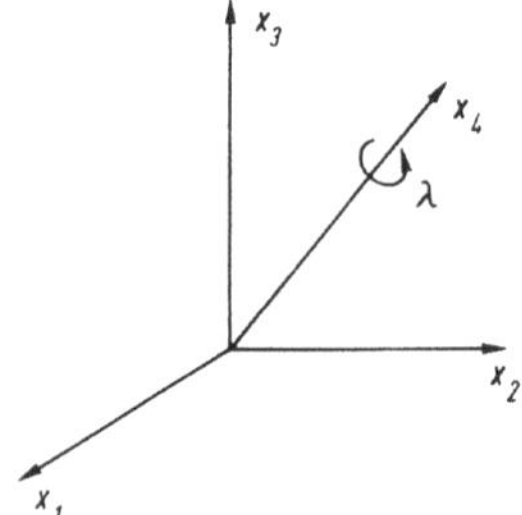

Abb.11: Drehung des Koordinatensystems um eine beliebige Achse

haben möge. Der Drehwinkel um diesen Vektor λ sei:

$$x_1' = (1-\cos\lambda)\,(x_4 \,.\, x_1)\,x_4 + (\cos\lambda)\,x_1 + (\sin\lambda)\,[x_4 \times x_1] \tag{63}$$

$$x_2' = (1-\cos\lambda)\,(x_4 \,.\, x_2)\,x_4 + (\cos\lambda)\,x_2 + (\sin\lambda)\,[x_4 \times x_2] \tag{64}$$

$$x_3' = (1-\cos\lambda)\,(x_4 \,.\, x_3)\,x_4 + (\cos\lambda)\,x_3 + (\sin\lambda)\,[x_4 \times x_3] \tag{65}$$

Wird als Drehvektor x_4 ein Vektor genommen, der in die [111] - Richtung eines kubischen Kristalls fällt, so ist der Einheitsvektor:

$$x_4 = \frac{1}{\sqrt{3}} \begin{pmatrix} 1 \\ 1 \\ 1 \end{pmatrix} \tag{66}$$

Dann vereinfachen sich die obigen Beziehungen (63) bis (65) zu:

$$x_1 = \frac{1-\cos\lambda}{3} \begin{pmatrix} 1 \\ 1 \\ 1 \end{pmatrix} + \cos\lambda \begin{pmatrix} 1 \\ 0 \\ 0 \end{pmatrix} + \frac{\sin\lambda}{\sqrt{3}} \begin{pmatrix} 0 \\ 1 \\ -1 \end{pmatrix} \tag{67}$$

$$x_2 = \frac{1-\cos\lambda}{3} \begin{pmatrix} 1 \\ 1 \\ 1 \end{pmatrix} + \cos\lambda \begin{pmatrix} 0 \\ 1 \\ 0 \end{pmatrix} + \frac{\sin\lambda}{\sqrt{3}} \begin{pmatrix} -1 \\ 0 \\ 1 \end{pmatrix} \tag{68}$$

$$x_3 = \frac{1-\cos\lambda}{3} \begin{pmatrix} 1 \\ 1 \\ 1 \end{pmatrix} + \cos\lambda \begin{pmatrix} 0 \\ 0 \\ 1 \end{pmatrix} + \frac{\sin\lambda}{\sqrt{3}} \begin{pmatrix} 1 \\ -1 \\ 0 \end{pmatrix} \tag{69}$$

Die Formeln (67) bis (69) erfüllen – wie übrigens auch die Formeln (63) bis (65) – die Anfangsbedingung, daß bei verschwindendem λ beide Koordinatensysteme zusammenfallen. Dreht man hingegen das Koordinatensystem um den Winkel λ von 120° in mathematisch positiver Richtung, so decken sich wegen der trigonalen Symmetrie beide Koordinatensysteme erneut, wobei sich das Transformationsergebnis

$$x_1' = \begin{pmatrix} 0 \\ 1 \\ 0 \end{pmatrix} \tag{70}$$

in erwarteter Weise darstellt. Der Vektor x_1 geht in x_2 über. Entsprechend gilt

$$x_2' = \begin{pmatrix} 0 \\ 0 \\ 1 \end{pmatrix} \tag{71}$$

und:

$$x_3' = \begin{pmatrix} 1 \\ 0 \\ 0 \end{pmatrix} \tag{72}$$

Als Transformationsmatrix resultiert somit:

$$a_{ij} = \begin{pmatrix} 0 & 1 & 0 \\ 0 & 0 & 1 \\ 1 & 0 & 0 \end{pmatrix} \tag{73}$$

Dreht man das Koordinatensystem um den Winkel λ von 240°, so gilt:

$$a_{ij} = \begin{pmatrix} 0 & 0 & 1 \\ 1 & 0 & 0 \\ 0 & 1 & 0 \end{pmatrix} \tag{74}$$

Erst die Drehung λ um 360° führt zu einer kongruenten Deckung beider Koordinatensysteme:

$$a_{ij} = \begin{pmatrix} 1 & 0 & 0 \\ 0 & 1 & 0 \\ 0 & 0 & 1 \end{pmatrix} \tag{75}$$

Da (74) und (75) eine notwendige Folgerung der trigonalen Symmetrie darstellt, genügt es, für diesen Symmetrietyp (73) als Transformationsmatrix anzugeben.

Erfolgt die Drehung um die Achse x_3, so gilt:

$$x_4 = \begin{pmatrix} 0 \\ 0 \\ 1 \end{pmatrix} \tag{76}$$

Es resultiert:

$$x_1' = \begin{pmatrix} \cos\lambda \\ \sin\lambda \\ 0 \end{pmatrix} \tag{77}$$

$$x_2' = \begin{pmatrix} -\sin\lambda \\ \cos\lambda \\ 0 \end{pmatrix} \tag{78}$$

$$x_3' = \begin{pmatrix} 0 \\ 0 \\ 1 \end{pmatrix} \tag{79}$$

Damit ergibt sich die Transformationsmatrix:

$$a_{ij} = \begin{pmatrix} \cos\lambda & \sin\lambda & 0 \\ -\sin\lambda & \cos\lambda & 0 \\ 0 & 0 & 1 \end{pmatrix} \tag{80}$$

Diese Matrix ist mit (38) identisch, wenn statt φ der Drehwinkel λ eingeführt wird.

Für eine Drehung um 120° um die Achse x_3 folgt die Matrix:

$$a_{ij} = \begin{pmatrix} -\frac{1}{2} & \frac{1}{2}\sqrt{3} & 0 \\ -\frac{1}{2}\sqrt{3} & -\frac{1}{2} & 0 \\ 0 & 0 & 1 \end{pmatrix} \tag{81}$$

Erfolgt die Drehung um 240°, resultiert:

$$a_{ij} = \begin{pmatrix} -\frac{1}{2} & -\frac{1}{2}\sqrt{3} & 0 \\ \frac{1}{2}\sqrt{3} & -\frac{1}{2} & 0 \\ 0 & 0 & 1 \end{pmatrix} \tag{82}$$

Die Drehung um 360° liefert die Kongruenzmatrix (75). Für die trigonale Symmetrie um die Achse x_3 genügt die Matrix (81), zumal die Spiegelung der Matrix (81) auf die Matrix (82) führt, die der Doppeldeutigkeit des Wurzelvorzeichens entspricht.

2.5. Symmetrieoperationen

Bei der Inversion des Basiskoordinatensystems erfolgt die Spiegelung an einem Punkt. Gemäß Abb. 12 gilt dann die Transformation:

$$\bar{1} = \begin{pmatrix} -1 & 0 & 0 \\ 0 & -1 & 0 \\ 0 & 0 & -1 \end{pmatrix} \tag{83}$$

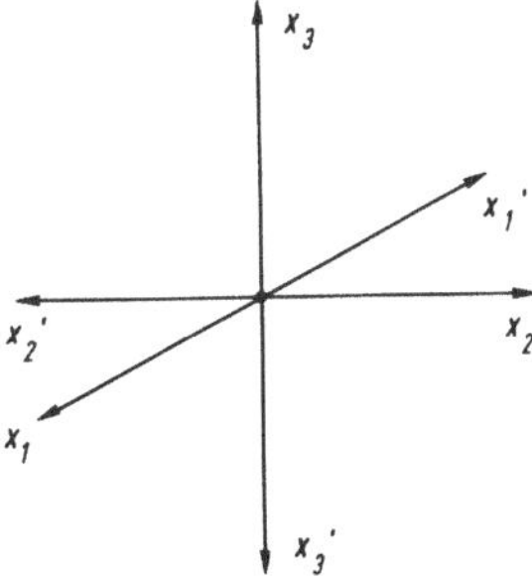

Abb.12: Inversion

Morphologisch erkennt man das Vorhandensein eines Inversionszentrums daran, daß zu jeder Fläche die zugeordnete parallele Gegenfläche vorhanden ist.

Bei der Umwendung des Koordinatensystems um die zweizählige Achse x_3 hat man in (80) für λ den Drehwinkel von 180° einzusetzen. Es folgt:

$$2_{[001]} = \begin{pmatrix} -1 & 0 & 0 \\ 0 & -1 & 0 \\ 0 & 0 & 1 \end{pmatrix} \tag{84}$$

Zweizähligkeit um die Achse x_2 führt auf

$$2_{[010]} = \begin{pmatrix} -1 & 0 & 0 \\ 0 & 1 & 0 \\ 0 & 0 & -1 \end{pmatrix} \tag{85}$$

und Zweizähligkeit um die Achse x_1 auf:

$$2_{[100]} = \begin{pmatrix} 1 & 0 & 0 \\ 0 & -1 & 0 \\ 0 & 0 & -1 \end{pmatrix} \tag{86}$$

Wählt man als Drehachse x_4 die kubische Flächendiagonale [011], wie in Abb. 13 dargestellt, so folgt mit

$$x_4 = \frac{1}{\sqrt{2}} \begin{pmatrix} 0 \\ 1 \\ 1 \end{pmatrix} \tag{87}$$

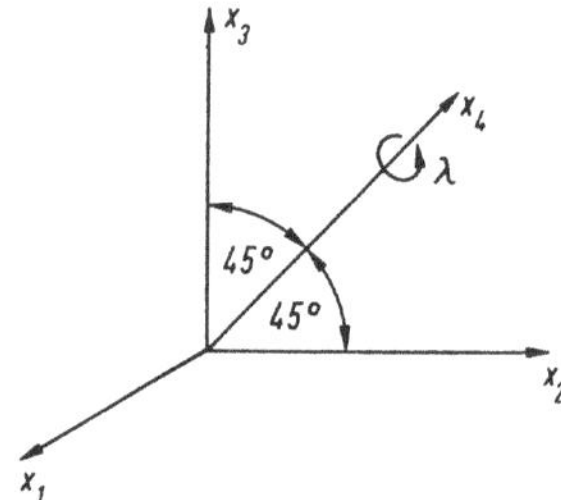

Abb.13: Drehung des Koordinatensystems um die Flächendiagonale

aus (63) bis (65):

$$x_1' = \cos\lambda \begin{pmatrix} 1 \\ 0 \\ 0 \end{pmatrix} + \frac{\sin\lambda}{\sqrt{2}} \begin{pmatrix} 0 \\ 1 \\ -1 \end{pmatrix} \tag{88}$$

$$x_2' = \frac{1-\cos\lambda}{2}\begin{pmatrix}0\\1\\1\end{pmatrix} + \cos\lambda\begin{pmatrix}0\\1\\0\end{pmatrix} + \frac{\sin\lambda}{\sqrt{2}}\begin{pmatrix}-1\\0\\0\end{pmatrix} \tag{89}$$

$$x_3' = \frac{1-\cos\lambda}{2}\begin{pmatrix}0\\1\\1\end{pmatrix} + \cos\lambda\begin{pmatrix}0\\0\\1\end{pmatrix} + \frac{\sin\lambda}{\sqrt{2}}\begin{pmatrix}1\\0\\0\end{pmatrix} \tag{90}$$

Ist die Achse x_4 zweizählig, so ist mit λ von 180^0 aus (88) bis (90) abzulesen:

$$x_1' = \begin{pmatrix}-1\\0\\0\end{pmatrix} \tag{91}$$

$$x_2' = \begin{pmatrix}0\\0\\1\end{pmatrix} \tag{92}$$

$$x_3' = \begin{pmatrix}0\\1\\0\end{pmatrix} \tag{93}$$

Mithin resultiert die Matrix:

$$2_{[011]} = \begin{pmatrix}-1 & 0 & 0\\0 & 0 & 1\\0 & 1 & 0\end{pmatrix} \tag{94}$$

Dreizähligkeit um die Achse x_3 liefert gemäß (81):

$$3_{[001]} = \begin{pmatrix}-\frac{1}{2} & \frac{1}{2}\sqrt{3} & 0\\ -\frac{1}{2}\sqrt{3} & -\frac{1}{2} & 0\\ 0 & 0 & 1\end{pmatrix} \tag{95}$$

Entsprechend gilt:

$$3_{[010]} = \begin{pmatrix}-\frac{1}{2} & 0 & -\frac{1}{2}\sqrt{3}\\ 0 & 1 & 0\\ \frac{1}{2}\sqrt{3} & 0 & -\frac{1}{2}\end{pmatrix} \tag{96}$$

$$^{3}[100] = \begin{pmatrix} 1 & 0 & 0 \\ 0 & -\frac{1}{2} & \frac{1}{2}\sqrt{3} \\ 0 & -\frac{1}{2}\sqrt{3} & -\frac{1}{2} \end{pmatrix} \tag{97}$$

Bei Drehung um 240° treten die gespiegelten Matrizen auf.

Aus (73) des vorhergehenden Abschnittes folgt die Transformation:

$$^{3}[111] = \begin{pmatrix} 0 & 1 & 0 \\ 0 & 0 & 1 \\ 1 & 0 & 0 \end{pmatrix} \tag{98}$$

Vierzähligkeit um die Achse x_3 kann aus (80) abgelesen werden, wenn man für λ den Winkel 90° setzt:

$$^{4}[001] = \begin{pmatrix} 0 & 1 & 0 \\ -1 & 0 & 0 \\ 0 & 0 & 1 \end{pmatrix} \tag{99}$$

Die Drehung um 180° liefert die zweizählige Matrix (84) und die Drehung um 270° die zu (99) gespiegelte Matrix. Vierzähligkeit um die Achse x_2 führt auf die Matrix

$$^{4}[010] = \begin{pmatrix} 0 & 0 & -1 \\ 0 & 1 & 0 \\ 1 & 0 & 0 \end{pmatrix} \tag{100}$$

und Vierzähligkeit um die Achse x_1 führt auf:

$$^{4}[100] = \begin{pmatrix} 1 & 0 & 0 \\ 0 & 0 & 1 \\ 0 & -1 & 0 \end{pmatrix} \tag{101}$$

Sechszähligkeit um die Achse x_3 läßt sich aus (80) ablesen, wenn man für λ den Winkel von 60° einsetzt:

$$^{6}[001] = \begin{pmatrix} \frac{1}{2} & \frac{1}{2}\sqrt{3} & 0 \\ -\frac{1}{2}\sqrt{3} & \frac{1}{2} & 0 \\ 0 & 0 & 1 \end{pmatrix} \tag{102}$$

Eine Drehung um 120° ergibt die dreizählige Matrix (95), eine Drehung um 180° die zweizählige Matrix (84), eine Drehung um 240° die zu (95) gespiegelte Matrix und eine Drehung um 300° die zu (102) gespiegelte Matrix. Im weiteren ist:

$$6[010] = \begin{pmatrix} \frac{1}{2} & 0 & -\frac{1}{2}\sqrt{3} \\ 0 & 1 & 0 \\ \frac{1}{2}\sqrt{3} & 0 & \frac{1}{2} \end{pmatrix} \tag{103}$$

$$6[100] = \begin{pmatrix} 1 & 0 & 0 \\ 0 & \frac{1}{2} & \frac{1}{2}\sqrt{3} \\ 0 & -\frac{1}{2}\sqrt{3} & \frac{1}{2} \end{pmatrix} \tag{104}$$

Die in Abb. 14 dargestellte Spiegelung an einer Ebene, deren Normale durch den Vektor x_3 gegeben ist, wird durch die Matrix

$$m[001] = \begin{pmatrix} 1 & 0 & 0 \\ 0 & 1 & 0 \\ 0 & 0 & -1 \end{pmatrix} \tag{105}$$

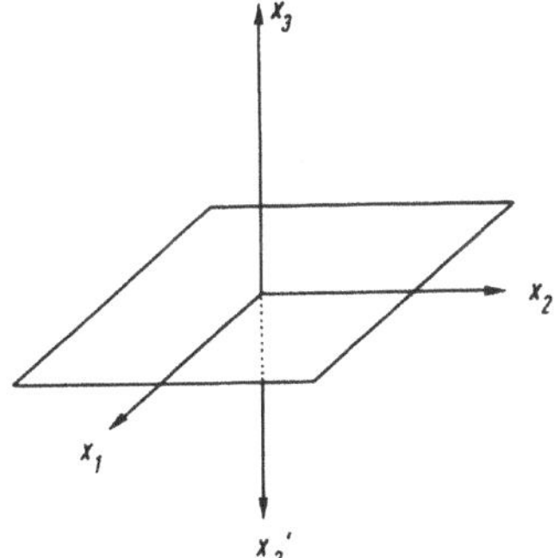

Abb.14: Spiegelung an einer Ebene

beschrieben. Entsprechend lauten die Transformationsmatrizen in den anderen Richtungen:

$$m[010] = \begin{pmatrix} 1 & 0 & 0 \\ 0 & -1 & 0 \\ 0 & 0 & 1 \end{pmatrix} \tag{106}$$

$$m[100] = \begin{pmatrix} -1 & 0 & 0 \\ 0 & 1 & 0 \\ 0 & 0 & 1 \end{pmatrix} \tag{107}$$

2.6. Kombinierte Symmetrieoperationen

Drehung kombiniert mit Inversion wird als Inversionsdrehung bezeichnet. Bei zweizähliger Symmetrie gewinnt man das Summationsergebnis durch Multiplikation der Matrizen (84) und (83):

$$\bar{2}[001] = \begin{pmatrix} -1 & 0 & 0 \\ 0 & -1 & 0 \\ 0 & 0 & -1 \end{pmatrix} \begin{pmatrix} -1 & 0 & 0 \\ 0 & -1 & 0 \\ 0 & 0 & 1 \end{pmatrix} \tag{108}$$

Es folgt:

$$\bar{2}[001] = \begin{pmatrix} 1 & 0 & 0 \\ 0 & 1 & 0 \\ 0 & 0 & -1 \end{pmatrix} \tag{109}$$

Nach (105) resultiert:

$$\bar{2}[001] = m[001] \tag{110}$$

Die zweizählige Inversionsdrehung liefert somit keine neue Symmetrieoperation. Entsprechend gilt:

$$\bar{2}[010] = m[010] \tag{111}$$

$$\bar{2}[100] = m[100] \tag{112}$$

Die Multiplikation einer beliebigzähligen Drehmatrix mit der Inversionsmatrix liefert Vorzeichenumkehr aller Elemente der Drehmatrix. Die Reihenfolge der Operationen ist beliebig.

Drehung kombiniert mit Spiegelung wird als Drehspiegelung bezeichnet. Die Drehspiegelachse (Gyroide) steht senkrecht zur Spiegelebene. Drehung und Spiegelung werden nacheinander ausgeführt, was bedeutet, daß die Matrix der Spiegelung vor die der Drehung gestellt werden muß. Bei digonaler Drehspiegelachse gilt:

$$2[001]\,m[001] = \begin{pmatrix} 1 & 0 & 0 \\ 0 & 1 & 0 \\ 0 & 0 & -1 \end{pmatrix} \begin{pmatrix} -1 & 0 & 0 \\ 0 & -1 & 0 \\ 0 & 0 & 1 \end{pmatrix} \tag{113}$$

Die vertauschbare Multiplikation liefert:

$$2_{[001]}\, m_{[001]} = \begin{pmatrix} -1 & 0 & 0 \\ 0 & -1 & 0 \\ 0 & 0 & -1 \end{pmatrix} \tag{114}$$

Eine zweizählige Symmetrieachse und eine zu ihr senkrechte Symmetrieebene bedingen ein Symmetriezentrum:

$$2_{[001]}\, m_{[001]} = \bar{1} \tag{115}$$

Entsprechend gilt:

$$2_{[010]}\, m_{[010]} = \bar{1} \tag{116}$$

$$2_{[100]}\, m_{[100]} = \bar{1} \tag{117}$$

Ohne Indizierung der Achsenlagen wird das Symbol $2/m$ benutzt.

Bei dreizähliger Drehspiegelung sei als Drehmatrix diejenige gewählt, welche das Koordinatenbasissystem um 240° im mathematisch positiven Sinn dreht, d. h. die zu (95) gespiegelte Matrix:

$$3_{[001]}\, m_{[001]} = \begin{pmatrix} 1 & 0 & 0 \\ 0 & 1 & 0 \\ 0 & 0 & -1 \end{pmatrix} \begin{pmatrix} -\frac{1}{2} & -\frac{1}{2}\sqrt{3} & 0 \\ \frac{1}{2}\sqrt{3} & -\frac{1}{2} & 0 \\ 0 & 0 & 1 \end{pmatrix} \tag{118}$$

Die Multiplikation ergibt:

$$3_{[001]}\, m_{[001]} = \begin{pmatrix} -\frac{1}{2} & -\frac{1}{2}\sqrt{3} & 0 \\ \frac{1}{2}\sqrt{3} & -\frac{1}{2} & 0 \\ 0 & 0 & -1 \end{pmatrix} \tag{119}$$

Wendet man auf (102) die Inversion an, welche alle Elemente im Vorzeichen umkehrt, folgt auch auf diesem Wege (119). Es gilt somit:

$$3_{[001]}\, m_{[001]} = \bar{6}_{[001]} \tag{120}$$

Diese Operation ist vertauschbar, d. h. es gilt auch:

$$m_{[001]}\, 3_{[001]} = \bar{6}_{[001]} \tag{121}$$

Die Anwendung der Spiegelung auf die vierzählige Matrix, welche das Basissystem um 270° dreht, ergibt:

$$4_{[001]}\,m_{[001]} = \begin{pmatrix} 1 & 0 & 0 \\ 0 & 1 & 0 \\ 0 & 0 & -1 \end{pmatrix} \begin{pmatrix} 0 & -1 & 0 \\ 1 & 0 & 0 \\ 0 & 0 & 1 \end{pmatrix} \quad (122)$$

Die Multiplikation führt auf:

$$4_{[001]}\,m_{[001]} = \begin{pmatrix} 0 & -1 & 0 \\ 1 & 0 & 0 \\ 0 & 0 & -1 \end{pmatrix} \quad (123)$$

Wendet man auf (99) die Inversion an, folgt (123), so daß:

$$4_{[001]}\,m_{[001]} = \bar{4}_{[001]} \quad (124)$$

Auch hier gilt die Vertauschbarkeit der Matrizenmultiplikation. Entsprechend gilt:

$$6_{[001]}\,m_{[001]} = \bar{3}_{[001]} \quad (125)$$

Liegt die Drehachse in der Spiegelebene, gilt entsprechend:

$$2_{[001]}\,m_{[010]} = \begin{pmatrix} 1 & 0 & 0 \\ 0 & -1 & 0 \\ 0 & 0 & 1 \end{pmatrix} \begin{pmatrix} -1 & 0 & 0 \\ 0 & -1 & 0 \\ 0 & 0 & 1 \end{pmatrix} \quad (126)$$

Also:

$$2_{[001]}\,m_{[010]} = \begin{pmatrix} -1 & 0 & 0 \\ 0 & 1 & 0 \\ 0 & 0 & 1 \end{pmatrix} \quad (127)$$

Unter Heranziehung von (107) läßt sich dieses Ergebnis in der Form

$$2_{[001]}\,m_{[010]} = m_{[100]} \quad (128)$$

angeben. Auch diese Operation ist vertauschbar. Entsprechend gilt:

$$2_{[001]}\,m_{[100]} = m_{[010]} \quad (129)$$

$$2_{[010]}\,m_{[100]} = m_{[001]} \quad (130)$$

Ist bei einem Kristall eine Symmetrie erkannt worden, bei der eine zweizählige Achse in einer Spiegelebene liegt, so besitzt dieser Kristall noch ein drittes Symmetrieelement. Dieses dritte Symmetrieelement ist eine Spiegelebene, deren Normale sowohl senkrecht auf der Drehachse als auch auf der Normalen der zuerst erkannten Spiegelebene steht. Es genügt daher bei der Symmetrieangabe nur zwei Symmetrieelemente anzugeben.

Zwei zueinander senkrechte zweizählige Symmetrieachsen bedingen eine dritte, zu beiden Achsen orthogonal stehende zweizählige Symmetrieachse:

$$2[001]\,2[010] = \begin{pmatrix} -1 & 0 & 0 \\ 0 & 1 & 0 \\ 0 & 0 & -1 \end{pmatrix} \begin{pmatrix} -1 & 0 & 0 \\ 0 & -1 & 0 \\ 0 & 0 & 1 \end{pmatrix} \quad (131)$$

Es resultiert:

$$2[001]\,2[010] = \begin{pmatrix} 1 & 0 & 0 \\ 0 & -1 & 0 \\ 0 & 0 & -1 \end{pmatrix} \quad (132)$$

Nach (86) folgt:

$$2[001]\,2[010] = 2[100] \quad (133)$$

Entsprechend gilt:

$$2[001]\,2[100] = 2[010] \quad (134)$$

$$2[010]\,2[100] = 2[001] \quad (135)$$

Eine dreizählige Achse und eine zu ihr senkrechte zweizählige Achse bedingen noch zwei weitere zur dreizähligen Achse senkrechte zweizählige Achsen. So liefert beispielsweise:

$$3[001]\,2[010] = \begin{pmatrix} -1 & 0 & 0 \\ 0 & 1 & 0 \\ 0 & 0 & -1 \end{pmatrix} \begin{pmatrix} -\frac{1}{2} & \frac{1}{2}\sqrt{3} & 0 \\ -\frac{1}{2}\sqrt{3} & -\frac{1}{2} & 0 \\ 0 & 0 & 1 \end{pmatrix} \quad (136)$$

Nach Ausmultiplikation folgt:

$$3[001]\,2[010] = \begin{pmatrix} \frac{1}{2} & \frac{1}{2}\sqrt{3} & 0 \\ \frac{1}{2}\sqrt{3} & -\frac{1}{2} & 0 \\ 0 & 0 & -1 \end{pmatrix} \quad (137)$$

Das Ergebnis (137) erhält man auch, wenn man das Basissystem um die Achse

$$x_4 = \frac{1}{2}\begin{pmatrix} \sqrt{3} \\ 1 \\ 0 \end{pmatrix} \tag{138}$$

um den Winkel von 180° dreht. In Abb. 15 ist die Transformation noch einmal graphisch wiedergegeben. Die Drehung des Basissystems um x_3 (Achse steht senkrecht zur Papierebene) um 60° liefert die Zwischenkoordinaten $x_1^{\bullet}$ und $x_2^{\bullet}$. Die Drehung um x_2 um den Winkel 180° führt diese Koordinaten in x_1' und x_2' über. Zweizählige Rotation um x_4 liefert das gleiche Transformationsergebnis.

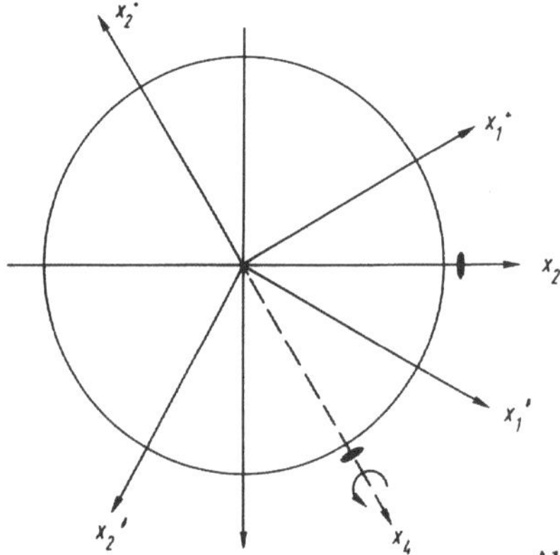

Abb.15: Kombination zweier verschiedenzähliger Drehungen

Die dritte zweizählige Achse wird durch den Vektor

$$x_4 = \frac{1}{2}\begin{pmatrix} -1 \\ \sqrt{3} \\ 0 \end{pmatrix} \tag{139}$$

festgelegt.

Eine vierzählige und eine zu ihr senkrechte zweizählige Achse bedingen noch drei weitere zur vierzähligen Achse senkrechte zweizählige Achsen, deren Vektoren

$$x_4 = \begin{pmatrix} 1 \\ 0 \\ 0 \end{pmatrix} \tag{140}$$

$$x_4 = \frac{1}{\sqrt{2}}\begin{pmatrix} 1 \\ 1 \\ 0 \end{pmatrix} \tag{141}$$

$$x_4 = \frac{1}{\sqrt{2}} \begin{pmatrix} -1 \\ 1 \\ 0 \end{pmatrix} \tag{142}$$

sind, wenn als zweizählige Achse die Achse x_2 betrachtet wird.

Eine sechszählige Achse und eine zu ihr senkrechte zweizählige Achse bedingen noch fünf weitere zur sechszähligen Achse senkrecht stehende zweizählige Achsen. Wird wiederum die Achse x_2 als zweizählig vorausgesetzt, so sind die übrigen zweizähligen Achsen durch die Vektoren

$$x_4 = \begin{pmatrix} 1 \\ 0 \\ 0 \end{pmatrix} \tag{143}$$

$$x_4 = \frac{1}{2} \begin{pmatrix} \sqrt{3} \\ 1 \\ 0 \end{pmatrix} \tag{144}$$

$$x_4 = \frac{1}{2} \begin{pmatrix} 1 \\ 3 \\ 0 \end{pmatrix} \tag{145}$$

$$x_4 = \frac{1}{2} \begin{pmatrix} -1 \\ \sqrt{3} \\ 0 \end{pmatrix} \tag{146}$$

$$x_4 = \frac{1}{2} \begin{pmatrix} -\sqrt{3} \\ 1 \\ 0 \end{pmatrix} \tag{147}$$

bestimmt.

Zwei senkrecht zueinander stehende Symmetrieebenen bedingen eine in ihrer Spur gerichtete zweizählige Symmetrieachse:

$$^{m}[100]\,^{m}[010] = \begin{pmatrix} 1 & 0 & 0 \\ 0 & -1 & 0 \\ 0 & 0 & 1 \end{pmatrix} \begin{pmatrix} -1 & 0 & 0 \\ 0 & 1 & 0 \\ 0 & 0 & 1 \end{pmatrix} \tag{148}$$

Somit:

$$^{m}[100]\,^{m}[010] = \begin{pmatrix} -1 & 0 & 0 \\ 0 & -1 & 0 \\ 0 & 0 & 1 \end{pmatrix} \tag{149}$$

Damit folgt:

$$^{m}[100]\,^{m}[010] = {}^{2}[001] \tag{150}$$

Bei dem tetragonal kristallisierenden Epsomit sind – wie Abb. 16 zeigt – eine vierzählige Drehspiegelachse und zwei senkrecht zueinander stehende Symmetrieebenen leicht erkennbar. Diese Symmetrieelemente bedingen automatisch das Vorhandensein zweier zweizähliger Achsen:

$$\bar{4}_{[001]}\, m_{[100]} = \begin{pmatrix} -1 & 0 & 0 \\ 0 & 1 & 0 \\ 0 & 0 & 1 \end{pmatrix} \begin{pmatrix} 0 & -1 & 0 \\ 1 & 0 & 0 \\ 0 & 0 & -1 \end{pmatrix} \qquad (151)$$

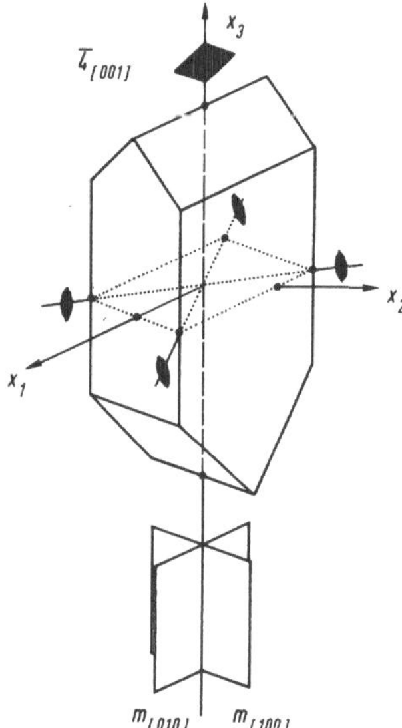

Abb. 16: Symmetrieelemente beim Epsomit

Das Ergebnis der Multiplikation ist:

$$\bar{4}_{[001]}\, m_{[100]} = \begin{pmatrix} 0 & -1 & 0 \\ -1 & 0 & 0 \\ 0 & 0 & -1 \end{pmatrix} \qquad (152)$$

Es ist also:

$$\bar{4}_{[001]}\, m_{[100]} = 2_{[\bar{1}10]} \qquad (153)$$

Entsprechend ist:

$$\bar{4}_{[001]}\, m_{[010]} = 2_{[110]} \qquad (154)$$

Mit Hilfe der hier näher erläuterten Matrizenrechnung lassen sich alle Symmetrieoperationen mühelos durchführen.

2.7. Das probenfeste Koordinatensystem

Die Transformationsformeln (42) bis (50), welche die Eulerkoordinaten φ, ϑ und ψ einführen, beziehen sich auf ein kristallfestes Koordinatensystem x_1, x_2, x_3. Entsprechendes gilt für die Transformationsformeln (53) bis (61) des Standardsystems.

Bei der Beschreibung der Einregelung von Kristalliten benutzt man das probenfeste Koordinatensystem x'_1, x'_2, x'_3. Für die Eulerkoordinaten folgt durch Permutation der Indizies i und j in (41) und Umkehr der Vorzeichen der Winkel φ, ϑ und ψ (Rückdrehung):

$$a_{11} = \cos\varphi \cos\psi - \sin\varphi \cos\vartheta \sin\psi \tag{155}$$

$$a_{12} = \cos\varphi \sin\psi + \sin\varphi \cos\vartheta \cos\psi \tag{156}$$

$$a_{13} = \sin\varphi \sin\vartheta \tag{157}$$

$$a_{21} = -\sin\varphi \cos\psi - \cos\varphi \cos\vartheta \sin\psi \tag{158}$$

$$a_{22} = -\sin\varphi \sin\psi + \cos\varphi \cos\vartheta \cos\psi \tag{159}$$

$$a_{23} = \cos\varphi \sin\vartheta \tag{160}$$

$$a_{31} = \sin\vartheta \sin\psi \tag{161}$$

$$a_{32} = -\sin\vartheta \cos\psi \tag{162}$$

$$a_{33} = \cos\vartheta \tag{163}$$

Für das probenfeste Standardsystem folgt entsprechend:

$$a_{11} = \cos\varphi \cos\delta \cos\psi - \sin\varphi \sin\psi \tag{164}$$

$$a_{12} = \cos\varphi \cos\delta \sin\psi + \sin\varphi \cos\psi \tag{165}$$

$$a_{13} = -\cos\varphi \sin\delta \tag{166}$$

$$a_{21} = -\sin\varphi \cos\delta \cos\psi - \cos\varphi \sin\psi \tag{167}$$

$$a_{22} = -\sin\varphi \cos\delta \sin\psi + \cos\varphi \cos\psi \tag{168}$$

$$a_{23} = \sin\varphi \sin\delta \tag{169}$$

$$a_{31} = \sin\delta \cos\psi \tag{170}$$

$$a_{32} = \sin\delta \quad \sin\psi \tag{171}$$

$$a_{33} = \cos\delta \tag{172}$$

Abb. 17 zeigt die stereographische Projektion der Kristallage x_1, x_2, x_3 im probenfesten Koordinatensystem.

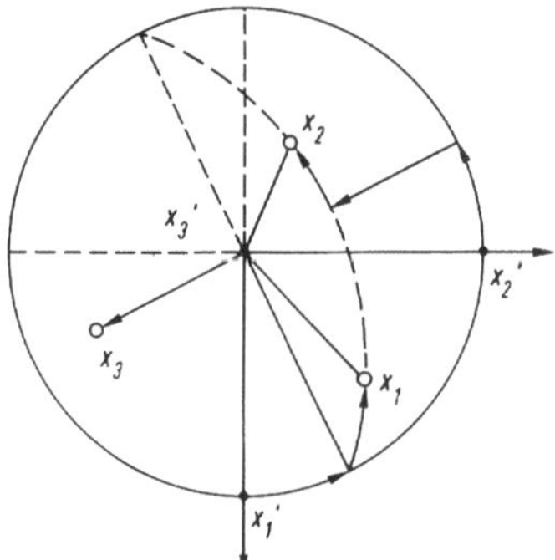

Abb.17: Stereographische Projektion der Kristallage x_1, x_2, x_3 im probenfesten Koordinatensystem

2.8. Elementare Mittelungswerte

Gewisse Mittelungsverfahren erfordern die Mittelung über Winkelfunktionen der Winkelkoordinaten φ und ϑ. Die Mittelung der Winkelfunktion ψ entspricht derjenigen von φ und die Mittelung der Winkelkoordinate δ derjenigen von ϑ.

Der Mittelwert über das Quadrat der Sinusfunktion der Winkelkoordinate φ wird definiert als:

$$\overline{\sin^2\varphi} = \frac{1}{2\pi}\int_0^{2\pi} \sin^2\varphi \, d\varphi \tag{173}$$

Das Integral rechter Hand liefert den Wert π, so daß:

$$\overline{\sin^2\varphi} = \frac{1}{2} \tag{174}$$

Entsprechend folgt:

$$\overline{\cos^2\varphi} = \frac{1}{2} \tag{175}$$

Ferner ist:

$$\overline{\sin\varphi\cos\varphi} = 0 \tag{176}$$

Von Interesse sind folgende Mittelwerte:

$$\overline{\sin^3 \varphi} = 0 \quad (177)$$

$$\overline{\cos^3 \varphi} = 0 \quad (178)$$

$$\overline{\sin \varphi \cos^2 \varphi} = 0 \quad (179)$$

Sämtliche Mittelwerte der Winkelfunktionen dritten Grades sind Null. Von Null verschieden sind dagegen:

$$\overline{\sin^4 \varphi} = \frac{3}{8} \quad (180)$$

$$\overline{\cos^4 \varphi} = \frac{3}{8} \quad (181)$$

$$\overline{\sin^2 \varphi \cos^2 \varphi} = \frac{1}{8} \quad (182)$$

Die mit ungeraden Exponenten versehenen Mittelwerte

$$\overline{\sin \varphi \cos^3 \varphi} = 0 \quad (183)$$

$$\overline{\sin^3 \varphi \cos \varphi} = 0 \quad (184)$$

verschwinden wieder.

Sämtliche Mittelwerte der Winkelfunktionen fünften Grades sind gleichfalls Null. Von Null verschieden sind einige Mittelwerte der Winkelfunktionen sechsten Grades, und zwar diejenigen mit geraden Exponenten.

Der Mittelwert über das Quadrat der Sinusfunktion der Winkelkoordinate ϑ wird definiert als:

$$\overline{\sin^2 \vartheta} = \frac{1}{2} \int_0^{\pi} \sin^2 \vartheta \cdot \sin \vartheta \; d\,\vartheta \quad (185)$$

Die Auswertung liefert:

$$\overline{\sin^2 \vartheta} = \frac{2}{3} \quad (186)$$

Entsprechend folgt:

$$\overline{\cos^2 \vartheta} = \frac{1}{3} \quad (187)$$

Ferner ist:

$$\overline{\sin \vartheta \cos \vartheta} = 0 \quad (188)$$

$$\overline{\sin^3 \vartheta} = \frac{3\pi}{16} \tag{189}$$

$$\overline{\cos^3 \vartheta} = 0 \tag{190}$$

$$\overline{\sin \vartheta \cos^2 \vartheta} = \frac{\pi}{16} \tag{191}$$

$$\overline{\sin^2 \vartheta \cos \vartheta} = 0 \tag{192}$$

Mittelwerte der Winkelfunktionen vierten Grades bestimmen sich zu:

$$\overline{\sin^4 \vartheta} = \frac{8}{15} \tag{193}$$

$$\overline{\cos^4 \vartheta} = \frac{1}{5} \tag{194}$$

$$\overline{\sin^2 \vartheta \cos^2 \vartheta} = \frac{2}{15} \tag{195}$$

$$\overline{\sin \vartheta \cos^3 \vartheta} = 0 \tag{196}$$

$$\overline{\sin^3 \vartheta \cos \vartheta} = 0 \tag{197}$$

Diese Mittelwerte sind offenbar dann immer Null, wenn in ihnen eine ungerade Kosinusfunktion enthalten ist.

2.9. *Abgeleitete Mittelungswerte*

Bezogen auf das probenfeste Koordinatensystem ist bei der Mittelung über alle drei Winkelkoordinaten φ, ϑ, ψ gemäß Beziehung (155):

$$\overline{\overline{\overline{a_{11}^2}}} = \frac{1}{8\pi^2} \int_0^{2\pi}\int_0^{\pi}\int_0^{\pi} (\cos\varphi \cos\psi - \sin\varphi \cos\vartheta \sin\psi)^2 \sin\vartheta \, d\varphi \, d\psi \tag{198}$$

Mit (174), (175), (176) und (187) folgt:

$$\overline{\overline{\overline{a_{11}^2}}} = \frac{1}{3} \tag{199}$$

Nach demselben Schema wurde

$$\overline{\overline{\overline{a_{11}^4}}} = \frac{1}{5} \tag{200}$$

berechnet. Weiterhin folgt :

$$\overline{\overline{\overline{a_{11}^2 \, a_{12}^2}}} = \frac{1}{15} \tag{201}$$

Untersucht wurde auch:

$$\overline{\overline{\overline{a_{11}^2 \, a_{21} \, a_{31}}}} = 0 \tag{202}$$

$$\overline{\overline{\overline{a_{11}^3 \, a_{31}}}} = 0 \tag{203}$$

2.10. Legendresche Polynome

Für die numerische Darstellung von Verteilungsfunktionen hat sich die Reihenentwicklung nach Legendreschen Polynomen bewährt. Sie lassen sich nach der Beziehung:

$$P_n(\vartheta) = \frac{(-1)^n}{2^n \cdot n!} \frac{\mathrm{d}^n}{\mathrm{d}x^n} (1-x^2)^n \tag{204}$$

mit

$$x = \cos\vartheta \tag{205}$$

angegeben. Aus (204) folgt die Entwicklung:

$$P_n(\vartheta) = \frac{(2n)!}{2^n \cdot n!^2} \left[\cos^n\vartheta - \frac{n(n-1)}{2(2n-1)} \cos^{n-2}\vartheta + \right.$$
$$\left. + \frac{n(n-1)(n-2)(n-3)}{2 \cdot 4 \cdot (2n-1)(2n-3)} \cdot \cos^{n-3}\vartheta - \ldots \right] \tag{206}$$

Speziell gilt:

$$P_0(\vartheta) = 1 \tag{207}$$

$$P_1(\vartheta) = \cos\vartheta \tag{208}$$

$$P_2(\vartheta) = \tfrac{1}{2}(3\cos^2\vartheta - 1) \tag{209}$$

$$P_3(\vartheta) = \tfrac{1}{2}\cos\vartheta\,(5\cos^2\vartheta - 3) \tag{210}$$

$$P_4(\vartheta) = \tfrac{1}{8}(35\cos^4\vartheta - 30\cos^2\vartheta + 3) \tag{211}$$

$$P_5(\vartheta) = \tfrac{1}{8}\cos\vartheta\,(63\cos^4\vartheta - 70\cos^2\vartheta + 15) \tag{212}$$

$$P_6(\vartheta) = \tfrac{1}{16}(231\cos^6\vartheta - 315\cos^4\vartheta + 105\cos^2\vartheta - 5) \tag{213}$$

$$P_7(\vartheta) = \frac{1}{16}\cos\vartheta\,(429\cos^6\vartheta - 693\cos^4\vartheta + 315\cos^2\vartheta - 35) \quad (214)$$

$$P_8(\vartheta) = \frac{1}{128}(6435\cos^8\vartheta - 12012\cos^6\vartheta + 6930\cos^4\vartheta - 1260\cos^2\vartheta + 35) \quad (215)$$

$$P_9(\vartheta) = \frac{1}{128}\cos\vartheta\,(12155\cos^8\vartheta - 25740\cos^6\vartheta + 18018\cos^4\vartheta - 4620\cos^2\vartheta + 315) \quad (216)$$

$$P_{10}(\vartheta) = \frac{1}{256}(46189\cos^{10}\vartheta - 109395\cos^8\vartheta + 90090\cos^6\vartheta - 30030\cos^4\vartheta + 3465\cos^2\vartheta - 63) \quad (217)$$

$$P_{11}(\vartheta) = \frac{1}{256}\cos\vartheta\,(88179\cos^{10}\vartheta - 230945\cos^8\vartheta + 218790\cos^6\vartheta - 90090\cos^4\vartheta + 15015\cos^2\vartheta - 693) \quad (218)$$

$$P_{12}(\vartheta) = \frac{1}{1024}(676039\cos^{12}\vartheta - 1939938\cos^{10}\vartheta + 2078505\cos^8\vartheta - 1021020\cos^6\vartheta + 225225\cos^4\vartheta - 18018\cos^2\vartheta + 231) \quad (219)$$

Abb. 18 zeigt den Kurvenverlauf der ersten Polynome $P_0(\vartheta)$, $P_1(\vartheta)$, $P_2(\vartheta)$, $P_3(\vartheta)$ bis $P_{10}(\vartheta)$.

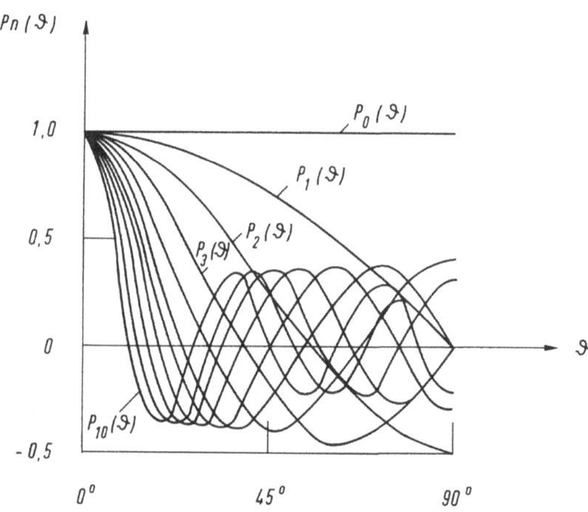

Abb.18: Kurvenverlauf der ersten zehn Legendreschen Polynome

Von Wichtigkeit ist die Rekursionsformel:

$$P_n(\vartheta) = \cos\vartheta \cdot P_{n-1}(\vartheta) + \frac{n-1}{n}\left[\cos\vartheta \cdot P_{n-1}(\vartheta) - P_{n-2}(\vartheta)\right] \quad (220)$$

Für alle n gilt:

$$P_n(0) = 1 \qquad (221)$$

Spezielle Werte sind:

$$P_{2n+1}(\tfrac{\pi}{2}) = 0 \qquad (222)$$

$$P_{2n}(\tfrac{\pi}{2}) = (-1)^n \frac{(2n)!}{2^{2n} \cdot n!^2} \qquad (223)$$

Anstelle der in (209) bis (219) enthaltenen Potenzen der Kosinusfunktion ist auch die Schreibweise in Vielfache des Winkels ϑ gebräuchlich:

$$P_2(\vartheta) = \tfrac{1}{4}(1 + 3\cos 2\vartheta) \qquad (224)$$

$$P_3(\vartheta) = \tfrac{1}{8}(3\cos\vartheta + 5\cos 3\vartheta) \qquad (225)$$

$$P_4(\vartheta) = \tfrac{1}{64}(9 + 20\cos 2\vartheta + 35\cos 4\vartheta) \qquad (226)$$

$$P_5(\vartheta) = \tfrac{1}{128}(30\cos\vartheta + 35\cos 3\vartheta + 63\cos 5\vartheta) \qquad (227)$$

$$P_6(\vartheta) = \tfrac{1}{512}(50 + 105\cos 2\vartheta + 126\cos 4\vartheta + 231\cos 6\vartheta) \qquad (228)$$

$$P_7(\vartheta) = \tfrac{1}{1024}(175\cos\vartheta + 189\cos 3\vartheta + 231\cos 5\vartheta + 429\cos 7\vartheta) \qquad (229)$$

$$P_8(\vartheta) = \tfrac{1}{16384}(1225 + 2520\cos 2\vartheta + 2772\cos 4\vartheta + 3432\cos 6\vartheta + 6435\cos 8\vartheta) \qquad (230)$$

Die Legendreschen Polynome haben die Integraleigenschaft:

$$\int_0^\pi P_n(\vartheta) \cdot P_m(\vartheta) \cdot \sin\vartheta \, d\vartheta = 0 \qquad m \neq n \qquad (231)$$

$$\int_0^\pi P_n^2(\vartheta) \cdot \sin\vartheta \, d\vartheta = \frac{2}{2n+1} \qquad m = n \qquad (232)$$

Mit der Normierungsbedingung

$$\int_0^\pi \Pi_n^2(\vartheta) \cdot \sin\vartheta \, d\vartheta = 1 \qquad (233)$$

werden die normierten Legendreschen Polynome

$$\Pi_n(\vartheta) = \sqrt{\frac{2n+1}{2}} \cdot P_n(\vartheta) \tag{234}$$

definiert. Die ersten sechs normierten Polynome lauten:

$$\Pi_0(\vartheta) = \tfrac{1}{2}\sqrt{2} \tag{235}$$

$$\Pi_1(\vartheta) = \tfrac{1}{2}\sqrt{6}\cos\vartheta \tag{236}$$

$$\Pi_2(\vartheta) = \tfrac{1}{4}\sqrt{10}\,(3\cos^2\vartheta - 1) \tag{237}$$

$$\Pi_3(\vartheta) = \tfrac{1}{4}\sqrt{14}\cos\vartheta\,(5\cos^3\vartheta - 3) \tag{238}$$

$$\Pi_4(\vartheta) = \tfrac{3}{16}\sqrt{2}\,(35\cos^4\vartheta - 30\cos^2\vartheta + 3) \tag{239}$$

$$\Pi_5(\vartheta) = \tfrac{1}{16}\sqrt{22}\cos\vartheta\,(63\cos^4\vartheta - 70\cos^2\vartheta + 15) \tag{240}$$

$$\Pi_6(\vartheta) = \tfrac{1}{32}\sqrt{26}\,(231\cos^6\vartheta - 315\cos^4\vartheta + 105\cos^2\vartheta - 5) \tag{241}$$

Die Beziehungen (235) bis (241) lassen sich ohne Mühe in Vielfachen des Winkels ϑ ausdrücken.

2.11. Kugelflächenfunktionen

Ist die Verteilungsfunktion von zwei Variablen φ und ϑ abhängig, gilt die Verallgemeinerung

$$X_{nm}(\varphi,\vartheta) = A_m(\varphi) \cdot P_{nm}(\vartheta) \tag{242}$$

mit:

$$A_m(\varphi) = \cos m\varphi \tag{243}$$

Es lassen sich auch Funktionen

$$Y_{nm}(\varphi,\vartheta) = B_m(\varphi) \cdot P_{nm}(\vartheta) \tag{244}$$

mit

$$B_m(\varphi) = \sin m\varphi \tag{245}$$

aufbauen, die mit (242) linear kombiniert werden können und so zu einer noch allgemeineren Form der Kugelflächenfunktion führen. In einfachen Fällen – z.B. bei rhombischer Symmetrie – kommt man mit dem Ansatz (242) allein aus, wodurch die Auswertarbeit wesentlich erleichtert wird.

Die zugeordneten Kugelfunktionen $P_{nm}(\vartheta)$ werden im folgenden Abschnitt eingehend behandelt.

2.12. Zugeordnete Kugelfunktionen

In Erweiterung von (204) ist definiert:

$$P_{nm}(\vartheta) = \frac{(-1)^n}{2^n \cdot n!} (1-x^2)^{m/2} \frac{d^{n+m}}{dx^{n+m}} (1-x^2)^n \tag{246}$$

Setzt man in (246) für m den Wert Null ein, folgt (204), so daß:

$$P_{n0}(\vartheta) = P_n(\vartheta) \tag{247}$$

Die Substitution x bedeutet nach (205) den Cosinus der Winkelkoordinate ϑ. Aus (246) folgt die Entwicklung:

$$P_{nm}(\vartheta) = \frac{(2n)!}{2^n \cdot n!\,(n-m)!} \sin^m \vartheta \left[\cos^{n-m} \vartheta - \frac{(n-m)(n-m-1)}{2(2n-1)} \cos^{n-m-2} \vartheta \right.$$
$$\left. + \frac{(n-m)(n-m-1)(n-m-2)(n-m-3)}{2 \cdot 4 \cdot (2n-1)(2n-3)} \cos^{n-m-4} \vartheta + \ldots \right] \tag{248}$$

Die Definition (246) und die Entwicklung (248) gilt nur für die Bedingung $m \leqq n$, d. h. der Index m muß stets kleiner oder darf höchstens gleich n sein.

Setzt man in (248) für m den Wert Null ein, folgt (204), so daß auch hier (247) gilt. Speziell erhält man:

$$P_{00}(\vartheta) = 1 \tag{249}$$

$$P_{10}(\vartheta) = \cos \vartheta \tag{250}$$

$$P_{11}(\vartheta) = \sin \vartheta \tag{251}$$

$$P_{20}(\vartheta) = \tfrac{1}{2}(3 \cos^2 \vartheta - 1) \tag{252}$$

$$P_{21}(\vartheta) = 3 \sin\vartheta \cos\vartheta \tag{253}$$

$$P_{22}(\vartheta) = 3 \sin^2\vartheta \tag{254}$$

$$P_{30}(\vartheta) = \tfrac{1}{2} \cos\vartheta\,(5\cos^2\vartheta - 3) \tag{255}$$

$$P_{31}(\vartheta) = \tfrac{3}{2} \sin\vartheta\,(5\cos^2\vartheta - 1) \tag{256}$$

$$P_{32}(\vartheta) = 15 \sin^2\vartheta \cos\vartheta \tag{257}$$

$$P_{33}(\vartheta) = 15 \sin^3\vartheta \tag{258}$$

$$P_{40}(\vartheta) = \tfrac{1}{8}(35\cos^4\vartheta - 30\cos^2\vartheta + 3) \tag{259}$$

$$P_{41}(\vartheta) = \tfrac{5}{2} \sin\vartheta\cos\vartheta\,(7\cos^2\vartheta - 3) \tag{260}$$

$$P_{42}(\vartheta) = \tfrac{15}{2} \sin^2\vartheta\,(7\cos^2\vartheta - 1) \tag{261}$$

$$P_{43}(\vartheta) = 105 \sin^3\vartheta \cos\vartheta \tag{262}$$

$$P_{44}(\vartheta) = 105 \sin^4\vartheta \tag{263}$$

$$P_{50}(\vartheta) = \tfrac{1}{8} \cos\vartheta\,(63\cos^4\vartheta - 70\cos^2\vartheta + 15) \tag{264}$$

$$P_{51}(\vartheta) = \tfrac{15}{8} \sin\vartheta\,(21\cos^4\vartheta - 14\cos^2\vartheta + 1) \tag{265}$$

$$P_{52}(\vartheta) = \tfrac{105}{2} \sin^2\vartheta\cos\vartheta\,(3\cos^2\vartheta - 1) \tag{266}$$

$$P_{53}(\vartheta) = \tfrac{105}{2} \sin^3\vartheta\,(9\cos^2\vartheta - 1) \tag{267}$$

$$P_{54}(\vartheta) = 945 \sin^4\vartheta \cos\vartheta \tag{268}$$

$$P_{55}(\vartheta) = 945 \sin^5\vartheta \tag{269}$$

$$P_{60}(\vartheta) = \tfrac{1}{16}(231\cos^6\vartheta - 315\cos^4\vartheta + 105\cos^2\vartheta - 5) \tag{270}$$

$$P_{61}(\vartheta) = \tfrac{21}{8} \sin\vartheta\cos\vartheta\,(33\cos^4\vartheta - 30\cos^2\vartheta + 5) \tag{271}$$

$$P_{62}(\vartheta) = \tfrac{105}{8} \sin^2\vartheta\,(33\cos^4\vartheta - 18\cos^2\vartheta + 1) \tag{272}$$

$$P_{63}(\vartheta) = \tfrac{315}{2} \sin^3\vartheta\cos\vartheta\,(11\cos^2\vartheta - 3) \tag{273}$$

$$P_{64}(\vartheta) = \tfrac{945}{2} \sin^4\vartheta\,(11\cos^2\vartheta - 1) \tag{274}$$

$$P_{65}(\vartheta) = 10395 \sin^5\vartheta \cos\vartheta \tag{275}$$

$$P_{66}(\vartheta) = 10395 \sin^6\vartheta \tag{276}$$

Führt man statt der Potenzen der trigonometrischen Funktionen die Vielfachen des Winkels ϑ ein, folgt:

$$P_{20}(\vartheta) = \tfrac{1}{4}(1 + 3\cos 2\vartheta) \tag{277}$$

$$P_{21}(\vartheta) = \tfrac{3}{2}\sin 2\vartheta \tag{278}$$

$$P_{22}(\vartheta) = \tfrac{3}{2}(1 - \cos 2\vartheta) \tag{279}$$

$$P_{30}(\vartheta) = \tfrac{1}{8}(3\cos\vartheta + 5\cos 3\vartheta) \tag{280}$$

$$P_{31}(\vartheta) = \tfrac{3}{8}(\sin\vartheta + 5\sin 3\vartheta) \tag{281}$$

$$P_{32}(\vartheta) = \tfrac{15}{4}(\cos\vartheta - \cos 3\vartheta) \tag{282}$$

$$P_{33}(\vartheta) = \tfrac{15}{4}(3\sin\vartheta - \sin 3\vartheta) \tag{283}$$

$$P_{40}(\vartheta) = \tfrac{1}{64}(9 + 20\cos 2\vartheta + 35\cos 4\vartheta) \tag{284}$$

$$P_{41}(\vartheta) = \tfrac{5}{16}(2\sin 2\vartheta + 7\sin 4\vartheta) \tag{285}$$

$$P_{42}(\vartheta) = \tfrac{15}{16}(3 + 4\cos 2\vartheta - 7\cos 4\vartheta) \tag{286}$$

$$P_{43}(\vartheta) = \tfrac{105}{8}(2\sin 2\vartheta - \sin 4\vartheta) \tag{287}$$

$$P_{44}(\vartheta) = \tfrac{105}{8}(3 - 4\cos 2\vartheta + \cos 4\vartheta) \tag{288}$$

Die zugeordneten Kugelfunktionen haben die Integraleigenschaft:

$$\int_0^\pi P_{nm}(\vartheta)\cdot P_{lm}(\vartheta)\cdot\sin\vartheta\,d\vartheta = 0 \qquad l \neq n \tag{289}$$

$$\int_0^\pi P_{nm}^2(\vartheta)\cdot\sin\vartheta\,d\vartheta = \frac{2}{2n+1}\;\frac{(n+m)!}{(n-m)!} \qquad l = n \tag{290}$$

Mit der Normierungsbedingung

$$\int_0^\pi \Pi_{nm}^2(\vartheta)\cdot\sin\vartheta\,d\vartheta = 1 \tag{291}$$

werden die normierten zugeordneten Kugelfunktionen

$$\Pi_{nm}(\vartheta) = \sqrt{\frac{2n+1}{2}\;\frac{(n-m)!}{(n+m)!}}\cdot P_{nm}(\vartheta) \tag{292}$$

definiert. Die ersten 15 normierten zugeordneten Kugelfunktionen lauten:

$$\Pi_{00}(\vartheta) = \tfrac{1}{2}\sqrt{2} \tag{293}$$

$$\Pi_{10}(\vartheta) = \tfrac{1}{2}\sqrt{6}\cos\vartheta \tag{294}$$

$$\Pi_{11}(\vartheta) = \tfrac{1}{2}\sqrt{3}\sin\vartheta \tag{295}$$

$$\Pi_{20}(\vartheta) = \tfrac{1}{4}\sqrt{10}\,(3\cos^2\vartheta - 1) \tag{296}$$

$$\Pi_{21}(\vartheta) = \tfrac{1}{2}\sqrt{15}\sin\vartheta\cos\vartheta \tag{297}$$

$$\Pi_{22}(\vartheta) = \tfrac{1}{4}\sqrt{15}\sin^2\vartheta \tag{298}$$

$$\Pi_{30}(\vartheta) = \tfrac{1}{4}\sqrt{14}\cos\vartheta\,(5\cos^2\vartheta - 3) \tag{299}$$

$$\Pi_{31}(\vartheta) = \tfrac{1}{8}\sqrt{42}\sin\vartheta\,(5\cos^2\vartheta - 1) \tag{300}$$

$$\Pi_{32}(\vartheta) = \tfrac{1}{4}\sqrt{105}\sin^2\vartheta\cos\vartheta \tag{301}$$

$$\Pi_{33}(\vartheta) = \tfrac{1}{8}\sqrt{70}\sin^3\vartheta \tag{302}$$

$$\Pi_{40}(\vartheta) = \tfrac{3}{16}\sqrt{2}\,(35\cos^4\vartheta - 30\cos^2\vartheta + 3) \tag{303}$$

$$\Pi_{41}(\vartheta) = \tfrac{3}{8}\sqrt{10}\sin\vartheta\cos\vartheta\,(7\cos^2\vartheta - 3) \tag{304}$$

$$\Pi_{42}(\vartheta) = \tfrac{3}{8}\sqrt{5}\sin^2\vartheta\,(7\cos^2\vartheta - 1) \tag{305}$$

$$\Pi_{43}(\vartheta) = \tfrac{3}{8}\sqrt{70}\sin^3\vartheta\cos\vartheta \tag{306}$$

$$\Pi_{44}(\vartheta) = \tfrac{3}{16}\sqrt{35}\sin^4\vartheta \tag{307}$$

2.13. Normierte Kugelflächenfunktionen

Bezieht man sich auf die partikuläre Kugelflächenfunktion (242) mit dem Zusatz (243), so ergibt sich die nicht normierte Folge:

$$X_{00}(\varphi,\vartheta) = 1 \tag{308}$$

$$X_{10}(\varphi,\vartheta) = \cos\vartheta \tag{309}$$

$$X_{11}(\varphi,\vartheta) = \cos\varphi\sin\vartheta \tag{310}$$

$$X_{20}(\varphi,\vartheta) = \tfrac{1}{2}\,(3\cos^2\vartheta - 1) \tag{311}$$

$$X_{21}(\varphi,\vartheta) = 3\cos\varphi\sin\vartheta\cos\vartheta \tag{312}$$

$$X_{22}(\varphi,\vartheta) = 3\cos 2\varphi\sin^2\vartheta \tag{313}$$

$$X_{30}(\varphi,\vartheta) = \tfrac{1}{2}\cos\vartheta\,(5\cos^2\vartheta - 3) \tag{314}$$

$$X_{31}(\varphi,\vartheta) = \tfrac{3}{2}\cos\varphi\sin\vartheta\,(5\cos^2\vartheta - 1) \tag{315}$$

$$X_{32}(\varphi,\vartheta) = 15\cos 2\varphi\sin^2\vartheta\cos\vartheta \tag{316}$$

$$X_{33}(\varphi,\vartheta) = 15\cos 3\varphi\sin^3\vartheta \tag{317}$$

$$X_{40}(\varphi,\vartheta) = \tfrac{1}{8}\,(35\cos^4\vartheta - 30\cos^2\vartheta + 3) \tag{318}$$

$$X_{41}(\varphi,\vartheta) = \tfrac{5}{2}\cos\varphi\sin\vartheta\cos\vartheta\,(7\cos^2\vartheta - 3) \tag{319}$$

$$X_{42}(\varphi,\vartheta) = \tfrac{15}{2}\cos 2\varphi\sin^2\vartheta\,(7\cos^2\vartheta - 1) \tag{320}$$

$$X_{43}(\varphi,\vartheta) = 105\cos 3\varphi\sin^3\vartheta\cos\vartheta \tag{321}$$

$$X_{44}(\varphi,\vartheta) = 105\cos 4\varphi\sin^4\vartheta \tag{322}$$

$$X_{50}(\varphi,\vartheta) = \tfrac{1}{8}\cos\vartheta\,(63\cos^4\vartheta - 70\cos^2\vartheta + 15) \tag{323}$$

$$X_{51}(\varphi,\vartheta) = \tfrac{15}{8}\cos\varphi\sin\vartheta\,(21\cos^4\vartheta - 14\cos^2\vartheta + 1) \tag{324}$$

$$X_{52}(\varphi,\vartheta) = \tfrac{105}{2}\cos 2\varphi\sin^2\vartheta\cos\vartheta\,(3\cos^2\vartheta - 1) \tag{325}$$

$$X_{53}(\varphi,\vartheta) = \tfrac{105}{2}\cos 3\varphi\sin^3\vartheta\,(9\cos^2\vartheta - 1) \tag{326}$$

$$X_{54}(\varphi,\vartheta) = 945\cos 4\varphi\sin^4\vartheta\cos\vartheta \tag{327}$$

$$X_{55}(\varphi,\vartheta) = 945\cos 5\varphi\sin^5\vartheta \tag{328}$$

$$X_{60}(\varphi,\vartheta) = \tfrac{1}{16}\,(231\cos^6\vartheta - 315\cos^4\vartheta + 105\cos^2\vartheta - 5) \tag{329}$$

$$X_{61}(\varphi,\vartheta) = \tfrac{21}{8}\cos\varphi\cos\vartheta\,(33\cos^4\vartheta - 30\cos^2\vartheta + 5) \tag{330}$$

$$X_{62}(\varphi,\vartheta) = \tfrac{105}{8}\cos 2\varphi\sin^2\vartheta\,(33\cos^4\vartheta - 18\cos^2\vartheta + 1) \tag{331}$$

$$X_{63}(\varphi,\vartheta) = \tfrac{315}{2}\cos 3\varphi\sin^3\vartheta\cos\vartheta\,(11\cos^2\vartheta - 3) \tag{332}$$

$$X_{64}(\varphi,\vartheta) = \tfrac{945}{2}\cos 4\varphi\sin^4\vartheta\,(11\cos^2\vartheta - 1) \tag{333}$$

$$X_{65}(\varphi,\vartheta) = 10395\cos 5\varphi\sin^5\vartheta\cos\vartheta \tag{334}$$

$$X_{66}(\varphi,\vartheta) = 10395\cos 6\varphi\sin^6\vartheta \tag{335}$$

Allgemein gilt:

$$\int_0^{2\pi} \cos m\,\varphi \cos n\,\varphi \,\mathrm{d}\,\varphi = 0 \qquad m \neq n \tag{336}$$

Um die obigen Beziehungen (308) bis (335) normieren zu können, beachte man die Integralformeln:

$$\int_0^{2\pi} \cos^2 m\,\varphi \,\mathrm{d}\,\varphi = \pi \qquad m \neq 0 \tag{337}$$

$$\int_0^{2\pi} \cos^2 m\,\varphi \,\mathrm{d}\,\varphi = 2\pi \qquad m = 0 \tag{338}$$

Zur Vereinfachung zieht man (337) und (338) zusammen:

$$\int_0^{2\pi} \cos^2 m\,\varphi \,\mathrm{d}\,\varphi = \lambda_m \tag{339}$$

Hierbei gilt

$$\lambda_m = \pi \qquad m \neq 0 \tag{340}$$

und:

$$\lambda_m = 2\pi \qquad m = 0 \tag{341}$$

Mit (243) läßt sich (339) wie folgt beschreiben:

$$\int_0^{2\pi} A_m^2(\varphi)\,\mathrm{d}\,\varphi = \lambda_m \tag{342}$$

Kombiniert man (342) mit (290) resultiert:

$$\int_0^{2\pi} A_m^2(\varphi)\,\mathrm{d}\,\varphi \cdot \int_0^{\pi} P_{nm}^2(\vartheta)\cdot \sin\vartheta\,\mathrm{d}\,\vartheta = \frac{2\,\lambda_m}{2n+1}\,\frac{(n+m)!}{(n-m)!} \tag{343}$$

Mit (242) folgt schließlich:

$$\int_0^{2\pi}\int_0^{\pi} X_{nm}^2(\varphi,\vartheta)\cdot \sin\vartheta\,\mathrm{d}\,\varphi\,\mathrm{d}\,\vartheta = \frac{2\lambda_m}{2n+1}\,\frac{(n+m)!}{(n-m)!} \tag{344}$$

Mit der Normierungsbedingung

$$\int_0^{2\pi}\int_0^{\pi} U_{nm}^2(\varphi,\vartheta)\cdot \sin\vartheta\,\mathrm{d}\,\varphi\,\mathrm{d}\,\vartheta = 1 \tag{345}$$

werden die normierten Kugelflächenfunktionen

$$U_{nm}(\varphi,\vartheta) = \sqrt{\frac{2n+1}{2\lambda_m}\,\frac{(n-m)!}{(n+m)!}} \cdot X_{nm}(\varphi,\vartheta) \tag{346}$$

definiert. Speziell gilt:

$$U_{00}(\varphi,\vartheta) = \tfrac{1}{2}\sqrt{\tfrac{1}{\pi}} \tag{347}$$

$$U_{10}(\varphi,\vartheta) = \tfrac{1}{2}\sqrt{\tfrac{3}{\pi}}\ \cos\vartheta \tag{348}$$

$$U_{11}(\varphi,\vartheta) = \tfrac{1}{2}\sqrt{\tfrac{3}{\pi}}\ \cos\varphi\sin\vartheta \tag{349}$$

$$U_{20}(\varphi,\vartheta) = \tfrac{1}{4}\sqrt{\tfrac{5}{\pi}}\ (3\cos^2\vartheta - 1) \tag{350}$$

$$U_{21}(\varphi,\vartheta) = \tfrac{1}{2}\sqrt{\tfrac{15}{\pi}}\ \cos\varphi\sin\vartheta\cos\vartheta \tag{351}$$

$$U_{22}(\varphi,\vartheta) = \tfrac{1}{4}\sqrt{\tfrac{15}{\pi}}\ \cos 2\varphi\sin^2\vartheta \tag{352}$$

$$U_{30}(\varphi,\vartheta) = \tfrac{1}{4}\sqrt{\tfrac{7}{\pi}}\ \cos\vartheta\,(5\cos^2\vartheta - 3) \tag{353}$$

$$U_{31}(\varphi,\vartheta) = \tfrac{1}{8}\sqrt{\tfrac{42}{\pi}}\ \cos\varphi\sin\,(5\cos^2\vartheta - 1) \tag{354}$$

$$U_{32}(\varphi,\vartheta) = \tfrac{1}{4}\sqrt{\tfrac{105}{\pi}}\ \cos 2\varphi\sin^2\vartheta\cos\vartheta \tag{355}$$

$$U_{33}(\varphi,\vartheta) = \tfrac{1}{8}\sqrt{\tfrac{70}{\pi}}\ \cos 3\varphi\sin^3\vartheta \tag{356}$$

$$U_{40}(\varphi,\vartheta) = \tfrac{3}{16}\sqrt{\tfrac{1}{\pi}}\ (35\cos^4\vartheta - 30\cos^2\vartheta + 3) \tag{357}$$

$$U_{41}(\varphi,\vartheta) = \tfrac{3}{8}\sqrt{\tfrac{10}{\pi}}\ \cos\varphi\sin\vartheta\cos\vartheta\,(7\cos^2\vartheta - 3) \tag{358}$$

$$U_{42}(\varphi,\vartheta) = \tfrac{3}{8}\sqrt{\tfrac{5}{\pi}}\ \cos 2\varphi\sin^2\vartheta\,(7\cos^2\vartheta - 1) \tag{359}$$

$$U_{43}(\varphi,\vartheta) = \tfrac{3}{8}\sqrt{\tfrac{70}{\pi}}\ \cos 3\varphi\sin^3\vartheta\cos\vartheta \tag{360}$$

$$U_{44}(\varphi,\vartheta) = \tfrac{3}{16}\sqrt{\tfrac{35}{\pi}}\ \cos 4\varphi\sin^4\vartheta \tag{361}$$

$$U_{50}(\varphi,\vartheta) = \tfrac{1}{16}\sqrt{\tfrac{11}{\pi}}\ \cos\vartheta\,(63\cos^4\vartheta - 70\cos^2\vartheta + 15) \tag{362}$$

$$U_{51}(\varphi,\vartheta) = \tfrac{1}{16}\sqrt{\tfrac{165}{\pi}}\ \cos\varphi\sin\vartheta\,(21\cos^4\vartheta - 14\cos^2\vartheta + 1) \tag{363}$$

$$U_{52}(\varphi,\vartheta) = \tfrac{1}{8}\sqrt{\tfrac{1155}{\pi}}\ \cos 2\varphi\sin^2\vartheta\cos\vartheta\,(3\cos^2\vartheta - 1) \tag{364}$$

$$U_{53}(\varphi,\vartheta) = \tfrac{1}{32}\sqrt{\tfrac{770}{\pi}}\ \cos 3\varphi\sin^3\vartheta\,(9\cos^2\vartheta - 1) \tag{365}$$

$$U_{54}(\varphi,\vartheta) = \tfrac{1}{16}\sqrt{\tfrac{3465}{\pi}}\ \cos 4\varphi\sin^4\vartheta\cos\vartheta \tag{366}$$

$$U_{55}(\varphi,\vartheta) = \tfrac{1}{32}\sqrt{\tfrac{1386}{\pi}}\ \cos 5\varphi\sin^5\vartheta \tag{367}$$

$$U_{6\,0}(\varphi,\vartheta) = \tfrac{1}{32}\sqrt{\tfrac{13}{\pi}}\,(231\cos^6\vartheta - 315\cos^4\vartheta + 105\cos^2\vartheta - 5) \qquad (368)$$

$$U_{6\,1}(\varphi,\vartheta) = \tfrac{1}{16}\sqrt{\tfrac{273}{\pi}}\,\cos\varphi\cos\vartheta\,(33\cos^4\vartheta - 30\cos^2\vartheta + 5) \qquad (369)$$

$$U_{6\,2}(\varphi,\vartheta) = \tfrac{1}{64}\sqrt{\tfrac{2730}{\pi}}\,\cos 2\varphi\sin^2\vartheta\,(33\cos^4\vartheta - 18\cos^2\vartheta + 1) \qquad (370)$$

$$U_{6\,3}(\varphi,\vartheta) = \tfrac{1}{32}\sqrt{\tfrac{2730}{\pi}}\,\cos 3\varphi\sin^3\vartheta\cos\vartheta\,(11\cos^2\vartheta - 3) \qquad (371)$$

$$U_{6\,4}(\varphi,\vartheta) = \tfrac{3}{32}\sqrt{\tfrac{91}{\pi}}\,\cos 4\varphi\sin^4\vartheta\,(11\cos^2\vartheta - 1) \qquad (372)$$

$$U_{6\,5}(\varphi,\vartheta) = \tfrac{3}{32}\sqrt{\tfrac{2002}{\pi}}\,\cos 5\varphi\sin^5\vartheta\cos\vartheta \qquad (373)$$

$$U_{6\,6}(\varphi,\vartheta) = \tfrac{1}{64}\sqrt{\tfrac{6006}{\pi}}\,\cos 6\varphi\sin^6\vartheta \qquad (374)$$

Die normierten Kugelflächenfunktionen erfüllen die Integralbeziehung:

$$\int_0^{2\pi}\int_0^{\pi} U_{nm}(\varphi,\vartheta)\cdot U_{lk}(\varphi,\vartheta)\cdot\sin\vartheta\,\mathrm{d}\varphi\,\mathrm{d}\vartheta = \delta_{nl}\,\delta_{mk} \qquad (375)$$

Ist der Index n ungleich l und der Index m ungleich k, so ist die rechte Seite von (375) Null.

2.14. Die verallgemeinerten Kugelfunktionen

Für die dreidimensionale Beschreibung der Orientierungsverteilungsfunktionen gilt nach N. J. Wilenkin (1965) die Verallgemeinerung:

$$V_{nml}(\varphi,\vartheta,\psi) = Q_{ml}(\varphi,\psi)\cdot P_{nml}(\vartheta) \qquad (376)$$

Die symmetrisch aufgebaute Funktion

$$Q_{ml}(\varphi,\psi) = \cos(m\varphi + l\psi) \qquad (377)$$

drückt die Gleichwertigkeit der Winkelkoordinaten φ und ψ aus. Es lassen sich auch Funktionen

$$W_{nml}(\varphi,\vartheta,\psi) = R_{ml}(\varphi,\psi)\cdot P_{nml}(\vartheta) \qquad (378)$$

mit

$$R_{ml}(\varphi,\psi) = \sin(m\varphi + l\psi) \qquad (379)$$

aufbauen, die mit (376) linear kombiniert werden können und zu einer noch allgemeineren Form der Kugelfunktionen führen.

Die zugeordneten verallgemeinerten Kugelfunktionen $P_{nml}(\vartheta)$ werden im folgenden Abschnitt behandelt.

2.15. Verallgemeinerte Zuordnung

In Erweiterung von (246) ist definiert:

$$P_{nml}(\vartheta) = \frac{(-1)^{n+l}}{2^n \cdot (n-l)!} (1-x)^{\frac{m-l}{2}} (1+x)^{\frac{m+l}{2}} \frac{d^{n+m}}{dx^{n+m}} \left[(1-x)^{n+l} (1+x)^{n-l} \right] \tag{380}$$

Die Substitution x entspricht (205). Setzt man in (380) für l den Wert Null ein, folgt (246), so daß:

$$P_{nm0}(\vartheta) = P_{nm}(\vartheta) \tag{381}$$

Entsprechend ist:

$$P_{n00}(\vartheta) = P_n(\vartheta) \tag{382}$$

Die Definition (380) gilt nur für die Bedingung $m \leqq n$ und $l \leqq n$.

Speziell gilt:

$$P_{000}(\vartheta) = 1 \tag{383}$$

$$P_{100}(\vartheta) = \cos\vartheta \tag{384}$$

$$P_{101}(\vartheta) = -\sin\vartheta \tag{385}$$

$$P_{110}(\vartheta) = \sin\vartheta \tag{386}$$

$$P_{111}(\vartheta) = \cos\vartheta + 1 \tag{387}$$

$$P_{200}(\vartheta) = \tfrac{1}{2}(3\cos^2\vartheta - 1) \tag{388}$$

$$P_{201}(\vartheta) = -3\sin\vartheta\cos\vartheta \tag{389}$$

$$P_{202}(\vartheta) = 3\sin^2\vartheta \tag{390}$$

$$P_{210}(\vartheta) = 3\sin\vartheta\cos\vartheta \tag{391}$$

$$P_{211}(\vartheta) = 3(2\cos^2\vartheta + \cos\vartheta - 1) \tag{392}$$

$$P_{212}(\vartheta) = -6\sin\vartheta(\cos\vartheta + 1) \tag{393}$$

$$P_{220}(\vartheta) = 3\sin^2\vartheta \tag{394}$$

$$P_{221}(\vartheta) = 6 \sin\vartheta\,(\cos\vartheta + 1) \tag{395}$$

$$P_{222}(\vartheta) = 6\,(\cos\vartheta + 1)^2 \tag{396}$$

$$P_{300}(\vartheta) = \tfrac{1}{2} \cos\vartheta\,(5\cos^2\vartheta - 3) \tag{397}$$

$$P_{301}(\vartheta) = -\tfrac{3}{2} \sin\vartheta\,(5\cos^2\vartheta - 1) \tag{398}$$

$$P_{302}(\vartheta) = 15 \sin^2\vartheta \cos\vartheta \tag{399}$$

$$P_{303}(\vartheta) = -15 \sin^3\vartheta \tag{400}$$

$$P_{310}(\vartheta) = \tfrac{3}{2} \sin\vartheta\,(5\cos^2\vartheta - 1) \tag{401}$$

$$P_{311}(\vartheta) = \tfrac{3}{2}(\cos\vartheta + 1)(15\cos^2\vartheta - 10\cos\vartheta - 1) \tag{402}$$

$$P_{312}(\vartheta) = -15 \sin\vartheta\,(\cos\vartheta + 1)(3\cos\vartheta - 1) \tag{403}$$

$$P_{313}(\vartheta) = 45 \sin^2\vartheta\,(\cos\vartheta + 1) \tag{404}$$

$$P_{320}(\vartheta) = 15 \sin^2\vartheta \cos\vartheta \tag{405}$$

$$P_{321}(\vartheta) = 15 \sin\vartheta\,(\cos\vartheta + 1)(3\cos\vartheta - 1) \tag{406}$$

$$P_{322}(\vartheta) = 30\,(3\cos\vartheta - 2)(\cos\vartheta + 1)^2 \tag{407}$$

$$P_{323}(\vartheta) = -90 \sin\vartheta\,(\cos\vartheta + 1)^2 \tag{408}$$

$$P_{330}(\vartheta) = 15 \sin^3\vartheta \tag{409}$$

$$P_{331}(\vartheta) = 45 \sin^2\vartheta\,(\cos\vartheta + 1) \tag{410}$$

$$P_{332}(\vartheta) = 90 \sin\vartheta\,(\cos\vartheta + 1)^2 \tag{411}$$

$$P_{333}(\vartheta) = 90\,(\cos\vartheta + 1)^3 \tag{412}$$

$$P_{400}(\vartheta) = \tfrac{1}{8}(35\cos^4\vartheta - 30\cos^2\vartheta + 3) \tag{413}$$

$$P_{401}(\vartheta) = -\tfrac{5}{2} \sin\vartheta \cos\vartheta\,(7\cos^2\vartheta - 3) \tag{414}$$

$$P_{402}(\vartheta) = -\tfrac{15}{2} \sin^2\vartheta\,(7\cos^2\vartheta - 1) \tag{415}$$

$$P_{403}(\vartheta) = -105 \sin^3\vartheta \cos\vartheta \tag{416}$$

$$P_{404}(\vartheta) = 105 \sin^4\vartheta \tag{417}$$

$$P_{410}(\vartheta) = \tfrac{5}{2} \sin\vartheta \cos\vartheta\,(7\cos^2\vartheta - 3) \tag{418}$$

$$P_{411}(\vartheta) = \tfrac{5}{2} (\cos\vartheta + 1)(28\cos^3\vartheta - 21\cos^2\vartheta - 6\cos\vartheta + 3) \tag{419}$$

$$P_{412}(\vartheta) = -15 \sin\vartheta\,(\cos\vartheta + 1)(14\cos^2\vartheta - 7\cos\vartheta - 1) \tag{420}$$

$$P_{413}(\vartheta) = 105 \sin^2\vartheta\,(\hat{\cos}\,\vartheta + 1)(4\cos\vartheta - 1) \tag{421}$$

$$P_{414}(\vartheta) = -420 \sin^3\vartheta\,(\cos\vartheta + 1) \tag{422}$$

$$P_{420}(\vartheta) = \tfrac{15}{2} \sin^2\vartheta\,(7\cos^2\vartheta - 1) \tag{423}$$

$$P_{421}(\vartheta) = 15 \sin\vartheta\,(\cos\vartheta + 1)(14\cos^2\vartheta - 7\cos\vartheta - 1) \tag{424}$$

$$P_{422}(\vartheta) = 90 (\cos\vartheta + 1)^2 (7\cos^2\vartheta - 7\cos\vartheta + 1) \tag{425}$$

$$P_{423}(\vartheta) = -630 \sin\vartheta\,(2\cos\vartheta - 1)(\cos\vartheta + 1)^2 \tag{426}$$

$$P_{424}(\vartheta) = 1260 \sin^2\vartheta\,(\cos\vartheta + 1)^2 \tag{427}$$

$$P_{430}(\vartheta) = 105 \sin^3\vartheta \cos\vartheta \tag{428}$$

$$P_{431}(\vartheta) = 105 \sin^2\vartheta\,(\cos\vartheta + 1)(4\cos\vartheta - 1) \tag{429}$$

$$P_{432}(\vartheta) = 630 \sin\vartheta\,(2\cos\vartheta - 1)(\cos\vartheta + 1)^2 \tag{430}$$

$$P_{433}(\vartheta) = 630 (4\cos\vartheta - 3)(\cos\vartheta + 1)^3 \tag{431}$$

$$P_{434}(\vartheta) = -2520 \sin\vartheta\,(\cos\vartheta + 1)^3 \tag{432}$$

$$P_{440}(\vartheta) = 105 \sin^4\vartheta \tag{433}$$

$$P_{441}(\vartheta) = 420 \sin^3\vartheta\,(\cos\vartheta + 1) \tag{434}$$

$$P_{442}(\vartheta) = 1260 \sin^2\vartheta\,(\cos\vartheta + 1)^2 \tag{435}$$

$$P_{443}(\vartheta) = 2520 \sin\vartheta\,(\cos\vartheta + 1)^3 \tag{436}$$

$$P_{444}(\vartheta) = 2520 (\cos\vartheta + 1)^4 \tag{437}$$

Die verallgemeinerte Zuordnung hat die Integraleigenschaft:

$$\int_0^\pi P_{nml}^2(\vartheta) \cdot \sin\vartheta \, d\vartheta = \frac{2}{2n+1} \; \frac{(n+m)!}{(n-m)!} \; \frac{(n+l)!}{(n-l)!} \tag{438}$$

Mit der Normierungsbedingung

$$\int_0^\pi \Pi^2_{n\,m\,l}(\vartheta) \cdot \sin\vartheta \, d\,\vartheta = 1 \tag{439}$$

werden die normierten verallgemeinerten Zuordnungen

$$\Pi_{n\,m\,l}(\vartheta) = \sqrt{\frac{2n+1}{2}\,\frac{(n-m)!}{(n+m)!}\,\frac{(n-l)!}{(n+l)!}} \cdot P_{n\,m\,l}(\vartheta) \tag{440}$$

definiert. Speziell gilt:

$$\Pi_{0\,0\,0}(\vartheta) = \tfrac{1}{2}\sqrt{2} \tag{441}$$

$$\Pi_{1\,0\,0}(\vartheta) = \tfrac{1}{2}\sqrt{6}\cos\vartheta \tag{442}$$

$$\Pi_{1\,0\,1}(\vartheta) = -\tfrac{1}{2}\sqrt{3}\sin\vartheta \tag{443}$$

$$\Pi_{1\,1\,0}(\vartheta) = \tfrac{1}{2}\sqrt{3}\sin\vartheta \tag{444}$$

$$\Pi_{1\,1\,1}(\vartheta) = \tfrac{1}{4}\sqrt{6}(\cos\vartheta + 1) \tag{445}$$

$$\Pi_{2\,0\,0}(\vartheta) = \tfrac{1}{4}\sqrt{10}(3\cos^2\vartheta - 1) \tag{446}$$

$$\Pi_{2\,0\,1}(\vartheta) = -\tfrac{1}{2}\sqrt{15}\sin\vartheta\cos\vartheta \tag{447}$$

$$\Pi_{2\,0\,2}(\vartheta) = \tfrac{1}{4}\sqrt{15}\sin^2\vartheta \tag{448}$$

$$\Pi_{2\,1\,0}(\vartheta) = \tfrac{1}{2}\sqrt{15}\sin\vartheta\cos\vartheta \tag{449}$$

$$\Pi_{2\,1\,1}(\vartheta) = \tfrac{1}{4}\sqrt{10}(2\cos^2\vartheta + \cos\vartheta - 1) \tag{450}$$

$$\Pi_{2\,1\,2}(\vartheta) = -\tfrac{1}{4}\sqrt{10}\sin\vartheta(\cos\vartheta + 1) \tag{451}$$

$$\Pi_{2\,2\,0}(\vartheta) = \tfrac{1}{4}\sqrt{15}\sin^2\vartheta \tag{452}$$

$$\Pi_{2\,2\,1}(\vartheta) = \tfrac{1}{4}\sqrt{10}\sin\vartheta(\cos\vartheta + 1) \tag{453}$$

$$\Pi_{2\,2\,2}(\vartheta) = \tfrac{1}{8}\sqrt{10}(\cos\vartheta + 1)^2 \tag{454}$$

2.16. Dreidimensionale Normierung

Bezieht man sich auf die partikuläre verallgemeinerte Kugelfunktion (376) mit dem Zusatz (377), so ergibt sich die nicht normierte Folge:

$$V_{0\,0\,0}(\varphi, \vartheta, \psi) = 1 \tag{455}$$

$$V_{100}(\varphi, \vartheta, \psi) = \cos\vartheta \tag{456}$$

$$V_{101}(\varphi, \vartheta, \psi) = -\sin\vartheta\cos\psi \tag{457}$$

$$V_{110}(\varphi, \vartheta, \psi) = \cos\varphi\sin\vartheta \tag{458}$$

$$V_{111}(\varphi, \vartheta, \psi) = (\cos\vartheta + 1)\cos(\varphi + \psi) \tag{459}$$

$$V_{200}(\varphi, \vartheta, \psi) = \tfrac{1}{2}(3\cos^2\vartheta - 1) \tag{460}$$

$$V_{201}(\varphi, \vartheta, \psi) = -3\sin\vartheta\cos\vartheta\cos\psi \tag{461}$$

$$V_{202}(\varphi, \vartheta, \psi) = 3\sin^2\vartheta\cos 2\psi \tag{462}$$

$$V_{210}(\varphi, \vartheta, \psi) = 3\cos\varphi\sin\vartheta\cos\vartheta \tag{463}$$

$$V_{211}(\varphi, \vartheta, \psi) = 3(2\cos^2\vartheta + \cos\vartheta - 1)\cos(\varphi + \psi) \tag{464}$$

$$V_{212}(\varphi, \vartheta, \psi) = -6\sin\vartheta(\cos\vartheta + 1)\cos(\varphi + 2\psi) \tag{465}$$

$$V_{220}(\varphi, \vartheta, \psi) = 3\cos 2\varphi\sin^2\vartheta \tag{466}$$

$$V_{221}(\varphi, \vartheta, \psi) = 6\sin\vartheta(\cos\vartheta + 1)\cos(2\varphi + \psi) \tag{467}$$

$$V_{222}(\varphi, \vartheta, \psi) = 6(\cos\vartheta + 1)^2\cos 2(\varphi + \psi) \tag{468}$$

Allgemein gilt:

$$\int_0^{2\pi}\int_0^{2\pi} \cos(m\varphi + l\psi)\cdot\cos(p\varphi + q\psi)\,d\varphi\,d\psi = 0 \quad \left\{\begin{array}{l} m \neq p \\ l \neq q \end{array}\right. \tag{469}$$

Um die obigen Beziehungen normieren zu können, beachte man die Integralformeln:

$$\int_0^{2\pi}\int_0^{2\pi} \cos^2(m\varphi + l\psi)\,d\varphi\,d\psi = 2\pi^2 \qquad m \left\{\begin{array}{l}\text{oder}\\ \text{und}\end{array}\right\} l \neq 0 \tag{470}$$

$$\int_0^{2\pi}\int_0^{2\pi} \cos^2(m\varphi + l\psi)\,d\varphi\,d\psi = 4\pi^2 \qquad m \text{ und } l = 0 \tag{471}$$

Zur Vereinfachung zieht man (470) und (471) zusammen:

$$\int_0^{2\pi}\int_0^{2\pi} \cos^2(m\varphi + l\psi)\,d\varphi\,d\psi = \mu_{ml} \tag{472}$$

Hierbei gilt, wenn beide Indizes m oder l von Null verschieden sind bzw. nur ein Index Null ist:

$$\mu_{m\,l} = 2\,\pi^2 \qquad m \left\{ \begin{matrix} \text{oder} \\ \text{und} \end{matrix} \right\} l \neq 0 \tag{473}$$

Sind beide Indizes m und l Null, gilt:

$$\mu_{m\,l} = 4\,\pi^2 \qquad m \text{ und } l = 0 \tag{474}$$

Mit (377) läßt sich (472) wie folgt schreiben:

$$\int_0^{2\pi}\int_0^{2\pi} Q^2_{m\,l}(\varphi, \psi)\,d\varphi\,d\psi = \mu_{m\,l} \tag{475}$$

Kombiniert man (475) und (438), resultiert:

$$\int_0^{2\pi}\int_0^{2\pi} Q^2_{m\,l}(\varphi,\psi)\,d\varphi\,d\psi \cdot \int_0^{\pi} P^2_{n\,m\,l}(\vartheta)\cdot \sin\vartheta\,d\vartheta = \frac{2\mu_{m\,l}}{2n+1}\,\frac{(n+m)!}{(n-m)!}\,\frac{(n+l)!}{(n-l)!} \tag{476}$$

Mit (376) folgt schließlich:

$$\int_0^{2\pi}\int_0^{\pi}\int_0^{2\pi} V^2_{n\,m\,l}(\varphi, \vartheta, \psi)\cdot \sin\vartheta\,d\varphi\,d\vartheta\,d\psi = \frac{2\mu_{m\,l}}{2n+1}\,\frac{(n+m)!}{(n-m)!}\,\frac{(n+l)!}{(n-l)!} \tag{477}$$

Mit der Normierungsbedingung

$$\int_0^{2\pi}\int_0^{\pi}\int_0^{2\pi} T^2_{n\,m\,l}(\varphi, \vartheta, \psi)\cdot \sin\vartheta\,d\varphi\,d\vartheta\,d\psi = 1 \tag{478}$$

werden die normierten verallgemeinerten Kugelfunktionen

$$T_{n\,m\,l}(\varphi, \vartheta, \psi) = \sqrt{\frac{2n+1}{2\mu_{m\,l}}\,\frac{(n-m)!}{(n+m)!}\,\frac{(n-l)!}{(n+l)!}}\cdot V_{n\,m\,l}(\varphi, \vartheta, \psi) \tag{479}$$

definiert.

Speziell gilt:

$$T_{0\,0\,0}(\varphi, \vartheta, \psi) = \tfrac{1}{4\pi}\sqrt{2} \tag{480}$$

$$T_{1\,0\,0}(\varphi, \vartheta, \psi) = \tfrac{1}{4\pi}\sqrt{6}\cos\vartheta \tag{481}$$

$$T_{1\,0\,1}(\varphi, \vartheta, \psi) = -\tfrac{1}{4\pi}\sqrt{6}\sin\vartheta\cos\psi \tag{482}$$

$$T_{110}(\varphi, \vartheta, \psi) = \tfrac{1}{4\pi}\sqrt{6}\cos\varphi\sin\vartheta \tag{483}$$

$$T_{111}(\varphi, \vartheta, \psi) = \tfrac{1}{4\pi}\sqrt{3}(\cos\vartheta + 1)\cos(\varphi + \psi) \tag{484}$$

$$T_{200}(\varphi, \vartheta, \psi) = \tfrac{1}{8\pi}\sqrt{10}(3\cos^2\vartheta - 1) \tag{485}$$

$$T_{201}(\varphi, \vartheta, \psi) = -\tfrac{1}{4\pi}\sqrt{30}\sin\vartheta\cos\vartheta\cos\psi \tag{486}$$

$$T_{202}(\varphi, \vartheta, \psi) = \tfrac{1}{8\pi}\sqrt{30}\sin^2\vartheta\cos 2\psi \tag{487}$$

$$T_{210}(\varphi, \vartheta, \psi) = \tfrac{1}{4\pi}\sqrt{30}\cos\varphi\sin\vartheta\cos\vartheta \tag{488}$$

$$T_{211}(\varphi, \vartheta, \psi) = \tfrac{1}{4\pi}\sqrt{5}(2\cos^2\vartheta + \cos\vartheta - 1)\cos(\varphi + \psi) \tag{489}$$

$$T_{212}(\varphi, \vartheta, \psi) = -\tfrac{1}{4\pi}\sqrt{5}\sin\vartheta(\cos\vartheta + 1)\cos(\varphi + 2\psi) \tag{490}$$

$$T_{220}(\varphi, \vartheta, \psi) = \tfrac{1}{8\pi}\sqrt{30}\cos 2\varphi\sin^2\vartheta \tag{491}$$

$$T_{221}(\varphi, \vartheta, \psi) = \tfrac{1}{4\pi}\sqrt{5}\sin\vartheta(\cos\vartheta + 1)\cos(2\varphi + \psi) \tag{492}$$

$$T_{222}(\varphi, \vartheta, \psi) = \tfrac{1}{8\pi}\sqrt{5}(\cos\vartheta + 1)^2\cos 2(\varphi + \psi) \tag{493}$$

$$T_{300}(\varphi, \vartheta, \psi) = \tfrac{1}{8\pi}\sqrt{14}\cos\vartheta(5\cos^2\vartheta - 3) \tag{494}$$

$$T_{301}(\varphi, \vartheta, \psi) = -\tfrac{1}{8\pi}\sqrt{21}\sin\vartheta(5\cos^2\vartheta - 1)\cos\psi \tag{495}$$

$$T_{302}(\varphi, \vartheta, \psi) = \tfrac{1}{8\pi}\sqrt{210}\sin^2\vartheta\cos\vartheta\cos 2\psi \tag{496}$$

$$T_{303}(\varphi, \vartheta, \psi) = -\tfrac{1}{8\pi}\sqrt{35}\sin^3\vartheta\cos 3\psi \tag{497}$$

$$T_{310}(\varphi, \vartheta, \psi) = \tfrac{1}{8\pi}\sqrt{21}\cos\varphi\sin\vartheta(5\cos^2\vartheta - 1) \tag{498}$$

$$T_{311}(\varphi, \vartheta, \psi) = \tfrac{1}{16\pi}\sqrt{7}(\cos\vartheta + 1)(15\cos^2\vartheta - 10\cos\vartheta - 1)\cos(\varphi + \psi) \tag{499}$$

$$T_{312}(\varphi, \vartheta, \psi) = -\tfrac{1}{16\pi}\sqrt{70}\sin\vartheta(\cos\vartheta + 1)(3\cos\vartheta - 1)\cos(\varphi + 2\psi) \tag{500}$$

$$T_{313}(\varphi, \vartheta, \psi) = \tfrac{1}{16\pi}\sqrt{105}\sin^2\vartheta(\cos\vartheta + 1)\cos(\varphi + 3\psi) \tag{501}$$

$$T_{320}(\varphi, \vartheta, \psi) = \tfrac{1}{8\pi}\sqrt{210}\cos 2\varphi\sin^2\vartheta\cos\vartheta \tag{502}$$

$$T_{321}(\varphi, \vartheta, \psi) = \tfrac{1}{16\pi}\sqrt{70}\sin\vartheta(\cos\vartheta + 1)(3\cos\vartheta - 1)\cos(2\varphi + \psi) \tag{503}$$

$$T_{322}(\varphi, \vartheta, \psi) = \tfrac{1}{8\pi}\sqrt{7}\,(3\cos\vartheta - 2)(\cos\vartheta + 1)^2 \cos 2(\varphi + \psi) \tag{504}$$

$$T_{323}(\varphi, \vartheta, \psi) = -\tfrac{1}{16\pi}\sqrt{42}\,\sin\vartheta\,(\cos\vartheta + 1)^2 \cos(2\varphi + 3\psi) \tag{505}$$

$$T_{330}(\varphi, \vartheta, \psi) = \tfrac{1}{8\pi}\sqrt{35}\,\cos 3\varphi \sin^3\vartheta \tag{506}$$

$$T_{331}(\varphi, \vartheta, \psi) = \tfrac{1}{16\pi}\sqrt{105}\,\sin^2\vartheta\,(\cos\vartheta + 1)\cos(3\varphi + \psi) \tag{507}$$

$$T_{332}(\varphi, \vartheta, \psi) = \tfrac{1}{16\pi}\sqrt{42}\,\sin\vartheta\,(\cos\vartheta + 1)^2 \cos(3\varphi + 2\psi) \tag{508}$$

$$T_{333}(\varphi, \vartheta, \psi) = \tfrac{1}{16\pi}\sqrt{7}\,(\cos\vartheta + 1)^3 \cos 3(\varphi + \psi) \tag{509}$$

$$T_{400}(\varphi, \vartheta, \psi) = \tfrac{3}{32\pi}\sqrt{2}\,(35\cos^4\vartheta - 30\cos^2\vartheta + 3) \tag{510}$$

$$T_{401}(\varphi, \vartheta, \psi) = -\tfrac{3}{8\pi}\sqrt{5}\,\sin\vartheta\cos\vartheta\,(7\cos^2\vartheta - 3)\cos\psi \tag{511}$$

$$T_{402}(\varphi, \vartheta, \psi) = -\tfrac{3}{16\pi}\sqrt{10}\,\sin^2\vartheta\,(7\cos^2\vartheta - 1)\cos 2\psi \tag{512}$$

$$T_{403}(\varphi, \vartheta, \psi) = -\tfrac{3}{8\pi}\sqrt{35}\,\sin^3\vartheta\cos\vartheta\cos 3\psi \tag{513}$$

$$T_{404}(\varphi, \vartheta, \psi) = \tfrac{3}{32\pi}\sqrt{70}\,\sin^4\vartheta\cos 4\psi \tag{514}$$

$$T_{410}(\varphi, \vartheta, \psi) = \tfrac{3}{8\pi}\sqrt{5}\,\cos\varphi\sin\vartheta\cos\vartheta\,(7\cos^2\vartheta - 3) \tag{515}$$

$$T_{411}(\varphi, \vartheta, \psi) = \tfrac{3}{16\pi}(\cos\vartheta + 1)(28\cos^3\vartheta - 21\cos^2\vartheta - 6\cos\vartheta + 3)\cos(\varphi + \psi) \tag{516}$$

$$T_{412}(\varphi, \vartheta, \psi) = -\tfrac{3}{16\pi}\sqrt{2}\,\sin\vartheta\,(\cos\vartheta + 1)(14\cos^2\vartheta - 7\cos\vartheta - 1)\cos(\varphi + 2\psi) \tag{517}$$

$$T_{413}(\varphi, \vartheta, \psi) = \tfrac{3}{8\pi}\sqrt{7}\,\sin^2\vartheta\,(\cos\vartheta + 1)(4\cos\vartheta - 1)\cos(\varphi + 3\psi) \tag{518}$$

$$T_{414}(\varphi, \vartheta, \psi) = -\tfrac{3}{16\pi}\sqrt{14}\,\sin^3\vartheta\,(\cos\vartheta + 1)\cos(\varphi + 4\psi) \tag{519}$$

$$T_{420}(\varphi, \vartheta, \psi) = \tfrac{3}{16\pi}\sqrt{10}\,\cos 2\varphi\sin^2\vartheta\,(7\cos^2\vartheta - 1) \tag{520}$$

$$T_{421}(\varphi, \vartheta, \psi) = \tfrac{3}{16\pi}\sqrt{2}\,\sin\vartheta\,(\cos\vartheta + 1)(14\cos^2\vartheta - 7\cos\vartheta - 1)\cos(2\varphi + \psi) \tag{521}$$

$$T_{422}(\varphi, \vartheta, \psi) = \tfrac{3}{8\pi}(\cos\vartheta + 1)^2 (7\cos^2\vartheta - 7\cos\vartheta + 1)\cos 2(\varphi + \psi) \tag{522}$$

$$T_{423}(\varphi, \vartheta, \psi) = -\tfrac{3}{16\pi}\sqrt{14}\,\sin\vartheta\,(2\cos\vartheta - 1)(\cos\vartheta + 1)^2 \cos(2\varphi + 3\psi) \tag{523}$$

$$T_{424}(\varphi, \vartheta, \psi) = \tfrac{3}{4\pi}\sqrt{7}\sin^2\vartheta\,(\cos\vartheta + 1)^2\,\cos 2\,(\varphi + 2\,\psi) \tag{524}$$

$$T_{430}(\varphi, \vartheta, \psi) = \tfrac{3}{8\pi}\sqrt{35}\cos 3\,\varphi\,\sin^3\vartheta\cos\vartheta \tag{525}$$

$$T_{431}(\varphi, \vartheta, \psi) = \tfrac{3}{16\pi}\sqrt{7}\sin^2\vartheta\,(\cos\vartheta + 1)\,(4\cos\vartheta - 1)\cos(3\,\varphi + \psi) \tag{526}$$

$$T_{432}(\varphi, \vartheta, \psi) = \tfrac{3}{16\pi}\sqrt{14}\sin\vartheta\,(2\cos\vartheta - 1)\,(\cos\vartheta + 1)^2\,\cos(3\,\varphi + 2\,\psi) \tag{527}$$

$$T_{433}(\varphi, \vartheta, \psi) = \tfrac{3}{16\pi}(4\cos\vartheta - 3)\,(\cos\vartheta + 1)^2\,\cos 3\,(\varphi + \psi) \tag{528}$$

$$T_{434}(\varphi, \vartheta, \psi) = -\tfrac{3}{16\pi}\sqrt{2}\sin\vartheta\,(\cos\vartheta + 1)^3\,\cos(3\,\varphi + 4\,\psi) \tag{529}$$

$$T_{440}(\varphi, \vartheta, \psi) = \tfrac{3}{32\pi}\sqrt{70}\cos 4\,\varphi\,\sin^4\vartheta \tag{530}$$

$$T_{441}(\varphi, \vartheta, \psi) = \tfrac{3}{16\pi}\sqrt{14}\sin^3\vartheta\,(\cos\vartheta + 1)\cos(4\,\varphi + \psi) \tag{531}$$

$$T_{442}(\varphi, \vartheta, \psi) = \tfrac{3}{16\pi}\sqrt{7}\sin^2\vartheta\,(\cos\vartheta + 1)^2\,\cos 2\,(2\,\varphi + \psi) \tag{532}$$

$$T_{443}(\varphi, \vartheta, \psi) = \tfrac{3}{16\pi}\sqrt{2}\sin\vartheta\,(\cos\vartheta + 1)^3\,\cos(4\,\varphi + \psi) \tag{533}$$

$$T_{444}(\varphi, \vartheta, \psi) = \tfrac{3}{32\pi}(\cos\vartheta + 1)^4\,\cos 4\,(\varphi + \psi) \tag{534}$$

3. Orientierungs- und Poldichteverteilungsfunktionen

3.1. Orientierungsfunktionen

Mit den üblichen röntgenographischen Methoden ist die Orientierungsverteilungsfunktion nicht direkt meßbar. Man erhält experimentell nur die Polfiguren als Integrale über diese Funktion. Bezeichnet man mit $\Delta^3 V$ die Gesamtheit aller Volumenelemente der Probe, die eine bestimmte, durch die Richtungen φ, ϑ, ψ und die Winkelräume $\Delta\varphi$, $\Delta\vartheta$, $\Delta\psi$ gegebene Orientierung besitzen, so ist durch

$$f(\varphi, \vartheta, \psi) = \frac{8\pi^2}{V \cdot \sin\vartheta} \cdot \frac{\Delta^3 V}{\Delta\varphi\, \Delta\vartheta\, \Delta\psi} \tag{535}$$

die Orientierungsverteilungsfunktion gegeben. Hierbei bedeutet V das Probevolumen. Das Volumen $\Delta^3 V$ denkt man sich einerseits so groß, daß genügend Kristalle im Teilbereich enthalten sind, so daß die Gesetze der Statistik angewendet werden können, andererseits so klein, daß die lineare Differenzenrechnung herangezogen werden kann. Da bei röntgenographischen Methoden die Rückstrahlintensität I dem durchstrahlten Volumen V proportional ist, gilt:

$$f(\varphi, \vartheta) = 4\pi \frac{\mathrm{I}(\varphi,\vartheta)}{\int_0^{2\pi}\int_0^{\pi} \mathrm{I}(\varphi,\vartheta) \sin\vartheta \, d\varphi \, d\vartheta} \tag{536}$$

Die spezielle Orientierungsverteilungsfunktion (536) erhält man aus (535) durch Integration über die Variable ψ.

Hängt die Orientierungsverteilungsfunktion und die sie bestimmende Polfigur I nur von der Winkelkoordinate ϑ ab, reduziert sich (536) zu:

$$f(\vartheta) = 2 \frac{\mathrm{I}(\vartheta)}{\int_0^{\pi} \mathrm{I}(\vartheta) \sin\vartheta \, d\vartheta} \tag{537}$$

3.2. Polverteilungsfunktion einer Variablen im Fall unsymmetrischer Verteilung

Die Polverteilung einer Fasertextur sei durch die nur von einer Veränderlichen ϑ abhängigen Poldichtefunktion I beschrieben, welche in willkürlichen Einheiten – beispielsweise in Imp/sec – anfällt. In Abb. 19 ist eine derartige Vertei-

Tabelle 1. *Meß- und Interpolationswerte einer einparametrigen Verteilungsfunktion*

Neigungswinkel ϑ Altgrad	Meßwerte der Impulsrate I Imp/sec	Interpolationswerte der Impulsrate I Imp/sec
0,0	272	272
9,0		269
18,0		259
25,8	246	
27,0		244
36,0		224
36,9	223	
45,0		203
45,6	201	
53,1	180	
54,0		180
60,0	165	
63,0		157
66,4	149	
72,0		136
72,6	135	
78,4	122	
81,0		117
84,3	111	
90,0	100	100
95,7	91	
99,0		86
102,0	82	
107,5	74	
108,0		73
113,6	67	
117,0		64
120,0	61	
126,0		56
126,9	55	
134,4	50	
135,0		50
143,1	45	
144,0		45
153,0		41
154,1	41	
162,0		39
171,0		37
180,0	37	37

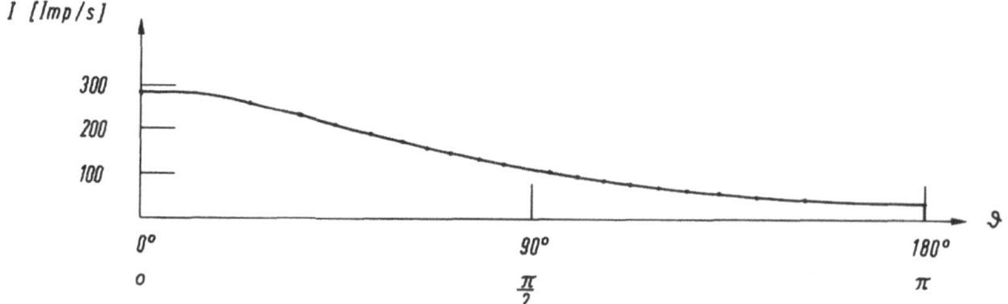

Abb.19: Polverteilungsfunktion im Fall einer unsymmetrischen Verteilung der Poldichte

lungsfunktion graphisch dargestellt; die insgesamt 21 gemessenen Impulsraten sind in Tabelle 1 zusammengestellt.

Die Polverteilungsfunktion läßt sich in die Reihe

$$\mathrm{I}(\vartheta) = \sum_{n=0}^{\infty} a_n P_n(\vartheta) \tag{538}$$

entwickeln, wobei die Koeffizienten a_n aus

$$a_n = \frac{2n+1}{2} \int_0^{\pi} \mathrm{I}(\vartheta) P_n(\vartheta) \sin\vartheta \, \mathrm{d}\,\vartheta \tag{539}$$

näherungsweise berechnet werden müssen. Bei einer Streifenunterteilung von 20 Streifen liefert die parabolische Approximation:

$$a_n = \frac{2n+1}{120} [\, 272\, P_n\,(0^\circ) \sin 0^\circ + 4 \cdot 269\, P_n\,(9^\circ) \sin 9^\circ + + 2 \cdot 259\, P_n\,(18^\circ) + \cdots + 37\, P_n\,(180^\circ) \sin 180^\circ \,] \tag{540}$$

Nach dieser Methode sind die Werte

$$a_0 = 117{,}5 \tag{541}$$

$$a_1 = 110{,}0 \tag{542}$$

$$a_2 = 35{,}7 \tag{543}$$

$$a_3 = 6{,}7 \tag{544}$$

$$a_4 = 0{,}95 \tag{545}$$

berechnet worden. Aus (538) folgt explizite:

$$\mathrm{I}(\vartheta) = 117{,}5 + 110\, P_1\,(\vartheta) + 35{,}7\, P_2\,(\vartheta) + 6{,}7\, P_3\,(\vartheta) + 0{,}95\, P_4\,(\vartheta) + \cdots \tag{546}$$

Wegen

$$\int_0^\pi P_n(\vartheta) \sin\vartheta \, d\vartheta = 0 \qquad n \neq 0 \tag{547}$$

folgt:

$$\int_0^\pi I(\vartheta) \sin\vartheta \, d\vartheta = 235 \tag{548}$$

Aus dieser Beziehung folgt mit (537) die Orientierungsfunktion:

$$f(\vartheta) = 1 + 0{,}936\, P_1(\vartheta) + 0{,}304\, P_2(\vartheta) + 0{,}0568\, P_3(\vartheta) + 0{,}0081\, P_4(\vartheta) + \cdots \tag{549}$$

Es gilt die Normierung:

$$\int_0^\pi f(\vartheta) \sin\vartheta \, d\vartheta = 2 \tag{550}$$

Bei statistischer Gleichverteilung ist die Orientierungsverteilungsfunktion konstant. In diesem Fall folgt aus (550) die wichtige Beziehung:

$$f(\vartheta) = 1 \tag{551}$$

Die quantitative Texturbestimmung wird erst dann möglich, wenn man die Belegungsdichte (Poldichte) auf die Belegungsdichte der regellosen Probe bezieht. Neben Richtungen, bei denen die relative Belegungsdichte über 1 liegt, können auch solche Richtungen gefunden werden, bei denen die Belegungsdichte der regellosen Orientierung nicht erreicht wird. Im letzteren Fall liegt die Texturbewertungsziffer unterhalb des Bezugswertes 1. Mit Hilfe der hier erfolgten Bezugnahme lassen sich die Polfiguren verschiedener Kantenrichtungen bzw. Flächennormalen unmittelbar miteinander vergleichen.

Mit (548) und den Werten von Tabelle 1 errechnen sich die in Tabelle 2 mitgeteilten Daten der Orientierungsfunktion (537), welche Abb. 20 zugrunde gelegt wurden. Aus Abb. 20 ist zu ersehen, daß in der untersuchten Probe die Häufigkeit der c-Achsen in dem Winkelbereich von 0° bis 80° größer, von 80° bis 180° dagegen kleiner ist als in der texturlosen Probe.

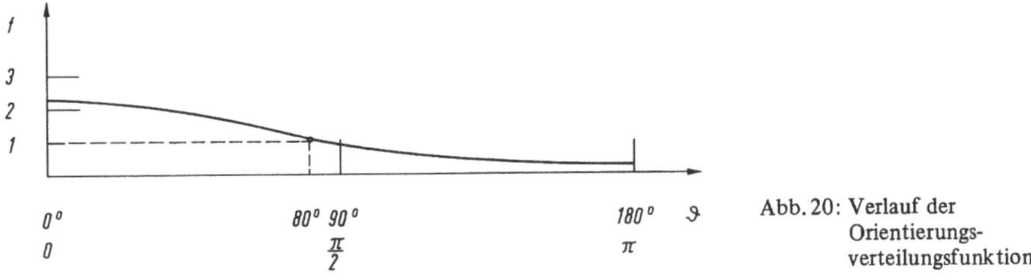

Abb. 20: Verlauf der Orientierungsverteilungsfunktion

Tabelle 2. *Werte der Orientierungsverteilungsfunktion*

Neigungswinkel ϑ Altgrad	Orientierungsverteilungsfunktion f
0	2,315
9	2,289
18	2,204
27	2,077
36	1,906
45	1,728
54	1,532
63	1,336
72	1,157
81	0,996
90	0,851
99	0,732
108	0,621
117	0,545
126	0,477
135	0,426
144	0,383
153	0,349
162	0,332
171	0,315
180	0,315

3.3. Polverteilungsfunktion einer Variablen im Fall symmetrischer Poldichte

Im Falle der häufiger vorkommenden Symmetriebedingung

$$\mathrm{I}\,(180^{\circ} - \vartheta) = \mathrm{I}\,(\vartheta) \tag{552}$$

vereinfacht sich der Ansatz (538) zu:

$$\mathrm{I}\,(\vartheta) = \sum_{n=0}^{\infty} b_n \, P_{2n}(\vartheta) \tag{553}$$

Hierbei gilt das Koeffizientenschema:

$$b_n = (4n + 1) \int_0^{\pi} I\,(\vartheta)\, P_{2n}\,(\vartheta) \sin \vartheta \, \mathrm{d}\, \vartheta \tag{554}$$

Abb. 21 zeigt den Verlauf der Poldichte der Richtung [001] zweier Mineralproben I und II, für die die Bedingung (552) gut zutrifft. Die Streuung der Meßwerte ist jedoch größer als beim zuvor besprochenen Beispiel einer unsymmetrischen

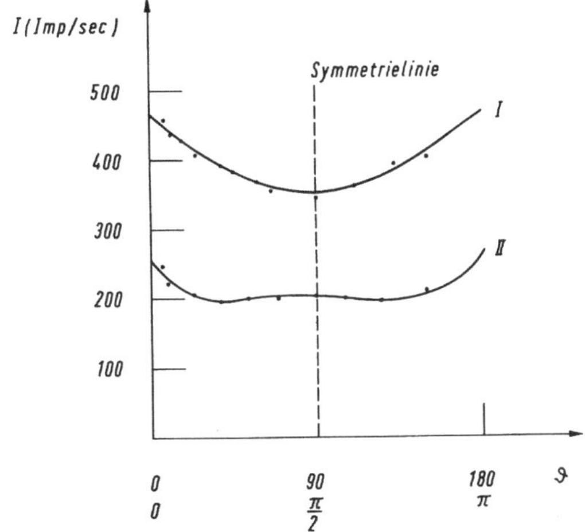

Abb. 21: Symmetrische Poldichteverteilung

Poldichteverteilung. Daher wurden die Meßwerte nach der Methode der kleinsten Quadrate ausgeglichen. Für die Rechenarbeit wurde ein IBM 704-Computer eingesetzt. Für beide Verteilungskurven genügte hierbei die Entwicklung bis zum Polynom P_4:

$$\mathrm{I}(\vartheta) = b_0 + b_1 P_2(\vartheta) + b_2 P_4(\vartheta) \tag{555}$$

Für die obere Verteilungskurve I wurden die Koeffizienten

$$b_0 = 399{,}1 \pm 12{,}0 \tag{556}$$

$$b_1 = 77{,}5 \pm 28{,}8 \tag{557}$$

$$b_2 = -5{,}0 \pm 10{,}9 \tag{558}$$

ermittelt. Die untere Verteilungskurve II hat die Koeffizienten:

$$b_0 = 211{,}0 \pm 11{,}9 \tag{559}$$

$$b_1 = 28{,}6 \pm 15{,}8 \tag{560}$$

$$b_2 = 25{,}7 \pm 5{,}9 \tag{561}$$

Die [001] - Pole der Spiralfasertextur, welche in der Richtung x_3' liegen, haben mit

$$\vartheta = 0 \tag{562}$$

nach (221) eine Poldichte:

$$I(0) = b_0 + b_1 + b_2 \tag{563}$$

Der ausgeglichene Poldichtewert für Probe I ermittelt sich in Richtung x_3' zu

$$I(0) = 471{,}6 \text{ Imp/sec} \tag{564}$$

und derjenige für Probe II zu:

$$I(0) = 265{,}3 \text{ Imp/sec} \tag{565}$$

Diese Werte entsprechen den Schnittpunkten der Verteilungskurven I und II mit der Ordinatenachse von Abb. 21.

Die Schnittpunkte der Verteilungskurven mit der Symmetrielinie folgen der Bedingung:

$$\vartheta = 90^\circ \tag{566}$$

Mit (223) resultiert:

$$I(90^\circ) = b_0 - \tfrac{1}{2} b_1 + \tfrac{3}{8} b_2 \tag{567}$$

Der ausgeglichene Poldichtewert für die Probe I ermittelt sich in einer Richtung senkrecht zu x_3' zu

$$I(90^\circ) = 358{,}4 \text{ Imp/sec} \tag{568}$$

und derjenige für Probe II zu:

$$I(90^\circ) = 206{,}3 \text{ Imp/sec} \tag{569}$$

3.4. Die reziproke Polfigur

Die Polfigur und ihre Verteilungsfunktion f beschreiben die Kristallorientierungen nicht vollständig. Sie legen nur die räumliche Stellung der c-Achsen fest; über die azimutale, durch die Winkelkoordinate ψ festgelegte Einstellung des Gitters wird nichts ausgesagt, insbesondere auch nicht, ob sie willkürlich ist.
In der reziproken Polfigur wird die Häufigkeit der Symmetrieachse in der Standardprojektion dargestellt.

In Abb. 22 ist die Standardprojektion eines hexagonalen Kristalls zur Diskussion gestellt. Die sechszählige c-Achse x_3 steht senkrecht zur Zeichenebene. Die Faserachse x_3' eines willkürlich herausgegriffenen Kristalls bildet mit ihr den Winkel ϑ. Der mögliche Winkelbereich von ϑ liegt zwischen 0° und 180°. Die Achsen a_1, a_2, a_3 sind zweizählige Achsen. Die Poldichtefunktion F ist dann rotationssymmetrisch um die Achse x_3, wenn eine statistische Gleichverteilung der Einstellung jedes Kristalls um seine c-Achse vorliegt. Entsprechend (550) gilt auch hier

$$\int_0^\pi F(\vartheta) \sin \vartheta \, d\vartheta = 2 \tag{570}$$

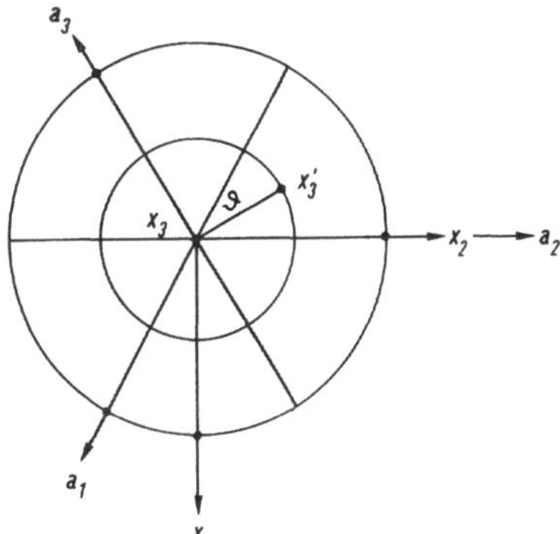

Abb. 22: Zur Erklärung der reziproken Polfigur

Im regellosen Fall folgt aus (570):

$$F(\vartheta) = 1 \tag{571}$$

Bei der Fasertextur sind die Verteilungsfunktionen f und F identisch. Im allgemeinen ist es schwierig und aufwendig, die reziproke Polfigur zu bestimmen. Polverteilungsfunktionen, die wie hier nur von einer Variablen abhängen, sind deshalb so einfach zu behandeln, weil eine doppelt symmetrische Kristalleinstellung vorliegt.

Bei willkürlicher Einstellung des Kristallgitters um die c-Achse, bei der die Winkelvariable ψ herausgemittelt wird, besitzt die reziproke Polfigur Rotationssymmetrie. Umgekehrt kann man aus der rotationssymmetrischen reziproken Polfigur auf die willkürliche, d.h. statistisch gleichverteilte Einstellung um die c-Achse schließen. Diese Information ist aus der normalen Polfigur nicht zu entnehmen. Dagegen sagt die Rotationssymmetrie der reziproken Polfigur nichts über die willkürliche Einstellung der c-Achsen um die Faserachse aus, was aber aus der normalen Polfigur abzulesen ist. Die Aussagen beider Polfiguren ergänzen einander. Dessenungeachtet ist jedoch die reziproke Polfigur im Hinblick auf ihren Aussagegehalt umfassender, denn es gibt nur eine reziproke Polfigur, dagegen so viele normale Polfiguren, wie man verschiedene Kristallrichtungen bzw. Netzebenennormalen betrachtet.

3.5. Reziproke Polfigur bei willkürlicher azimutaler Einstellung der Kristallite

Die Anisotropie eines künstlich hergestellten Vielkristalls aus Bariumferrit läßt sich nach H. Fahlenbrach (1953) durch Pressen von Bariumferritpulver bei zuvor erfolgter magnetischer Ausrichtung erzielen. Die c-Achsen des hexagonalen Bariumferrits ordnen sich weitgehend in die Feldrichtung ein. Diese so bewirkte Textur wird beim anschließenden Sintern nicht zerstört. Wie G. W. Rathenau, J. Smit und A. L. Stuyts (1952) festgestellt haben, können jedoch durch Kristallwachstum quantitative Änderungen eintreten.

In Abb. 23 ist die von H. Stäblein und J. Willbrand (1966) gemessene Poldichteverteilung der Basisflächennormalen $[00\bar{1}1]$ wiedergegeben. In der vorzugsgerichteten Bariumferritprobe ist die Häufigkeit der Faserachsen im Winkelbereich von 0° bis 40° zur c-Achse größer, von 40° bis 90° dagegen kleiner als in der texturlosen Probe. Wie bereits erwähnt, ist die Verteilungsfunktion F mit derjenigen von f identisch, so daß zugleich auch die Häufigkeit der c-Achsen bezogen auf die Faserachse beschrieben wird.

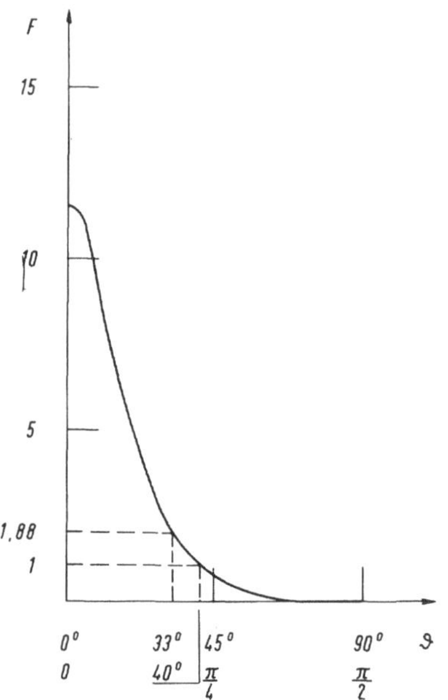

Abb. 23: Orientierungsverteilung der Faserachsen einer gesinterten Probe aus Bariumferrit

Das Ergebnis der bis P_{10} geführten Reihenentwicklung nach Legendreschen Polynomen ist durch (572) wiedergegeben:

$$F(\vartheta) = 1 + 3{,}65\,P_2(\vartheta) + 3{,}17\,P_4(\vartheta) + 1{,}74\,P_6(\vartheta) + 1{,}14\,P_8(\vartheta) + 0{,}77\,P_{10}(\vartheta) \qquad (572)$$

Nach (221) gilt für die Häufigkeitsverteilung in der Vorzugsrichtung:

$$F(0^o) = \sum_{n=0}^{5} b_n \tag{573}$$

Mit den Koeffizienten von (572) folgt:

$$F(0^o) = 11{,}47 \tag{574}$$

Senkrecht zur c-Achse folgt mit (223):

$$F(90^o) = \sum_{n=0}^{5} (-1)^n b_n \frac{(2n)!}{2^{2n} \cdot n!^2} \tag{575}$$

Explizite:

$$F(90^o) = b_0 - \tfrac{1}{2} b_2 + \tfrac{3}{8} b_2 - \tfrac{5}{16} b_3 + \tfrac{35}{128} b_4 - \tfrac{63}{256} b_5 \tag{576}$$

Mit den Koeffizienten von (572) folgt:

$$F(90^o) = 0{,}0578 \tag{577}$$

Registriert wird die Poldichteverteilung der c-Achsen. Mit dieser Verteilung allein ist die Textur noch nicht vollständig beschrieben, da die azimutale Verteilung um die hexagonale c-Achse noch unbestimmt ist. Es wurde daher geprüft, ob diese Rotation ψ statistisch gleichwertig auftritt oder ob eine bestimmte kristallographische Zone bevorzugt ist. Die Prüfung erfolgte anhand der Poldichteverteilung schräg zur Basis liegender kristallographischer Flächen. Die Untersuchung führte H. Stäblein (1966) an Normalen $[10\bar{1}7]$, $[20\bar{2}5]$, $[21\bar{3}7]$, $[11\bar{2}4]$], und $[11\bar{2}0]$ durch, deren räumliche Lage im Kristallgitter die Standardprojektion Abb. 24 wiedergibt. In Tabelle 3 sind die Neigungswinkel ϑ der Flächennormalen angegeben.

Um die willkürliche azimutale Gittereinstellung zu prüfen, wurden die experimentell bestimmten Poldichten der Normalen $[20\bar{2}5]$, $[21\bar{3}7]$ und $[11\bar{2}4]$ mit den

Tabelle 3. *Neigungswinkel der Netzebenennormalen zur Basisnormalen*

Netzebenennormale	Neigungswinkel ϑ Altgrad
$[10\bar{1}7]$	33,0
$[20\bar{2}5]$	61,2
$[21\bar{3}7]$	59,8
$[11\bar{2}4]$	63,1
$[11\bar{2}0]$	90,0

Neigungswinkeln 61,2°, 59,8° und 63,1° untersucht. Die Poldichten liegen nach Abb. 24 hinreichend eng zusammen. Es erfolgte ein Vergleich der Poldichten von

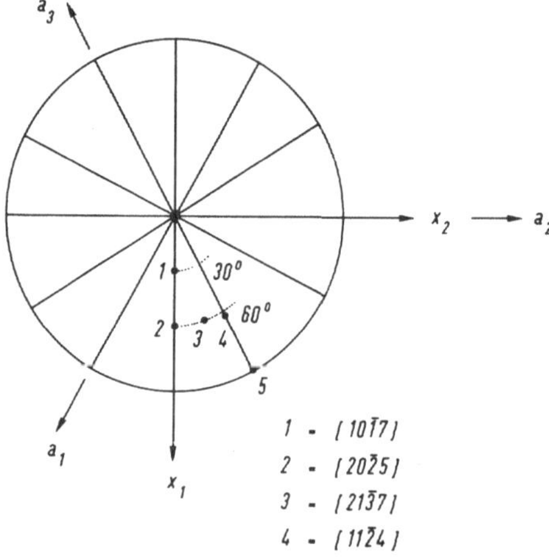

Abb. 24: Standardprojektion von Bariumferrit mit Darstellung der untersuchten Netzebenen

Ebenen, die mit der Basisebene nahezu gleiche Winkel bilden, aber auf verschiedenen kristallographischen Zonen liegen. In der Standardprojektion liegen solche Ebenen auf einem Kreis um den Durchstichpunkt der Normalen [00$\bar{1}$1]. Für den Fall willkürlicher Einstellung der Kristalle um die c-Achse spielt die Zonenlage

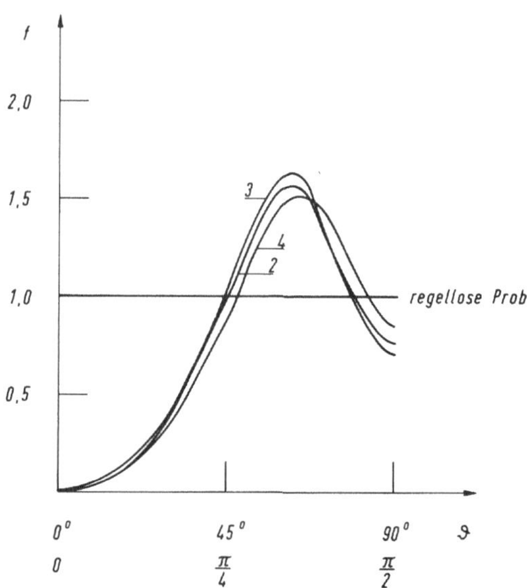

Abb. 25: Gemessene Poldichteverteilungen dreier Flächennormalen mit etwa gleichem Neigungswinkel zur Basisnormalen

keine Rolle mehr, so daß sich gleiche Polverteilungen für alle drei Normalen [20$\bar{2}$5], [21$\bar{3}$7] und [11$\bar{2}$4] ergeben müssen. An dieser Stelle sei bemerkt, daß es im Ferritgitter keine Ebenennormalen gibt, die alle exakt den Winkel von 60° mit der Basisnormalen bilden. Die in Abb. 25 erkennbaren Abweichungen sind in der Tat auf die Winkelstreuung zurückzuführen. Insbesondere entsprechen die gesetzmäßige Abnahme der Maxima, die mit einer Verschiebung zu größeren Abszissenwerten verknüpft ist, sowie die bei dem Winkel ϑ von 90° erkennbare Inversion der Poldichten dem theoretisch erwarteten Gang.

Im folgenden Abschnitt werden die experimentell bestimmten Poldichten der Ebenennormalen $[10\bar{1}7]$, $[11\bar{2}4]$ und $[11\bar{2}0]$, welche gegenüber der Basisnormalen um $33{,}0^{\circ}$, $63{,}1^{\circ}$ geneigt sind, mit berechneten Kurven verglichen. Die Berechnung erfolgte aus der Reihenentwicklung (572) der Poldichtefunktion der Basisnormalen unter der Annahme der willkürlichen Einstellung der azimutalen Drehung.

3.6. *Zusammenhang der Poldichtefunktion unterschiedlicher Netzebenennormalen bei Voraussetzung einer statistisch gleichverteilten azimutalen Kristallorientierung*

In Abb. 26 möge die c-Achse eines beliebig herausgegriffenen Kristalls die Richtung x_3 haben. Der Durchstoßpunkt auf der Lagenkugel sei C. Der Winkel, den die Basisnormale x_3 mit der probenfesten Achse x_3' bildet, sei ϑ'. Die gegen die Basisnormale x_3 um den Winkel ρ geneigte Netzebenennormale durchstoße die Lagenkugel in dem Punkt B. Der Winkel, den die durch B gehende Netzebenennormale mit x_3' bildet, sei mit ϑ bezeichnet. Zur Poldichte g der Netzebenennormalen tragen an der Stelle B alle diejenigen Kristalle bei, deren c-Achse auf einem

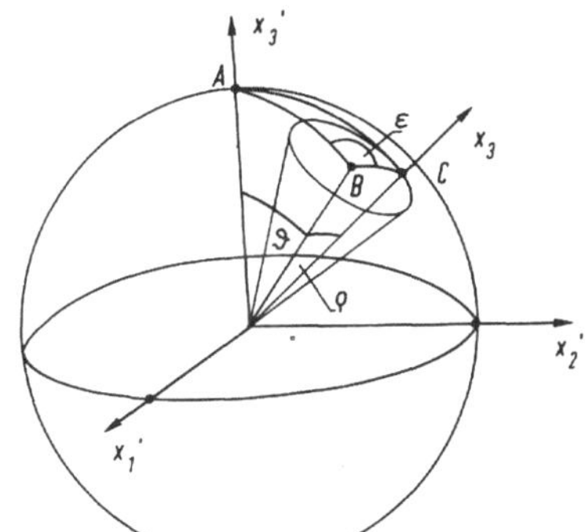

Abb. 26: Lagenkugel mit sphärischem Dreieck zur Bestimmung der Poldichtefunktion einer gegen die Basisebenennormale geneigten Netzebenennormalen

Kegelmantel um den Durchstoßpunkt B liegen. Der halbe Öffnungswinkel dieses Kegelmantels, der die Lagenkugel in einem Kreis durchsticht, ist ρ. Bei willkürlicher Lage der azimutalen Stellung der Kristalle ist der Beitrag proportional zur jeweiligen Poldichte f der c-Achsen auf dem Durchstichskreis. Der Gesamtbetrag der gesuchten Poldichte der um ρ geneigten Netzebenennormalen wird im Punkt B durch das Integral

$$g(\vartheta, \rho) = \frac{1}{2\pi} \int_0^{2\pi} f(\vartheta')\, d\epsilon \tag{578}$$

beschrieben.

Mit

$$f(\vartheta') = \sum_{n=0}^{\infty} c_n P_n(\vartheta') \tag{579}$$

folgt:

$$g(\vartheta, \rho) = \frac{1}{2\pi} \sum_{n=0}^{\infty} c_n \int_0^{2\pi} P_n(\vartheta')\, d\epsilon \tag{580}$$

Die Poldichte g ist eine Funktion der Winkelkoordinaten ϑ und ρ, wobei zwischen den Winkeln die Kosinusbeziehung

$$\vartheta' = \arccos\left[\cos\vartheta \cos\rho + \sin\vartheta \sin\rho \cos\epsilon\right] \tag{581}$$

des sphärischen Dreiecks mit den Eckpunkten A, B, C besteht. Der Winkel ϵ wird von den Seiten der Winkel ϑ und ρ eingeschlossen. Setzt man (581) in (580) ein, so resultiert:

$$g(\vartheta, \rho) = \frac{1}{2\pi} \sum_{n=0}^{\infty} c_n \int_0^{2\pi} P_n(\arccos[\cos\vartheta \cos\rho + \sin\vartheta \sin\rho \cos\epsilon]\, d\epsilon \tag{582}$$

Unter Anwendung des Additionstheorems der Kugelfunktionen ergibt sich:

$$g(\vartheta, \rho) = \frac{1}{2\pi} \sum_{n=0}^{\infty} c_n \int_0^{2\pi} \left[P_n(\vartheta) P_n(\rho) + 2 \sum_{m=1}^{n} \frac{(n-m)!}{(n+m)!} P_{nm}(\vartheta) P_{nm}(\rho) \cos m\epsilon\right] d\epsilon \tag{583}$$

Wegen

$$\int_0^{2\pi} \cos m\epsilon\, d\epsilon = 0 \tag{584}$$

vereinfacht sich (583) zu:

$$g(\vartheta, \rho) = \frac{1}{2\pi} \sum_{n=0}^{\infty} c_n P_n(\vartheta) P_n(\rho) \int_0^{2\pi} d\epsilon \tag{585}$$

Als Ergebnis folgt:

$$g(\vartheta, \rho) = \sum_{n=0}^{\infty} c_n P_n(\vartheta) P_n(\rho) \tag{586}$$

Bei Fasertexturen ist wegen der Rotationssymmetrie:

$$g(\vartheta, \rho) = \sum_{n=0}^{\infty} d_n P_{2n}(\vartheta) P_{2n}(\rho) \tag{587}$$

Ist der Neigungswinkel ρ Null, folgt aus (587) die Basisbeziehung:

$$g(\vartheta, 0) = \sum_{n=0}^{\infty} d_n P_{2n}(\vartheta) \tag{588}$$

Setzt man in (587) den Winkel ϑ Null, resultiert das wichtige Ergebnis

$$g(0, \rho) = \sum_{n=0}^{\infty} d_n P_{2n}(\rho) \tag{589}$$

bzw.:

$$g(0, \rho) = f(\rho) \tag{590}$$

Die Poldichte g parallel zur Faserachse einer um den Winkel ρ zur Basisebene geneigten Netzebenenschar ist gleich der Poldichte der Basisebenennormalen im Abstand ρ zur Faserachse. Für die Netzebenennormale $[10\bar{1}7]$, welche den Wert ρ von $33{,}0^{\circ}$ mit der Basisnormalen einschließt, folgt aus Abb. 23 der graphisch abgegriffene Wert:

$$g(0, 33^{\circ}) = 1{,}88 \tag{591}$$

Allgemein folgt aus (587):

$$g(\vartheta, 33^{\circ}) = \sum_{n=0}^{\infty} d_n P_{2n}(33^{\circ}) P_{2n}(\vartheta) \tag{592}$$

Mit den Koeffizienten d_n von (572) folgt explizite:

$$g(\vartheta, 33^{\circ}) = 1 + 2{,}0261\, P_2(\vartheta) - 0{,}3113\, P_4(\vartheta) - 0{,}7181\, P_6(\vartheta) - 0{,}2465\, P_8(\vartheta) + 0{,}1301\, P_{10}(\vartheta) \tag{593}$$

Tabelle 4. *Berechnung der Poldichte der Netzebenennormalen* $[10\bar{1}7]$

Neigungswinkel ϱ Altgrad	$g(\vartheta, 33^{\circ})$
0	1,8803
10	2,0879
20	2,4810
30	2,6102
40	2,1066
50	1,2669
60	0,7259
70	0,3731
80	0,0413
90	−0,1280

Nach dieser Beziehung sind die Werte von Tabelle 4 berechnet worden. Unbefriedigend ist der negative Wert für den Neigungswinkel ϑ von 90°. Zu erwarten wäre der Wert Null gewesen. Dies zeigt, daß die Reihenentwicklung bis zum Polynom P_{10} offenbar noch zu ungenau ist. In Abb. 27 sind die gemessenen Poldichten der Netzebenennormalen $[10\bar{1}7]$, $[11\bar{2}4]$ und $[11\bar{2}0]$ den nach (587) berechneten Kurvenläufen gegenübergestellt.

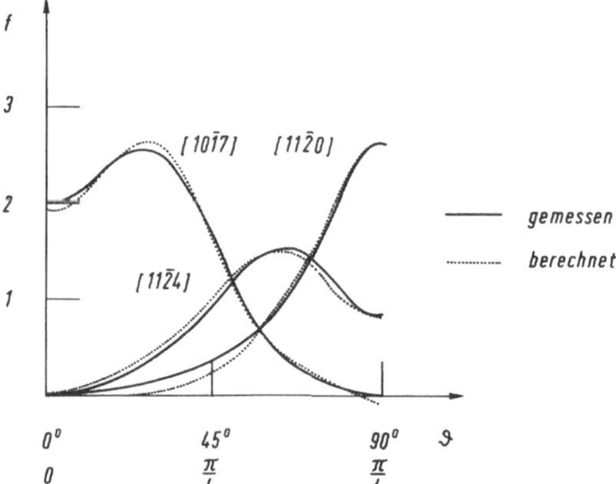

Abb. 27: Gemessene und berechnete Poldichten der Netzebenennormalen $[10\bar{1}7]$, $[11\bar{2}4]$ und $[11\bar{2}0]$ einer gesinterten Bariumferritprobe

Die Übereinstimmung der gemessenen und berechneten Poldichten ist befriedigend, so daß die Annahme einer regellosen Verteilung der Azimutallagen der Kristallite bestätigt wird. Die Kurvenmaxima treten etwa bei den Winkeln auf, um die die betreffende Netzebenennormale gegen die Basisnormale geneigt ist. Das Maximum der Netzebenennormalen $[10\bar{1}7]$ liegt bei rund 27°, das der Netzebenennormalen $[11\bar{2}4]$ bei etwa 65°. Lediglich bei der Netzebenennormalen $[11\bar{2}0]$ ist eine Übereinstimmung der Maxima vorhanden.

3.7. Normierte Polverteilung

Mit (538) folgt aus (537):

$$f(\vartheta) = 2 \frac{\sum\limits_{n=0}^{\infty} a_n P_n(\vartheta)}{\sum\limits_{n=0}^{\infty} a_n \int\limits_0^{\pi} P_n(\vartheta) \sin\vartheta \, d\vartheta} \tag{594}$$

Der Nenner des obigen Ausdrucks vereinfacht sich, so daß:

$$f(\vartheta) = \sum_{n=0}^{\infty} \frac{a_n}{a_0} P_n(\vartheta) \tag{595}$$

Die Substitution

$$c_n = \frac{a_n}{a_0} \tag{596}$$

führt (595) in

$$f(\vartheta) = \sum_{n=0}^{\infty} c_n P_n(\vartheta) \tag{597}$$

über. Mit (539) resultiert:

$$c_n = (2n+1) \frac{\int_0^\pi I(\vartheta) P_n(\vartheta) \sin \vartheta \, d\vartheta}{\int_0^\pi I(\vartheta) \sin \vartheta \, d\vartheta} \tag{598}$$

Die Einführung der normierten Legendreschen Polynome (234) transformiert (597) in:

$$f(\vartheta) = \sum_{n=0}^{\infty} c_n \sqrt{\frac{2}{2n+1}} \, \Pi_n(\vartheta) \tag{599}$$

Wählt man zur Abkürzung die neue Koeffizientenfolge

$$e_n = c_n \sqrt{\frac{2}{2n+1}} \tag{600}$$

resultiert:

$$f(\vartheta) = \sum_{n=0}^{\infty} e_n \Pi_n(\vartheta) \tag{601}$$

Die Koeffizientenfolge ist hierbei:

$$e_n = 2 \frac{\int_0^\pi I(\vartheta) \Pi_n(\vartheta) \sin \vartheta \, d\vartheta}{\int_0^\pi I(\vartheta) \sin \vartheta \, d\vartheta} \tag{602}$$

Bei Fasersymmetrie (552) vereinfachen sich (601) und (602) zu

$$f(\vartheta) = \sum_{n=0}^{\infty} f_n \Pi_{2n}(\vartheta) \tag{603}$$

bzw.:

$$f_n = 2 \frac{\int_0^\pi I(\vartheta)\, \Pi_{2n}(\vartheta) \sin\vartheta \, d\vartheta}{\int_0^\pi I(\vartheta) \sin\vartheta \, d\vartheta} \tag{604}$$

An der Stelle ϑ gleich Null benötigt man die Werte:

$$\Pi_0(0) = \tfrac{1}{2}\sqrt{2} = 0{,}7071 \tag{605}$$

$$\Pi_2(0) = \tfrac{1}{2}\sqrt{10} = 1{,}5812 \tag{606}$$

$$\Pi_4(0) = \tfrac{3}{2}\sqrt{2} = 2{,}1213 \tag{607}$$

$$\Pi_6(0) = \tfrac{1}{2}\sqrt{26} = 2{,}5496 \tag{608}$$

$$\Pi_8(0) = \tfrac{1}{2}\sqrt{34} = 2{,}9155 \tag{609}$$

$$\Pi_{10}(0) = \tfrac{1}{2}\sqrt{42} = 3{,}2404 \tag{610}$$

$$\Pi_{12}(0) = \tfrac{5}{2}\sqrt{2} = 3{,}5356 \tag{611}$$

$$\Pi_{14}(0) = \tfrac{1}{2}\sqrt{58} = 3{,}8079 \tag{612}$$

$$\Pi_{16}(0) = \tfrac{1}{2}\sqrt{66} = 4{,}0621 \tag{613}$$

$$\Pi_{18}(0) = \tfrac{1}{2}\sqrt{74} = 4{,}3012 \tag{614}$$

$$\Pi_{20}(0) = \tfrac{1}{2}\sqrt{82} = 4{,}5277 \tag{615}$$

$$\Pi_{22}(0) = \tfrac{1}{2}\sqrt{90} = 4{,}7435 \tag{616}$$

$$\Pi_{24}(0) = \tfrac{7}{2}\sqrt{2} = 4{,}9498 \tag{617}$$

$$\Pi_{26}(0) = \tfrac{1}{2}\sqrt{106} = 5{,}1479 \tag{618}$$

$$\Pi_{28}(0) = \tfrac{1}{2}\sqrt{114} = 5{,}3386 \tag{619}$$

$$\Pi_{30}(0) = \tfrac{1}{2}\sqrt{122} = 5{,}5227 \tag{620}$$

$$\Pi_{32}(0) = \tfrac{1}{2}\sqrt{130} = 5{,}7010 \tag{621}$$

$$\Pi_{34}(0) = \tfrac{1}{2}\sqrt{138} = 5{,}8737 \tag{622}$$

$$\Pi_{36}(0) = \tfrac{1}{2}\sqrt{146} = 6{,}0416 \tag{623}$$

$$\Pi_{38}(0) = \tfrac{1}{2}\sqrt{154} = 6{,}2049 \qquad (624)$$

$$\Pi_{40}(0) = \tfrac{9}{2}\sqrt{2} = 6{,}3640 \qquad (625)$$

$$\Pi_{42}(0) = \tfrac{1}{2}\sqrt{170} = 6{,}5192 \qquad (626)$$

$$\Pi_{44}(0) = \tfrac{1}{2}\sqrt{178} = 6{,}6709 \qquad (627)$$

$$\Pi_{46}(0) = \tfrac{1}{2}\sqrt{186} = 6{,}8192 \qquad (628)$$

$$\Pi_{48}(0) = \tfrac{1}{2}\sqrt{194} = 6{,}9643 \qquad (629)$$

$$\Pi_{50}(0) = \tfrac{1}{2}\sqrt{202} = 7{,}1064 \qquad (630)$$

An der Stelle ϑ gleich 90° resultiert:

$$\Pi_{0}\,(90^{\circ}) = \tfrac{1}{2}\sqrt{2} = 0{,}7071 \qquad (631)$$

$$\Pi_{2}\,(90^{\circ}) = -\tfrac{1}{4}\sqrt{10} = -\,0{,}7906 \qquad (632)$$

$$\Pi_{4}\,(90^{\circ}) = \tfrac{9}{16}\sqrt{2} = 0{,}7955 \qquad (633)$$

$$\Pi_{6}\,(90^{\circ}) = -\tfrac{5}{32}\sqrt{26} = -\,0{,}7967 \qquad (634)$$

$$\Pi_{8}\,(90^{\circ}) = \tfrac{35}{256}\sqrt{34} = 0{,}7972 \qquad (635)$$

$$\Pi_{10}(90^{\circ}) = -\tfrac{63}{512}\sqrt{42} = -\,0{,}7974 \qquad (636)$$

$$\Pi_{12}(90^{\circ}) = \tfrac{1155}{2048}\sqrt{2} = 0{,}7976 \qquad (637)$$

$$\Pi_{14}(90^{\circ}) = -\tfrac{429}{4096}\sqrt{58} = -\,0{,}7977 \qquad (638)$$

$$\Pi_{16}(90^{\circ}) = \tfrac{6435}{65536}\sqrt{66} = 0{,}7977 \qquad (639)$$

$$\Pi_{18}(90^{\circ}) = -\tfrac{12155}{131072}\sqrt{74} = -\,0{,}7977 \qquad (640)$$

$$\Pi_{20}(90^{\circ}) = \tfrac{46189}{524288}\sqrt{82} = 0{,}7978 \qquad (641)$$

$$\Pi_{22}(90^{\circ}) = -\tfrac{88179}{1048576}\sqrt{90} = -\,0{,}7978 \qquad (642)$$

Der Grenzwert

$$G = \lim_{n\to\infty} \Pi_{2n}\,(90^{\circ}) \qquad (643)$$

liefert:

$$G = (-1)^n \sqrt{\frac{\pi}{2}} \tag{644}$$

Zahlenmäßig folgt:

$$G = (-1)^n \cdot 0{,}797885 \tag{645}$$

3.8. Reihenentwicklung nach normierten Funktionen

H. J. Bunge (1969) untersuchte die Rekristallisationstextur technisch reiner Aluminiumdrähte, welche von 1mm auf 0,16 mm Durchmesser gezogen worden waren. Die Messung erfolgte nach halbstündigem Glühen bei 400° C mit Hilfe eines Zählrohrgoniometers durch Einzelimpulszählung in Schritten von 1°. Insgesamt wurden 7 Polfiguren der Netzebenennormalen [100], [110], [111], [210], [211], [311] und [531] gemessen und die Verteilungskurven

$$f(\vartheta) = \sum_{n=0}^{\infty} g_n \, \Pi_{2n}(\vartheta) \tag{646}$$

anhand (550) normiert. Die Reihenentwicklung, deren Ergebnis in Tabelle 5 wiedergegeben ist, erfolgte jeweils bis zum Polynom P_{50}. Abb. 28 zeigt die gemessene und approximierte Verteilungsdichte

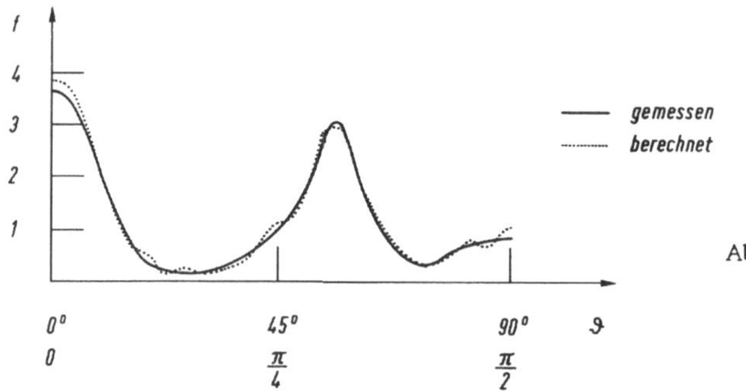

Abb. 28: Gemessene und approximierte Poldichte der Netzebenennormalen [100] einer kalt gezogenen Aluminiumprobe mit nachgeschalteter Rekristallisation

$$f(\vartheta) = 1 - 0{,}0071\, \Pi_2(\vartheta) - 0{,}4441\, \Pi_4(\vartheta) + 0{,}6901\, \Pi_6(\vartheta) + \cdots - 0{,}0057\, \Pi_{50}(\vartheta) \tag{647}$$

der Netzebenennormalen [100].

Tabelle 5. *Entwicklungskoeffizienten der Poldichten eines gelängten Aluminiumdrahtes mit Nachrekristallisation*

Index n	g_n						
	100	110	111	210	211	311	531
0	1,4142	1,4142	1,4142	1,4142	1,4142	1,4142	1,4142
2	–0,0071	0,0113	–0,1103	0,0679	0,0311	0,0325	–0,0368
4	–0,4441	0,1414	0,1839	0,0042	0,0919	–0,1061	0,0453
6	0,6901	–1,2021	1,0508	–0,6194	0,3818	0,0933	–0,3719
8	0,5289	0,3635	0,0580	–0,1089	–0,2432	–0,2913	–0,0778
10	–0,3974	0,0085	0,5388	0,4837	–0,3168	–0,2319	0,0127
12	0,3338	0,4921	0,2489	–0,2475	0,2319	0,2362	–0,0495
14	0,1980	–0,1810	0,1542	0,0042	–0,1909	0,2164	0,0905
16	–0,1966	0,0057	0,3140	–0,1966	0,0382	–0,1952	0,0806
18	0,0806	–0,2828	0,0311	0,1796	0,1669	0,0354	–0,0354
20	0,1098	0,1414	0,1457	0,1329	0,0170	–0,0198	–0,0792
22	–0,1230	0,0212	0,1329	–0,0891	–0,0580	–0,0255	–0,0297
24	–0,0100	0,1230	0,0184	–0,0509	0,0778	0,0396	0,0255
26	0,0806	–0,1131	0,1315	0,0693	–0,1032	0,0566	0,0594
28	–0,0622	–0,0113	0,0311	0,1725	–0,0184	–0,0382	–0,0339
30	–0,0170	–0,0354	0,0523	–0,0255	0,0113	–0,0523	0,0255
32	0,0396	0,0636	0,0679	–0,0255	0,0057	0,0339	–0,0269
34	–0,0057	0,0042	0,0014	–0,0424	–0,0071	–0,0184	0,0014
36	–0,0085	0,0141	0,0453	–0,0085	0,0410	0,0042	–0,0127
38	0,0198	–0,0396	0,0226	0,0820	–0,0184	0,0226	–0,0042
40	0,0057	–0,0057	0,0071	–0,0509	0,0127	0,0014	0,0368
42	0,0000	0,0014	0,0325	0,0099	–0,0071	–0,0156	–0,0099
44	0,0042	0,0226	0,0000	–0,0325	–0,0028	0,0099	–0,0014
46	0,0042	–0,0014	0,0000	0,0283	0,0000	0,0014	–0,0184
48	–0,0071	–0,0057	0,0141	0,0226	–0,0042	–0,0113	0,0000
50	–0,0057	–0,0014	0,0141	–0,0255	0,0000	0,0042	–0,0113

An der Stelle ϑ gleich Null folgt mit (605) bis (630):

$$f(0) = 3{,}6580 \tag{648}$$

Entsprechend wurde mit (631) bis (642) der Wert

$$f\,(90^{\circ}) = 0{,}8248 \tag{649}$$

ermittelt. Für die Bestimmung der in Abb. 28 eingetragenen Zwischenwerte wurde ein Computer eingesetzt.

Die Polfiguren sind nicht unabhängig voneinander, sondern unterliegen nach (234) und (587) der Bedingung:

$$f(\vartheta, \rho) = \sum_{n=0}^{\infty} g_n \sqrt{\frac{2}{4n+1}}\; \Pi_{2n}(\vartheta)\, \Pi_{2n}(\rho) \tag{650}$$

Mit

$$h_n = g_n \sqrt{\frac{2}{4n+1}} \tag{651}$$

fließt aus (650):

$$f(\vartheta, \rho) = \sum_{n=0}^{\infty} h_n \, \Pi_{2n}(\vartheta) \, \Pi_{2n}(\rho) \tag{652}$$

3.9. Polverteilungsfunktion zweier Variablen im Fall unsymmetrischer Verteilung

Die Funktion f gibt an, mit welcher Häufigkeit die Basisnormale in die feste Probenrichtung mit den Koordinaten φ und ϑ fällt. Die Probenrichtung ist in stereographischer Projektion in Abb. 29 gekennzeichnet. Der azimutale Winkel γ, der zumeist experimentell bestimmt wird, ist mit dem Eulerschen Winkel φ durch die Beziehung

$$\gamma = \varphi - 90^{\circ} \tag{653}$$

verknüpft. Der Neigungswinkel der Probenrichtung gegen die Achse x_3' sei ϑ.

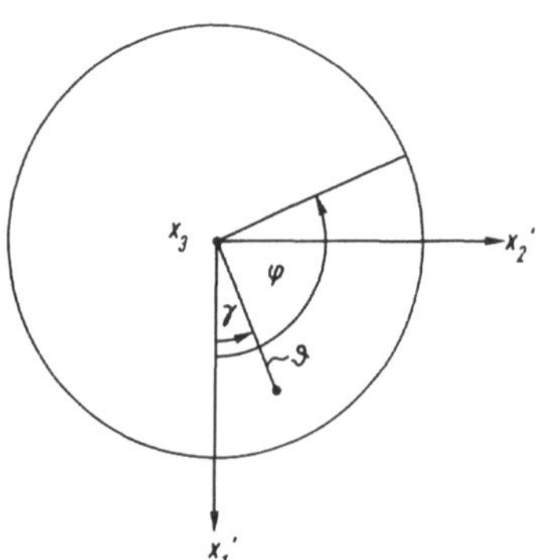

Abb. 29: Orientierung einer ausgezeichneten Probenrichtung relativ zum probenfesten Koordinatensystem

Für die Beschreibung der Polverteilungsfunktion ist die Entwicklung

$$f(\varphi, \vartheta) = \sum_{n=0}^{\infty} \sum_{m=-n}^{n} (a_{nm} \cos m\varphi + b_{nm} \sin m\varphi) P_{nm}(\vartheta) \tag{654}$$

verbindlich, die sich je nach Symmetrie der Kristalle nicht unwesentlich vereinfacht. Für monokline Kristalle, deren Symmetrieebene senkrecht zur Achse x_2 steht, resultiert nach R. J. Roe und W. R. Krigbaum (1964):

$$f(\varphi, \vartheta) = \sum_{n=0}^{\infty} \sum_{m=-n}^{n} a_{nm} \cos 2m\varphi \, P_{nm}(\vartheta) \tag{655}$$

Bei orthorhombischer Kristallsymmetrie ist auch die Kugelfunktion in bezug auf m symmetrisch:

$$f(\varphi, \vartheta) = \sum_{n=0}^{\infty} \sum_{m=0}^{n} a_{nm} \cos 2m\,\varphi\, P_{n(2m)}(\vartheta) \qquad (656)$$

Im Fall des trigonalen Kristallsystems mit einer dreizähligen x_3-Achse resultiert:

$$f(\varphi, \vartheta) = \sum_{n=0}^{\infty} \sum_{m=0}^{n} (a_{nm} \cos 3m\,\varphi + b_{nm} \sin 3m\,\varphi)\, P_{n(2m)}(\vartheta) \qquad (657)$$

Bei tetragonaler Symmetrie mit einer vierzähligen x_3-Achse erhält man die Reduktion:

$$f(\varphi, \vartheta) = \sum_{n=0}^{\infty} \sum_{m=0}^{n} (a_{nm} \cos 4m\,\varphi + b_{nm} \sin 4m\,\varphi)\, P_{n(2m)}(\vartheta) \qquad (658)$$

Liegt hexagonale Kristallsymmetrie mit einer sechszähligen x_3-Achse vor, läßt sich die Poldichteverteilung durch die Reihenentwicklung

$$f(\varphi, \vartheta) = \sum_{n=0}^{\infty} \sum_{m=0}^{n} (a_{nm} \cos 6m\,\varphi + b_{nm} \sin 6\,\varphi)\, P_{n(2m)}(\vartheta) \qquad (659)$$

beschreiben. Auswahlkriterien für Kristalle mit kubischer Symmetrie sind der Arbeit von H. J. Bunge (1966) zu entnehmen.

3.10. Polverteilungsfunktion zweier Variablen bei Vorhandensein statistischer Probesymmetrien

Sind Probesymmetrien nachweisbar, vereinfacht sich die Entwicklungsfunktion der Poldichteverteilung. Ist bei der statistischen Probensymmetrie eine Spiegelebene senkrecht zur x_3'-Achse vorhanden, so kann anstelle (654) die Reihenentwicklung

$$f(\varphi, \vartheta) = \sum_{n=0}^{\infty} \sum_{m=0}^{n} (a_{nm} \cos 2m\,\varphi + b_{nm} \sin 2m\,\varphi)\, P_{n(2m)}(\vartheta) \qquad (660)$$

treten.

Im Falle orthorhombischer Walztexturen mit drei Symmetrieebenen und drei auf ihnen senkrecht stehenden zweizähligen Körperachsen resultiert:

$$f(\varphi, \vartheta) = \sum_{n=0}^{\infty} \sum_{m=0}^{n} a_{nm} \cos 2m\,\varphi\, P_{(2n)(2m)}(\vartheta) \qquad (661)$$

Für Fasertexturen mit Rotationssymmetrie um die Faserachse x_3' ist die Poldichtefunktion nur noch von ϑ abhängig, so daß (654) in (603) übergeht.

3.11. Zweiparametrige Polverteilungsfunktion einer bestimmten Netzebenennormalen

Die Funktion

$$f(\varphi, \vartheta, \rho) = \sum_{n=0}^{\infty} \sum_{m=n}^{n} \sum_{l=-n}^{n} \mathrm{d}_{nml} P_{nl}(\rho) X_{nm}(\varphi, \vartheta) \tag{662}$$

gibt an, mit welcher Häufigkeit die Netzebenennormale, welche mit der Basisnormalen den Winkel ρ einschließt, in die Probenrichtung φ, ϑ fällt. Die Koeffizientenfolge bestimmt sich aus:

$$\mathrm{d}_{nml} = \frac{2n+1}{4\pi} \int_0^{2\pi} \int_0^{\pi} f(\varphi, \vartheta, \rho) P_{nl}(\rho) X_{nm}(\varphi, \vartheta) \sin\vartheta \, \mathrm{d}\varphi \, \mathrm{d}\vartheta \tag{663}$$

3.12. Normierung der zweiparametrigen Polverteilungsfunktion

Mit (242) und (244) ergibt (654):

$$f(\varphi, \vartheta) = \sum_{n=0}^{\infty} \sum_{m=-n}^{n} [a_{nm} X_{nm}(\varphi, \vartheta) + b_{nm} Y_{nm}(\varphi, \vartheta)] \tag{664}$$

Bei rhombischer Symmetrie vereinfacht sich (664) wie folgt:

$$f(\varphi, \vartheta) = \sum_{n=0}^{\infty} \sum_{m=0}^{n} a_{nm} X(\varphi, \vartheta) \tag{665}$$

Mit (346) resultiert:

$$f(\varphi, \vartheta) = \sum_{n=0}^{\infty} \sum_{m=0}^{n} a_{nm} \sqrt{\frac{2\lambda_m}{2n+1} \frac{(n+m)!}{(n-m)!}} U_{nm}(\varphi, \vartheta) \tag{666}$$

Die Abkürzung

$$c_{nm} = a_{nm} \sqrt{\frac{2\lambda_m}{2n+1} \frac{(n+m)!}{(n-m)!}} \tag{667}$$

transformiert (666) in:

$$f(\varphi, \vartheta) = \sum_{n=0}^{\infty} \sum_{m=0}^{n} c_{nm} \; U_{nm} \; (\varphi, \vartheta) \tag{668}$$

Die Koeffizientenfolge bestimmt sich aus:

$$c_{nm} = \int_0^{2\pi}\int_0^{\pi} f(\varphi, \vartheta) \; U_{nm} \; (\varphi, \vartheta) \sin \vartheta \; d\,\varphi \; d\,\vartheta \tag{669}$$

Für die meßtechnische Auswertung empfiehlt sich, die Beziehung (669) mit Hilfe (536) in

$$c_{nm} = 4\,\pi \; \frac{\int_0^{2\pi}\int_0^{\pi} \mathrm{I}\,(\varphi, \vartheta) \; U_{nm} \; (\varphi, \vartheta) \sin \vartheta \; d\,\varphi \; d\,\vartheta}{\int_0^{2\pi}\int_0^{\pi} \mathrm{I}\,(\varphi, \vartheta) \sin \vartheta \; d\,\varphi \; d\,\vartheta} \tag{670}$$

umzuwandeln. Der Koeffizient $c_{0\,0}$ ergibt sich aus (670) zu:

$$c_{0\,0} = 4\pi \; U_{0\,0} \; (\varphi, \vartheta) \tag{671}$$

Mit (347) resultiert:

$$c_{0\,0} = 2\sqrt{\pi} \tag{672}$$

3.13. Reziproke Polfiguren

Zur Bestimmung des Mittelwertes einer bestimmten Eigenschaft in einer vorgegebenen Probenrichtung benötigt man die reziproke Polfigur der betreffenden Probenrichtung. Auf das kristallfeste Koordinatensystem x_1, x_2, x_3 bezogen,

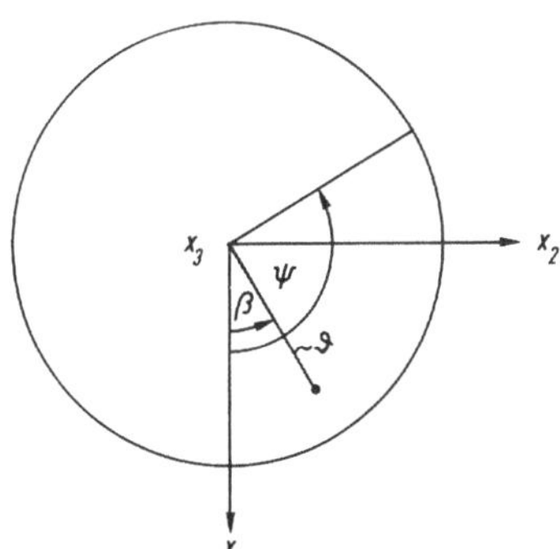

Abb. 30: Orientierung einer ausgezeichneten Probenrichtung relativ zum kristallfesten Koordinatensystem

besitze die Zugrichtung x_3' als ausgezeichnete Richtung die Koordinaten ϑ und ψ. Der häufig betrachtete Winkel β ist mit dem Eulerschen Winkel ψ gemäß Abb. 30 durch die Beziehung

$$\beta = \psi - 90^{\circ} \tag{673}$$

verknüpft. Die Achsendichte der ausgezeichneten Probenrichtung ist durch die Entwicklung

$$F(\vartheta, \psi) = \sum_{n=0}^{\infty} \sum_{m=-n}^{n} \mathrm{d}_{nl}\, X_{nl}(\vartheta, \psi) \tag{674}$$

gegeben. Die Normierung liefert:

$$F(\vartheta, \psi) = \sum_{n=0}^{\infty} \sum_{m=-n}^{n} c_{nl}\, U_n\, (\vartheta, \psi) \tag{675}$$

Die Koeffizientenfolge ergibt sich zu:

$$c_{nl} = \int_0^{2\pi}\int_0^{\pi} F(\vartheta, \psi)\, U_{nl}(\vartheta, \psi) \sin\vartheta \,\mathrm{d}\,\vartheta\,\mathrm{d}\,\psi \tag{676}$$

Der Fall rhombischer Symmetrie vereinfacht (675) und (676) zu

$$F(\vartheta, \psi) = \sum_{n=0}^{\infty} \sum_{m=0}^{n} c_{nl}\, U_{(2n)(2l)}(\vartheta, \psi) \tag{677}$$

bzw.:

$$c_{nl} = \int_0^{2\pi}\int_0^{\pi} F(\vartheta, \psi)\, U_{(2n)(2l)}(\vartheta, \psi) \sin\vartheta\,\mathrm{d}\,\vartheta\,\mathrm{d}\,\psi \tag{678}$$

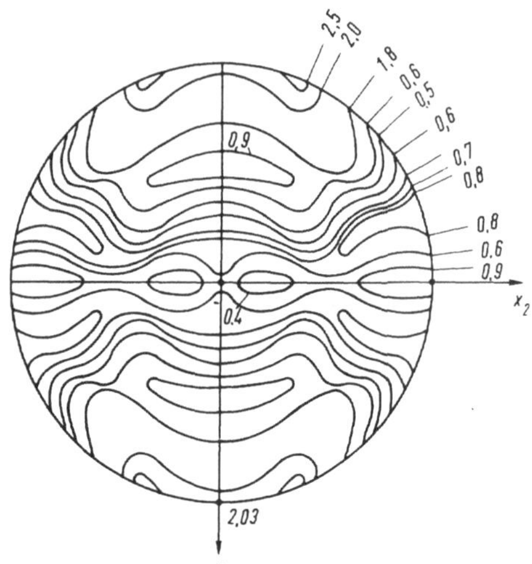

Abb. 31: Inverse Polfigur der Zugrichtung eines gezogenen Uranstabes

M. H. Mueller, H. W. Knott, W. P. Chernock und P. A. Beck (1958) untersuchten die Textur in gezogenen Uranstäben bei 300° C. Die rhombischen Urankristalle zeigen eine nicht willkürliche Einregelung um ihre c-Achsen, wie aus der reziproken Polfigur Abb. 31 zu ersehen ist. Die Poldichteverteilung der Faserachse läßt sich durch die Entwicklung

$$
\begin{aligned}
F(\vartheta, \psi) = \; 1 &- 0{,}98134\, U_{20}(\vartheta) &&+ 1{,}35125\, U_{22}(\vartheta, \psi) + \\
&+ 0{,}52208\, U_{40}(\vartheta) &&- 0{,}32988\, U_{42}(\vartheta, \psi) + \\
&+ 0{,}47006\, U_{44}(\vartheta, \psi) &&- 0{,}26697\, U_{60}(\vartheta) \quad + \\
&+ 0{,}28879\, U_{62}(\vartheta, \psi) &&- 0{,}34423\, U_{64}(\vartheta, \psi) + \\
&+ 0{,}02053\, U_{66}(\vartheta, \psi)
\end{aligned}
\tag{679}
$$

bis zum Glied U_{66} mit genügender Genauigkeit angeben.

Im Folgenden sei die Poldichte im Zentrum von Abb. 31 bestimmt. Sie ergibt sich zu:

$$F(0, \psi) = 0{,}55127 \tag{680}$$

Hierbei sind die Werte

$$U_{00}(0, \psi) = 0{,}28209 \tag{681}$$

$$U_{20}(0, \psi) = 0{,}63079 \tag{682}$$

$$U_{22}(0, \psi) = 0 \tag{683}$$

$$U_{40}(0, \psi) = 0{,}84628 \tag{684}$$

$$U_{42}(0, \psi) = 0 \tag{685}$$

$$U_{44}(0, \psi) = 0 \tag{686}$$

$$U_{60}(0, \psi) = 1{,}01712 \tag{687}$$

$$U_{62}(0, \psi) = 0 \tag{688}$$

$$U_{64}(0, \psi) = 0 \tag{689}$$

$$U_{66}(0, \psi) = 0 \tag{690}$$

in (679) eingetragen worden. Mit

$$U_{20}(90^{\circ}, 0) = -\,0{,}15770 \tag{691}$$

$$U_{22}(90^{\circ}, 0) = \quad 0{,}27314 \tag{692}$$

$$U_{40}(90^{\circ}, 0) = \quad 0{,}15868 \tag{693}$$

$$U_{42}(90^{\circ}, 0) = -\,0{,}23655 \tag{694}$$

$$U_{44}\,(90^\circ, 0) = \quad 0{,}31292 \tag{695}$$

$$U_{60}\,(90^\circ, 0) = -\,0{,}15893 \tag{696}$$

$$U_{62}\,(90^\circ, 0) = \quad 0{,}23030 \tag{697}$$

$$U_{64}\,(90^\circ, 0) = -\,0{,}25228 \tag{698}$$

$$U_{66}\,(90^\circ, 0) = \quad 0{,}34159 \tag{699}$$

folgt der in Abb. 31 vermerkte Peripheriewert:

$$F\,(90^\circ{,}0) = 2{,}03459 \tag{700}$$

Im folgenden Abschnitt wird die allgemeine Entwicklung der von den drei Eulerschen Variablen φ, ϑ, ψ abhängigen Orientierungsverteilungsfunktion behandelt.

3.14. Dreiparametrige Achsenverteilungsfunktion

Die von drei Variablen abhängige Orientierungsverteilungsfunktion

$$f\,(\varphi, \vartheta, \psi) = \sum_{n=0}^{\infty} \sum_{m=n}^{n} \sum_{l=-n}^{n} \left[c_{nml} V_{nml}(\varphi, \vartheta, \psi) + \mathrm{d}_{nml} W_{nml}(\varphi, \vartheta, \psi)\right] \tag{701}$$

vereinfacht sich bei Probesymmetrie zu:

$$f\,(\varphi, \vartheta, \psi) = \sum_{n=0}^{\infty} \sum_{m=0}^{n} \sum_{l=0}^{n} c_{nml}\, V_{nml}\,(\varphi, \vartheta, \psi) \tag{702}$$

Ihre Koeffizientenfolge errechnet sich dann wie folgt:

$$c_{nml} = \frac{2n+1}{8\pi^2} \int_0^{2\pi}\int_0^{\pi}\int_0^{2\pi} f\,(\varphi, \vartheta, \psi)\, V_{nml}\,(\varphi, \vartheta, \psi) \sin\vartheta \,\mathrm{d}\,\varphi\,\mathrm{d}\,\vartheta\,\mathrm{d}\,\psi \tag{703}$$

Die normierte Funktion

$$f\,(\varphi, \vartheta, \psi) = \sum_{n=0}^{\infty} \sum_{m=0}^{n} \sum_{l=0}^{n} \mathrm{d}_{nml}\, T_{nml}\,(\varphi, \vartheta, \psi) \tag{704}$$

hat die Entwicklungskoeffizienten:

$$\mathrm{d}_{nml} = \int_0^{2\pi}\int_0^{\pi}\int_0^{2\pi} f\,(\varphi, \vartheta, \psi)\, T_{nml}\,(\varphi, \vartheta, \psi) \sin\vartheta \,\mathrm{d}\,\varphi\,\mathrm{d}\,\psi \tag{705}$$

Die allgemeine Orientierungsverteilungsfunktion f ist mit den üblichen röntgenographischen Methoden nicht direkt meßbar. Man erhält auf experimentellem Wege nur die Polfiguren. Dies sind die Integrale

$$f(\varphi, \vartheta) = \frac{1}{2\pi} \int_0^{2\pi} f(\varphi, \vartheta, \psi)\, d\,\psi \tag{706}$$

bzw.:

$$F(\vartheta, \psi) = \frac{1}{2\pi} \int_0^{2\pi} f(\varphi, \vartheta, \psi)\, d\,\varphi \tag{707}$$

Sie sind Integrale über die Orientierungsfunktion und stellen somit zweidimensionale Projektionen der Funktion (704) dar. Hieraus läßt sich die folgende Integralbeziehung

$$\int_0^{2\pi} f(\varphi, \vartheta)\, d\,\varphi = \int_0^{2\pi} F(\vartheta, \psi)\, d\,\psi \tag{708}$$

zwischen Polfigur und reziproker Polfigur ableiten. Einzelheiten über die Berechnung der Orientierungsfunktion aus Polfiguren sind der Arbeit von G. B. Harris (1952) zu entnehmen.

4. Thermische Dilatation

4.1. Einkristallverhalten

In einer beliebigen Kristallrichtung sei der thermische Ausdehnungskoeffizient durch die Beziehung

$$\alpha'_{kl} = \frac{\epsilon'_{kl}}{\Delta T} \tag{709}$$

definiert. Hierbei bedeuten ϵ'_{kl} die thermische Dilatation eines aus dem Kristall geschnittenen Probestäbchens und ΔT die Temperaturänderung. Bezogen auf das kristallfeste Koordinatensystem x_1, x_2, x_3 gilt die Transformationsbeziehung:

$$\epsilon'_{kl} = a_{ki}\, a_{lj}\, \epsilon_{ij} \tag{710}$$

Mit

$$\alpha_{ij} = \frac{\epsilon_{ij}}{\Delta T} \tag{711}$$

resultiert:

$$\alpha'_{kl} = a_{ki}\, a_{lj}\, \alpha_{ij} \tag{712}$$

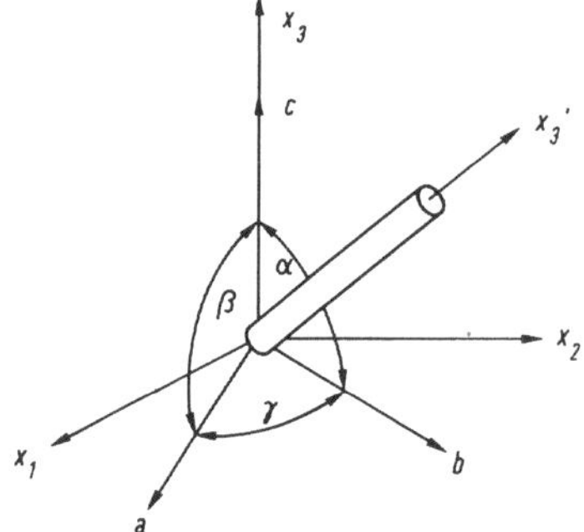

Abb. 32: Proberichtung in einem triklinen Kristall

In der in Abb. 32 gekennzeichneten Richtung x_3' ist:

$$\alpha'_{33} = a_{3i}\, a_{3j}\, \alpha_{ij} \tag{713}$$

Die Aufstellung des triklinen Kristalls erfolgte in der üblichen Weise durch Ausrichten der c-Achse in die Richtung x_3 und Eindrehung der a-Achse in die durch die Vektoren x_1 und x_3 aufgespannten Ebene. Die Kristallrichtung b zeigt schräg in den Raum. Nach der Einsteinschen Summenkonvention folgt aus (713):

$$\alpha'_{33} = a_{31}^2 \alpha_{11} + a_{32}^2 \alpha_{22} + a_{33}^2 \alpha_{33} + 2 a_{31} a_{32} \alpha_{12} + 2 a_{31} a_{33} \alpha_{13} + 2 a_{32} a_{33} \alpha_{23} \tag{714}$$

Im triklinen Kristall sind zur Bestimmung der 6 Ausdehnungskoeffizienten α_{11}, α_{22}, α_{33}, α_{12}, α_{13}, α_{23} sechs Dilatationsmessungen an Probestäbchen verschiedener Orientierung erforderlich.

Für das monokline Kristallsystem vereinfacht sich (714) dadurch, daß die b-Achse in die Richtung x_2 zeigt, wodurch die Ausdehnungskoeffizienten

$$\alpha_{12} = 0 \tag{715}$$

$$\alpha_{23} = 0 \tag{716}$$

werden. Es resultiert:

$$\alpha'_{33} = a_{31}^2 \alpha_{11} + a_{32}^2 \alpha_{22} + a_{33}^2 \alpha_{33} + 2 a_{31} a_{33} \alpha_{13} \tag{717}$$

Beim rhombischen System stehen alle Achsen x_1, x_2, x_3 aufeinander senkrecht, weswegen

$$\alpha_{13} = 0 \tag{718}$$

wird. Somit folgt aus (717):

$$\alpha'_{33} = a_{31}^2 \alpha_{11} + a_{32}^2 \alpha_{22} + a_{33}^2 \alpha_{33} \tag{719}$$

Für wirtelige Kristalle der Bedingung

$$\alpha_{22} = \alpha_{11} \tag{720}$$

reduziert sich (714) weiter zu:

$$\alpha'_{33} = (1 - a_{33}^2)\, \alpha_{11} + a_{33}^2 \alpha_{33} \tag{721}$$

Im kubischen Fall

$$\alpha_{33} = \alpha_{11} \tag{722}$$

verbleibt:

$$\alpha'_{33} = \alpha_{11} \tag{723}$$

4.2. Messung an triklinen Kristallen

An einem triklinen Kristall unbekannter Herkunft wurden Dilatationsmessungen durchgeführt. Insgesamt wurden 7 Stäbchen unterschiedlicher Kristallrichtung hergestellt, obwohl 6 Stäbchen zur Ermittlung der 6 Ausdehnungskoeffizienten des gesamten Tensorsatzes genügt hätten. Der siebente Stab diente zur Kontrolle. In

$$x_3' = \begin{pmatrix} 1 \\ 0 \\ 0 \end{pmatrix} \tag{724}$$

wurde der Ausdehnungskoeffizient

$$\alpha_{11} = 12{,}70 \cdot 10^{-6}\ \mathrm{gd}^{-1} \tag{725}$$

direkt gemessen. Die Einheit gd bedeute Temperaturgrad. Entsprechend erfolgte die Bestimmung in

$$x_3' = \begin{pmatrix} 0 \\ 1 \\ 0 \end{pmatrix} \tag{726}$$

und:

$$x_3' = \begin{pmatrix} 0 \\ 0 \\ 1 \end{pmatrix} \tag{727}$$

In diesen Richtungen konnte

$$\alpha_{22} = 7{,}62 \cdot 10^{-6}\ \mathrm{gd}^{-1} \tag{728}$$

und

$$\alpha_{33} = 3{,}81 \cdot 10^{-6}\ \mathrm{gd}^{-1} \tag{729}$$

direkt bestimmt werden. In der Raumdiagonalen

$$x_3' = \frac{1}{\sqrt{3}} \begin{pmatrix} -1 \\ 1 \\ 1 \end{pmatrix} \tag{730}$$

wurde der Ausdehnungskoeffizient $3{,}82 \cdot 10^{-6}\ \mathrm{gd}^{-1}$ gemessen. In der Raumdiagonalen

$$x_3' = \frac{1}{\sqrt{3}} \begin{pmatrix} 1 \\ -1 \\ 1 \end{pmatrix} \tag{731}$$

betrug der Ausdehnungskoeffizient dagegen $5{,}50 \cdot 10^{-6}\ \mathrm{gd}^{-1}$. Schließlich ergab die Messung in

$$x_3' = \frac{1}{\sqrt{3}} \begin{pmatrix} 1 \\ 1 \\ -1 \end{pmatrix} \tag{732}$$

den Wert $7{,}20 \cdot 10^{-6}\ \mathrm{gd}^{-1}$. Die 3 Gleichungen, welche nach Einsetzen der Richtungskosinus a_{31}, a_{32}, a_{33} und der Ausdehnungskoeffizienten in (714) resultieren, liefern die Koeffizienten:

$$\alpha_{12} = 5{,}08 \cdot 10^{-6}\ \mathrm{gd}^{-1} \tag{733}$$

$$\alpha_{13} = 3{,}80 \cdot 10^{-6}\ \mathrm{gd}^{-1} \tag{734}$$

$$\alpha_{23} = 2{,}54 \cdot 10^{-6}\ \mathrm{gd}^{-1} \tag{735}$$

Die Kontrollmessung in

$$x_3' = \begin{pmatrix} 1 \\ 1 \\ 1 \end{pmatrix} \tag{736}$$

ergab den Ausdehnungskoeffizienten:

$$\alpha_{33}' = 15{,}49 \cdot 10^{-6}\ \mathrm{gd}^{-1} \tag{737}$$

Demgegenüber berechnet sich mit den Werten (725), (728), (729), (733), (734), (735) und den aus (736) fließenden Richtungskosinusdaten

$$a_{31} = 1 \tag{738}$$

$$a_{32} = 1 \tag{739}$$

$$a_{33} = 1 \tag{740}$$

ein etwas anderer Wert des diagonalen Ausdehnungskoeffizienten. Mit (738), (739) und (740) folgt aus (714):

$$\alpha_{33}' = \alpha_{11} + \alpha_{22} + \alpha_{33} + 2\,(\alpha_{12} + \alpha_{13} + \alpha_{23}) \tag{741}$$

Der aus (741) berechnete Wert des diagonalen Ausdehnungskoeffizienten beträgt:

$$\alpha_{33}' = 15{,}66 \cdot 10^{-6}\ \mathrm{gd}^{-1} \tag{742}$$

Vergleicht man diesen Wert mit dem Meßwert (737), so kann die Übereinstimmung als befriedigend gelten.

Der größte Wert α_I des Ausdehnungskoeffizienten

$$\alpha_I = 13{,}96 \cdot 10^{-6} \text{ gd}^{-1} \tag{743}$$

liegt in der Richtung:

$$x_3' = \begin{pmatrix} 0{,}80 \\ 0{,}50 \\ 0{,}32 \end{pmatrix} \tag{744}$$

In der Hauptrichtung

$$x_3' = \begin{pmatrix} -0{,}54 \\ 0{,}83 \\ 0{,}06 \end{pmatrix} \tag{745}$$

bestimmt sich α_{II} zu:

$$\alpha_{II} = 8{,}70 \cdot 10^{-6} \text{ gd}^{-1} \tag{746}$$

Der kleinste Wert α_{III} des Ausdehnungskoeffizienten

$$\alpha_{III} = 5{,}55 \cdot 10^{-6} \text{ gd}^{-1} \tag{747}$$

liegt in der Richtung:

$$x_3' = \begin{pmatrix} -0{,}24 \\ -0{,}22 \\ 0{,}95 \end{pmatrix} \tag{748}$$

Die drei Hauptrichtungen (744), (745) und (748) stehen senkrecht aufeinander.

Weitere Messungen an triklinen Kristallen mit dem Ziel, den gesamten Tensorsatz der Ausdehnungskoeffizienten zu bestimmen, sind bisher noch nicht durchgeführt worden. Vom Verfasser wurden lediglich einige unvollständige Dilatationsmessungen an Albitkristallen $Na_2O \cdot Al_2O_3 \cdot 6SiO_2$ bei Zimmertemperatur durchgeführt. In Abb. 33 ist ein solcher Albitkristall mit seiner Achsenzuordnung dargestellt. Die Winkel

$$\alpha = 94{,}24^\circ \tag{749}$$

$$\beta = 116{,}53^{\circ} \tag{750}$$

$$\gamma = \ \ 87{,}67^{\circ} \tag{751}$$

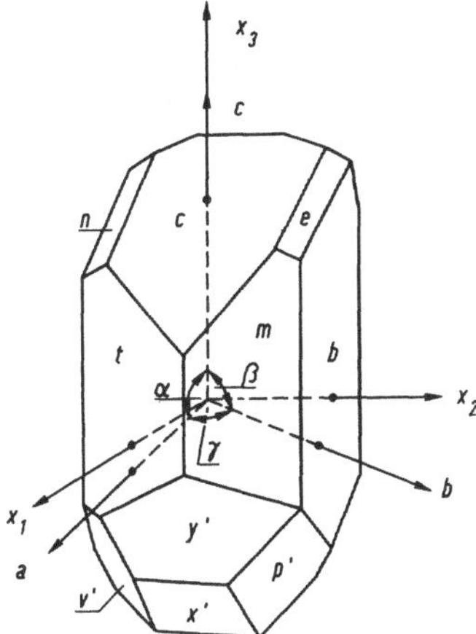

Abb. 33: Albitkristall mit Achsenzuordnung

weisen den Albit als triklinen Kristall aus, dessen Kristallachsen die Orientierung

$$a_i = \begin{pmatrix} 0{,}8949 \\ 0 \\ -\ 0{,}4462 \end{pmatrix} \tag{752}$$

$$b_i = \begin{pmatrix} 0{,}0113 \\ 0{,}9973 \\ -\ 0{,}0721 \end{pmatrix} \tag{753}$$

$$c_i = \begin{pmatrix} 0 \\ 0 \\ 1 \end{pmatrix} \tag{754}$$

besitzen. In Richtung x_2

$$x_2 = \begin{pmatrix} 0 \\ 1 \\ 0 \end{pmatrix} \tag{755}$$

wurde der Ausdehnungskoeffizient

$$\alpha_{22} = 3{,}6 \cdot 10^{-6}\ \mathrm{gd}^{-1} \tag{756}$$

ermittelt. Der Fehler dieser Messung liegt bei etwa ± 0,2 · 10^{-6} gd^{-1}. Für die Bestimmung in Richtung x_2 eigneten sich besonders die dicktafeligen Kristalle vom Albittypus. Senkrecht zur (001)-Ebene, deren Stellung durch den Vektor

$$x_3' = \begin{pmatrix} 0{,}4468 \\ 0{,}0625 \\ 0{,}8925 \end{pmatrix} \tag{757}$$

gegeben ist, wurde der Ausdehnungskoeffizient

$$\alpha'_{33} = 0{,}7 \cdot 10^{-6}\ gd^{-1} \tag{758}$$

gemessen. Der Fehler beträgt ± 0,3 · 10^{-6} gd^{-1}.

Durch Anschleifen von Flächen senkrecht zur Achse a, deren Stellung durch (752) gegeben ist, konnte der Ausdehnungskoeffizient in Richtung der a-Achse zu

$$\alpha'_{33} = 13{,}7 \cdot 10^{-6}\ gd^{-1} \tag{759}$$

ermittelt werden. Der Fehler dieser Messung lag mit ± 0,5 · 10^{-6} gd^{-1} besonders hoch.

Um den vollständigen Tensorsatz zu erhalten, sind noch drei weitere Messungen in unterschiedlichen Kristallrichtungen erforderlich, die am besten röntgenographisch erfolgen sollten.

4.3. Meßtechnische Ergänzungen

Die Messung der thermischen Dilatation an Albitkristallen erfolgte mit Hilfe eines Test-Dilatometers. Bei der absoluten Ausdehnungsmessung wurde das eine Ende des Stäbchens bzw. der Platte fixiert und die Verschiebung am anderen Ende gemessen. Mit entsprechenden Hebel- und Spiegelanordnungen wurden erste Ausdehnungsmessungen an Kristallen bereits im vorigen Jahrhundert durchgeführt. Genauere Absolutmessungen erfolgten auch nach der Komparatormethode. Die Verschiebungen werden an beiden Enden der Probe mit zwei auf einer Bank fest aufgestellten Meßmikroskopen abgelesen. Von den älteren Messungen sind die Arbeiten von J. Beckenkamp (1882) über die thermische Ausdehnung des Gipses, A. Schrauf (1884) über die Trimorphie und die Ausdehnungskoeffizienten von Rutil, A. E. Tutton (1899) über die Ausdehnung von Kalium-, Rubidium- und Cäsiumsulfaten sowie R. Kolb (1911) über thermische Messungen an Anhydrit, Coelestin, Baryt und Anglesit hervorzuheben.

Sehr bequem ist die Rohrmethode von F. Henning (1907), bei welcher der Kristallstab in ein Rohr aus Quarz von bekannter Ausdehnung eingesetzt wird. Das System wird im Wärmebad erhitzt und die gegenseitige Verschiebung zwischen Quarz und Stab beobachtet. Diese Verschiebung entspricht der Ausdehnung des Kristallstabes abzüglich der des Quarzrohres.

Die Ausdehnung von kleinen Kristallpräparaten wird mit Hilfe von Lichtinterferenzen beobachtet. Eine Anordnung dieser Art ist zuerst von H. Fizeau (1864) ausgeführt worden. Verbesserungen und Variationen erfolgten durch C. Pulfrich (1893). Als modernstes Mittel zur quantitativen Erfassung der Kristallausdehnung gilt die röntgenographische Methode der Gittermessung. Sie wurde erstmals von K. Becker (1926) eingeführt.

Direkte Messungen der Kristallexpansion können oftmals nur mit großer Fehlerstreuung durchgeführt werden, da der Expansionsbetrag in der Regel sehr klein ist. Ist der vorhandene Kristall groß genug, erweist sich die Interferenzmethode mit Abstand als die genaueste Meßmethode. Die Verwendung von Röntgenstrahlen ist zur Messung der Expansion bei sehr kleinen Kristallen zweckmäßig und in der Handhabung sehr einfach. Abb. 34 zeigt das Meßprinzip der Rückstrahlmethode. Der monochromatische Röntgenstrahl passiert die durchstanzte Öffnung des Films und trifft auf den Kristall. Der Kristall ist um eine senkrecht zur Papierebene stehende Achse drehbar, welche in ihrer gedachten Verlängerung durch den Auftreffpunkt des Röntgenstrahls geht. Der Rückstrahl trifft den Film im Abstand s vom Mittelpunkt der Öffnung.

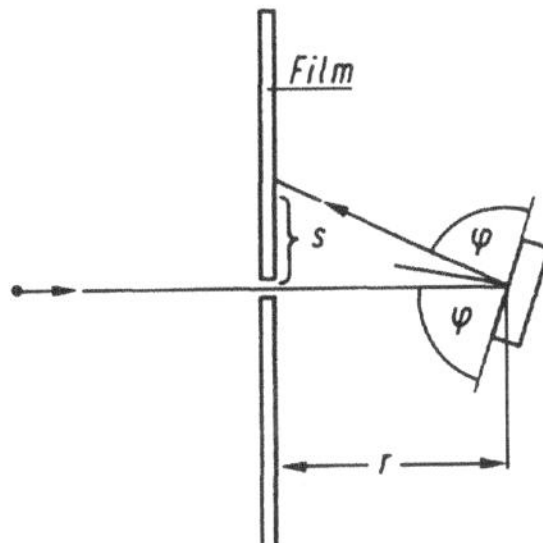

Abb. 34: Röntgen-Rückstrahlmethode

Der zu messende thermische Ausdehnungskoeffizient ist wie folgt definiert:

$$\alpha = \frac{d' - d}{d \cdot \Delta T} \tag{760}$$

Hierbei bedeutet d der Netzebenenabstand senkrecht zur Kristalloberfläche vor der Erwärmung des Kristalls und d′ derjenige nach erfolgter Temperaturänderung ΔT. Der ursprüngliche Netzebenenabstand d bestimmt sich aus der bekannten Reflexionsbedingung:

$$d = \frac{\lambda}{2 \sin \varphi} \tag{761}$$

Der Winkel φ wird nun durch die Strecke s und den in Abb. 33 gekennzeichneten Abstand r ausgedrückt. Hierzu erfolgt die trigonometrische Umrechnung:

$$\varphi = \arcsin \sqrt{\frac{\sqrt{1+\mathrm{tg}^2\, 2\varphi} - 1}{2\sqrt{1+\mathrm{tg}^2\, 2\varphi}}} \tag{762}$$

Aus Abb. 33 folgt:

$$\varphi = -\frac{1}{2} \,\mathrm{arctg}\, \frac{s}{r} \tag{763}$$

Setzt man φ gemäß (763) in die rechte Seite von (762) ein, resultiert:

$$\varphi = \arcsin \sqrt{\frac{\sqrt{1+(s/r)^2} - 1}{2\sqrt{1+(s/r)^2}}} \tag{764}$$

Führt man (764) in (761) ein folgt:

$$\mathrm{d} = \lambda \sqrt{\frac{\sqrt{1+(s/r)^2}}{2\left[\sqrt{1+(s/r)^2} - 1\right]}} \tag{765}$$

Entsprechend folgt:

$$\mathrm{d}' = \lambda \sqrt{\frac{\sqrt{1+(s'/r)^2}}{2\left[\sqrt{1+(s'/r)^2} - 1\right]}} \tag{766}$$

Die verwendete Apparatur hatte einen Radius von:

$$r = 4{,}49 \text{ cm} \tag{767}$$

Bei 18° C betrug der Abstand

$$s = 1{,}256 \text{ cm} \tag{768}$$

und bei 630°:

$$s' = 1{,}205 \text{ cm} \tag{769}$$

Die Temperaturdifferenz war somit:

$$\Delta T = 612 \text{ gd} \tag{770}$$

Aus diesen Daten errechnet sich mit (760), (765) und (766) der Ausdehnungskoeffizient von Silber im Intervall zwischen 18° und 630° C zu:

$$\alpha = 18{,}8 \cdot 10^{-6} \text{ gd}^{-1} \tag{771}$$

Eine Präzisionsmessung im Intervall zwischen 18° und 22° C ergab den für Zimmertemperatur verbindlichen Wert von:

$$\alpha = 19{,}2 \cdot 10^{-6}\ \mathrm{gd}^{-1} \tag{772}$$

Mit zunehmender Temperatur nimmt auch der Ausdehnungskoeffizient von Silber zu. Bei 40° C wurde ein Koeffizient

$$\alpha = 19{,}2 \cdot 10^{-6}\ \mathrm{gd}^{-1} \tag{773}$$

und bei 100° C ein solcher von

$$\alpha = 19{,}8 \cdot 10^{-6}\ \mathrm{gd}^{-1} \tag{774}$$

gemessen.

4.4. Bestimmung der Ausdehnungskoeffizienten von monoklinem Afwillit

An gut gewachsenen Kristallen aus Kimberley, welche stark pyro- und piezoelektrisch sind, wurden zunächst bei Zimmertemperatur Dilatationsmessungen durchgeführt. Die Dichte der Afwillit-Einkristalle $3\,CaO \cdot 2\,SiO_2 \cdot 3\,H_2O$ betrug:

$$\rho = (2{,}64 \pm 0{,}04)\ \mathrm{g/cm^3} \tag{775}$$

Abb. 35 zeigt einen Schnitt des Kristalls normal zur b-Achse. Sehr gute Spaltbarkeit wurde parallel $(10\bar{1})$, weniger gute Spaltbarkeit parallel (100) festgestellt. Der Normalenvektor der $(10\bar{1})$-Ebene hat die Stellung

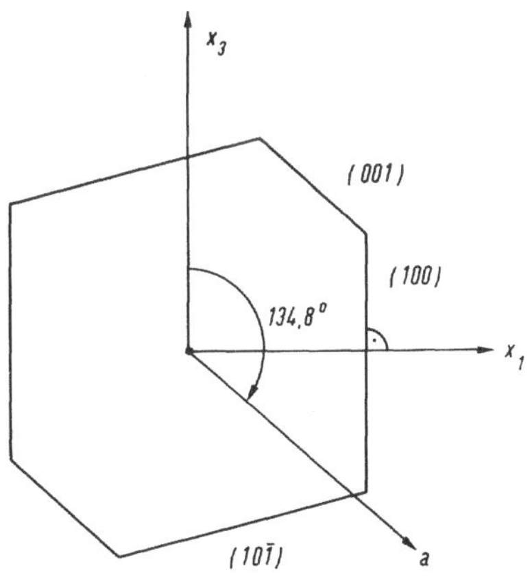

Abb. 35: Schnittfigur normal zur Achse x_2 eines Afwillit-Einkristalls

$$x_3' = \begin{pmatrix} 0{,}1585 \\ 0 \\ -0{,}9873 \end{pmatrix} \tag{776}$$

und schließt mit der c-Achse einen Winkel von $170{,}1^\circ$ ein. Wegen der guten Spaltbarkeit parallel $(10\bar{1})$ ließen sich Schnitte senkrecht zu x_3 nicht gewinnen, so daß eine direkte Bestimmung von α_{33} nicht möglich war.

Die Messung normal (100) lieferte in der mit x_1 identischen Richtung den Ausdehnungskoeffizienten:

$$\alpha_{11} = (19{,}3 \pm 0{,}3) \cdot 10^{-6}\ \text{gd}^{-1} \tag{777}$$

Auch die Bestimmung von α_{22} erfolgte direkt und ergab:

$$\alpha_{22} = (6{,}7 \pm 0{,}2) \cdot 10^{-6}\ \text{gd}^{-1} \tag{778}$$

Indirekt bestimmt wurden α_{33} und α_{13}. Gemessen wurde in Richtung $[10\bar{1}]$, d. h. in Richtung (776), und in Richtung der a-Achse:

$$a_i = \begin{pmatrix} 0{,}7095 \\ 0 \\ -0{,}7047 \end{pmatrix} \tag{779}$$

Als Ergebnis resultiert:

$$\alpha_{33} = (5{,}8 \pm 0{,}2) \cdot 10^{-6}\ \text{gd}^{-1} \tag{780}$$

$$\alpha_{13} = (0{,}5 \pm 0{,}3) \cdot 10^{-6}\ \text{gd}^{-1} \tag{781}$$

Die Messung von α_{13} ist leider sehr ungenau und muß zu gegebener Zeit röntgendilatometrisch wiederholt werden.

Die oben angegebenen Grundwerte α_{11}, α_{22}, α_{33} und α_{13} wurden bei Zimmertemperatur bestimmt. Der Hauptachsenwinkel des kleinsten Ausdehnungskoeffizienten α_{III} bestimmt sich zu:

$$\vartheta_{III} = -\tfrac{1}{2} \operatorname{arctg} \frac{2\,\alpha_{13}}{\alpha_{11} - \alpha_{33}} \tag{782}$$

Mit den oben angegebenen Werten (777), (780) und (781) folgt:

$$\vartheta_{III} = -\,2{,}12^\circ \tag{783}$$

Der Maximalwert α_I errechnet sich aus

$$\alpha_I = \tfrac{1}{2}\left[\alpha_{11} + \alpha_{33} + \sqrt{(\alpha_{11} - \alpha_{33})^2 + 4\,\alpha_{13}^2}\right] \tag{784}$$

zu:

$$\alpha_I = 19{,}32 \cdot 10^{-6}\ \text{gd}^{-1} \tag{785}$$

Der Minimalwert α_{III} wird aus

$$\alpha_{III} = \frac{1}{2} \left[\alpha_{11} + \alpha_{33} - \sqrt{(\alpha_{11} - \alpha_{33})^2 + 4\,\alpha_{13}^2}\right] \tag{786}$$

ermittelt und beträgt:

$$\alpha_{III} = 5{,}78 \cdot 10^{-6}\ \mathrm{gd}^{-1} \tag{787}$$

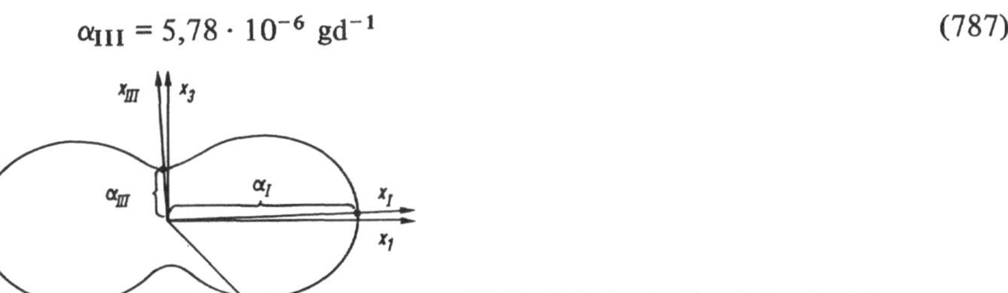

Abb. 36: Variation des thermischen Ausdehnungskoeffizienten von Afwillit in der (010)-Ebene

Der Hauptwert α_{II} des monoklinen Kristalls ist mit α_{22} identisch. Erwähnt sei noch, daß der untersuchte Afwillit nur eine Symmetrieebene besitzt, die senkrecht zur b-Achse gewählt wurde, und keine Symmetrieachse enthält. In Abb. 36 ist die Koeffizientenverteilung in der Symmetrieebene des Afwillits dargestellt.

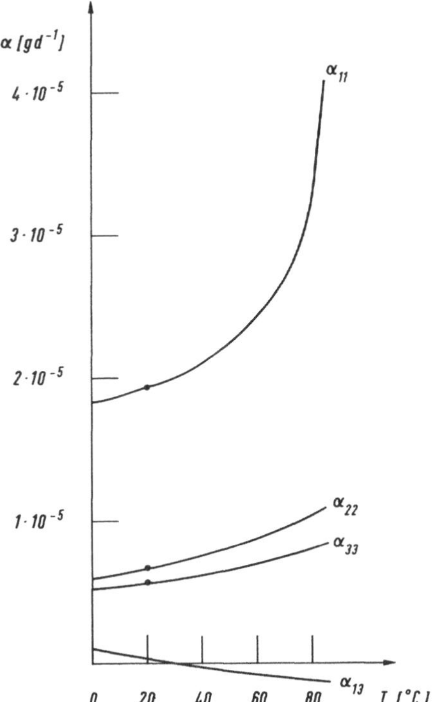

Abb. 37: Temperaturabhängigkeit der Ausdehnungskoeffizienten von Afwillit

Abb. 37 zeigt die Temperaturabhängigkeit der Ausdehnungskoeffizienten von Afwillit im Bereich zwischen 0 und 80° C.

4.5. Bestimmung der Ausdehnungskoeffizienten von Orthoklas

Am Orthoklas $K_2O \cdot Al_2O_3 \cdot 6\,SiO_2$, der als Adular vom Sankt Gotthard bezeichnet wird, erhielt H. Fizeau (1868) die auf Zimmertemperatur reduzierten Werte:

$$\alpha_I = 18{,}84 \cdot 10^{-6}\ \mathrm{gd}^{-1} \tag{788}$$

$$\alpha_{II} = -2{,}29 \cdot 10^{-6}\ \mathrm{gd}^{-1} \tag{789}$$

$$\alpha_{III} = -1{,}80 \cdot 10^{-6}\ \mathrm{gd}^{-1} \tag{790}$$

Die Hauptachsen x_I und x_{III} fallen in die Grundebene (010). Gemäß Abb. 38 bildet x_I mit der Klinoachse a den Winkel von $18{,}8^\circ$ im stumpfen Winkel:

$$\beta = 116{,}1^\circ \tag{791}$$

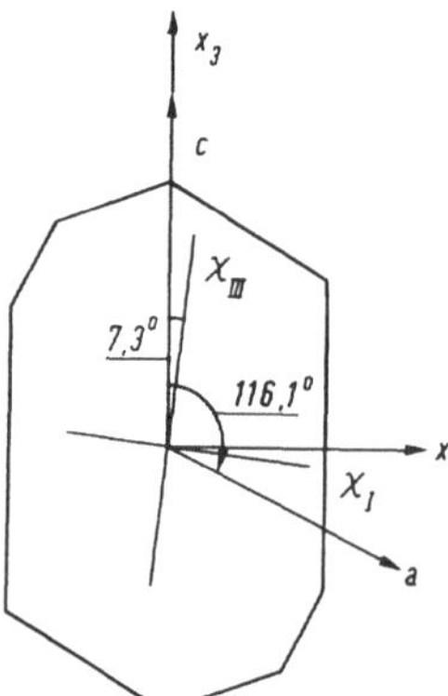

Abb. 38: Lage der thermischen Hauptachsen x_I und x_{III} in der (010)-Symmetrieebene von Orthoklas

In Richtung x_I findet Ausdehnung, in Richtung x_{II} und x_{III} dagegen eine geringe Kontraktion mit zunehmender Temperatur statt. Der Hauptachsenwinkel ϑ_{III} berechnet sich aus den Literaturangaben zu:

$$\vartheta_{III} = 7{,}3^\circ \tag{792}$$

Aufgabe des Verfassers ist es, den Satz der Ausdehnungskoeffizienten α_{11}, α_{22}, α_{33} und α_{13} zu ermitteln.

Die Auflösung von (782), (784) und (786) nach den gesuchten Größen liefert:

$$\alpha_{11} = \frac{1}{2}\ [\alpha_I + \alpha_{III} + (\alpha_I - \alpha_{III}) \cos 2\,\vartheta_{III}] \tag{793}$$

$$\alpha_{33} = \frac{1}{2}\ [\alpha_I + \alpha_{III} - (\alpha_I - \alpha_{III}) \cos 2\,\vartheta_{III}] \tag{794}$$

$$\alpha_{13} = -\frac{1}{2} (\alpha_I - \alpha_{III}) \sin 2\,\vartheta_{III} \tag{795}$$

Mit den Zahlenwerten von α_I, α_{III} und ϑ_{III} folgt:

$$\alpha_{11} = 18{,}51 \cdot 10^{-6}\ \mathrm{gd}^{-1} \qquad (796)$$

$$\alpha_{33} = -1{,}47 \cdot 10^{-6}\ \mathrm{gd}^{-1} \qquad (797)$$

$$\alpha_{13} = -1{,}31 \cdot 10^{-6}\ \mathrm{gd}^{-1} \qquad (798)$$

Wegen

$$\alpha_{22} = \alpha_{II} \qquad (799)$$

resultiert:

$$\alpha_{22} = -\,2{,}29 \cdot 10^{-6}\ \mathrm{gd}^{-1} \qquad (800)$$

Alle Angaben beziehen sich auf Zimmertemperatur. Der Winkel ϑ_{III} ändert sich mit der Temperatur ebenso wie die Ausdehnungskoeffizienten, da die α_{ij} temperaturabhängig sind.

4.6. Bestimmung der Ausdehnungskoeffizienten von Gibbsit

Tafelig ausgebildete Gibbsitkristalle $Al(OH)_3$ vom Vogelsberg, deren Dichte bei Zimmertemperatur zu

$$\rho = (2{,}36 \pm 0{,}05)\ \mathrm{g/cm^3} \qquad (801)$$

bestimmt wurde, ergaben die interferometrisch gemessenen Ausdehnungswerte:

$$\alpha_{11} = (16{,}55 \pm 0{,}4) \cdot 10^{-6}\ \mathrm{gd}^{-1} \qquad (802)$$

$$\alpha_{22} = (10{,}62 \pm 0{,}3) \cdot 10^{-6}\ \mathrm{gd}^{-1} \qquad (803)$$

$$\alpha_{33} = (15{,}15 \pm 0{,}5) \cdot 10^{-6}\ \mathrm{gd}^{-1} \qquad (804)$$

Der Koeffizient α_{13} wurde indirekt bestimmt und zwar an Stäbchen, welche in Richtung

$$x_3' = \frac{1}{\sqrt{2}}\begin{pmatrix} 1 \\ 0 \\ 1 \end{pmatrix} \qquad (805)$$

ausgeschnitten wurden. Die Stäbchenachse bildet mit der c-Achse des Kristalls einen Winkel von 45°. Der Meßwert betrug:

$$\alpha'_{33} = -(6{,}39 \pm 0{,}2) \cdot 10^{-6}\ \mathrm{gd}^{-1} \tag{806}$$

Aus (805) und (717) ergibt sich die Beziehung:

$$\alpha_{13} = \alpha'_{33} - \tfrac{1}{2}(\alpha_{11} + \alpha_{33}) \tag{807}$$

Hieraus bestimmt sich der gesuchte Wert:

$$\alpha_{13} = -(22{,}24 \pm 0{,}6) \cdot 10^{-6}\ \mathrm{gd}^{-1} \tag{808}$$

Aus (784), (786), (799) und (782) folgt dann der Satz der Hauptwerte:

$$\alpha_{\mathrm{I}} = 38{,}1 \cdot 10^{-6}\ \mathrm{gd}^{-1} \tag{809}$$

$$\alpha_{\mathrm{II}} = 10{,}6 \cdot 10^{-6}\ \mathrm{gd}^{-1} \tag{810}$$

$$\alpha_{\mathrm{III}} = -6{,}4 \cdot 10^{-6}\ \mathrm{gd}^{-1} \tag{811}$$

$$\vartheta_{\mathrm{III}} = 44{,}1^{\circ} \tag{812}$$

Der Winkel ϑ_{I} der Hauptachsenrichtung x_{I}, in welcher der größte Wert α_{I} des Ausdehnungskoeffizienten des untersuchten Gibbsits gemessen wurde, beträgt:

$$\alpha_{\mathrm{I}} = 134{,}1^{\circ} \tag{813}$$

Er ist größer als der Winkel

$$\beta = 94{,}6^{\circ} \tag{814}$$

der Klinoachse *a*.

4.7. Bestimmung der Ausdehnungskoeffizienten von Gips

Aus dem vom Montmatre stammenden Gipsmineral $CaSO_4 \cdot 2H_2O$ schnitt H. Fizeau (1868) Würfel, bei denen ein Paar seiner Begrenzungsflächen der Symmetrieebene (010) parallel gerichtet war. Die beiden anderen Flächenpaare erhielten eine beliebige aber bekannte Orientierung, die durch den Vektor x_3' näher festgelegt wurde. Die Würfellage ist in Abb. 39 skizziert, die ermittelte Hauptachsenlage in Abb. 40. Als Meßergebnis resultiert bei Zimmertemperatur:

$$\alpha_{\mathrm{I}} \;=\; 28{,}64 \cdot 10^{-6}\ \mathrm{gd}^{-1} \tag{815}$$

$$\alpha_{\mathrm{II}} \;=\; 41{,}44 \cdot 10^{-6}\ \mathrm{gd}^{-1} \tag{816}$$

$$\alpha_{\mathrm{III}} \;=\; 1{,}35 \cdot 10^{-6}\ \mathrm{gd}^{-1} \tag{817}$$

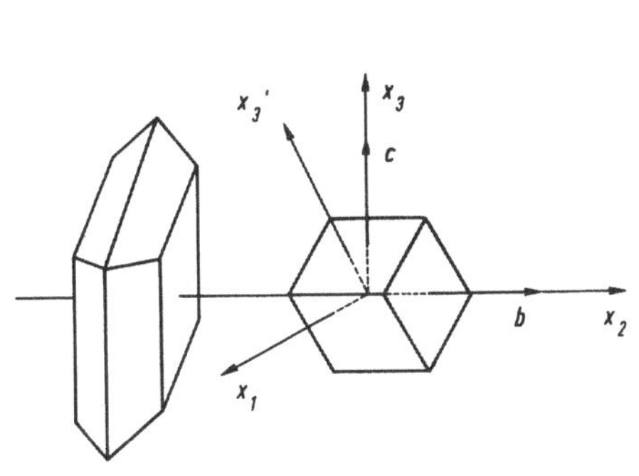

Abb. 39: Würfelorientierung bezogen auf die kristallographischen Achsen des untersuchten monoklinen Minerals

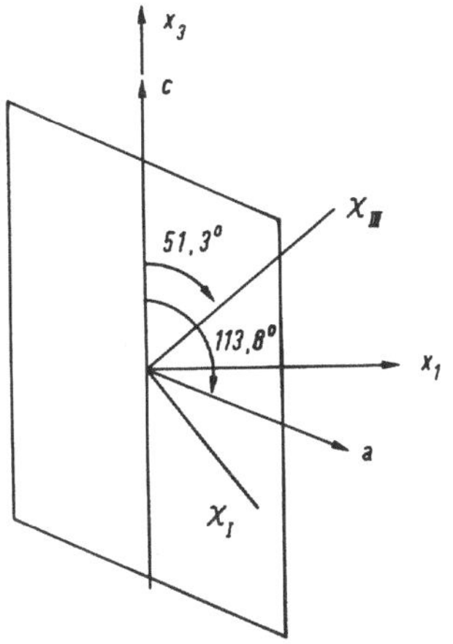

Abb. 40: Lage der thermischen Hauptachsen x_{I} und x_{III} in der (010)-Symmetrieebene von Gips

Als Hauptachsenwinkel ϑ_{III} ist der Winkel

$$\vartheta_{\mathrm{III}} \;=\; 51{,}3^{\circ} \tag{818}$$

nach gründlichem Literaturstudium indirekt erschließbar. Hieraus kann nach (782), (799), (784) und (786) der Satz der α_{ij} bei Zimmertemperatur zu

$$\alpha_{11} = 12{,}00 \cdot 10^{-6}\ \mathrm{gd}^{-1} \tag{819}$$

$$\alpha_{22} = 41{,}44 \cdot 10^{-6}\ \mathrm{gd}^{-1} \tag{820}$$

$$\alpha_{33} = 17{,}99 \cdot 10^{-6}\ \mathrm{gd}^{-1} \tag{821}$$

$$\alpha_{13} = -13{,}31 \cdot 10^{-6}\ \mathrm{gd}^{-1} \tag{822}$$

bestimmt werden. Der Temperaturgang ist im Bereich zwischen 20 und 40° C gering. Bei höheren Temperaturen ändert sich der Winkel ϑ_{III} mit der Temperatur merklich.

4.8. Bestimmung der Ausdehnungskoeffizienten von Epidot

An brasilianischem Epidot $2CaO \cdot Al_2O_3 \cdot Fe(OH)O \cdot 3SiO_2$ bestimmte H. Fizeau (1868) die Hauptwerte:

$$\alpha_I = 10{,}25 \cdot 10^{-6}\ gd^{-1} \quad (823)$$

$$\alpha_{II} = 8{,}62 \cdot 10^{-6}\ gd^{-1} \quad (824)$$

$$\alpha_{III} = 2{,}93 \cdot 10^{-6}\ gd^{-1} \quad (825)$$

$$\vartheta_{III} = 81{,}1^{\circ} \quad (826)$$

Der Winkel β der Klinoachse gegen die c-Achse wurde mit $115{,}4^{\circ}$ in Rechnung gestellt. Die für Zimmertemperatur verbindlichen α_{ij} sind:

$$\alpha_{11} = 3{,}13 \cdot 10^{-6}\ gd^{-1} \quad (827)$$

$$\alpha_{22} = 8{,}62 \cdot 10^{-6}\ gd^{-1} \quad (828)$$

$$\alpha_{33} = 10{,}10 \cdot 10^{-6}\ gd^{-1} \quad (829)$$

$$\alpha_{13} = -1{,}12 \cdot 10^{-6}\ gd^{-1} \quad (830)$$

4.9. Bestimmung der Ausdehnungskoeffizienten von Augit

An Augit $12CaO \cdot 6MgO \cdot Fe_2O_3 \cdot Al_2O_3 \cdot 24SiO_2$ aus dem Westerwald bestimmte H. Fizeau (1868) die Hauptwerte:

$$\alpha_I = 7{,}49 \cdot 10^{-6}\ gd^{-1} \quad (831)$$

$$\alpha_{II} = 13{,}71 \cdot 10^{-6}\ gd^{-1} \quad (832)$$

$$\alpha_{III} = 2{,}57 \cdot 10^{-6}\ gd^{-1} \quad (833)$$

$$\vartheta_{III} = 52{,}2^{\circ} \quad (834)$$

Der Winkel β der Klinoachse gegen die c-Achse wurde mit $105{,}8^{\circ}$ angesetzt. Die für Zimmertemperatur verbindlichen Werte der Ausdehnungskoeffizienten α_{ij} sind:

$$\alpha_{11} = 4{,}42 \cdot 10^{-6}\ gd^{-1} \quad (835)$$

$$\alpha_{22} = 13{,}71 \cdot 10^{-6}\ gd^{-1} \quad (836)$$

$$\alpha_{33} = 5{,}64 \cdot 10^{-6}\ gd^{-1} \quad (837)$$

$$\alpha_{31} = -2{,}38 \cdot 10^{-6}\ gd^{-1} \quad (838)$$

4.10. Bestimmung der Ausdehnungskoeffizienten von Azurit

An Azurit $2CuCO_3 \cdot Cu(OH)_2$ von Cessy bei Lyon, auch Kupferlasur genannt, bestimmte H. Fizeau (1868) die Hauptwerte:

$$\alpha_I = 20{,}81 \cdot 10^{-6}\ gd^{-1} \tag{839}$$

$$\alpha_{II} = 13{,}00 \cdot 10^{-6}\ gd^{-1} \tag{840}$$

$$\alpha_{III} = -0{,}98 \cdot 10^{-6}\ gd^{-1} \tag{841}$$

$$\vartheta_{III} = 31{,}5^o \tag{842}$$

Der Winkel β der Klinoachse gegen die c-Achse wurde mit $92{,}4^o$ einem Tabellenwerk entnommen. Die für Zimmertemperatur verbindlichen α_{ij} sind:

$$\alpha_{11} = 14{,}86 \cdot 10^{-6}\ gd^{-1} \tag{843}$$

$$\alpha_{22} = 13{,}00 \cdot 10^{-6}\ gd^{-1} \tag{844}$$

$$\alpha_{33} = 4{,}97 \cdot 10^{-6}\ gd^{-1} \tag{845}$$

$$\alpha_{13} = -4{,}41 \cdot 10^{-6}\ gd^{-1} \tag{846}$$

Die von H. Fizeau (1868) mitgeteilten Dilatationswerte wurden vom Verfasser anhand des untersuchten Temperaturgangs auf Zimmertemperatur umgerechnet. Die eigenen Messungen an monoklinen Kristallen erfolgten stets bei 20° C. In Tabelle 6 sind alle bisher an monoklinen Kristallen gemessenen Daten zusammengestellt, wobei auf eine Stelle hinter dem Komma aufgerundet wurde.

Tabelle 6. *Tensorsatz der Dilatation monokliner Minerale bei Zimmertemperatur*

Mineral	Symbol	α_{11} gd^{-1}	α_{22} gd^{-1}	α_{33} gd^{-1}	α_{13} gd^{-1}
Afwillit	$3CaO \cdot 2SiO_2 \cdot 3H_2O$	$19{,}3 \cdot 10^{-6}$	$6{,}7 \cdot 10^{-6}$	$5{,}8 \cdot 10^{-6}$	$0{,}5 \cdot 10^{-6}$
Augit	$12CaO \cdot 6MgO \cdot Fe_2O_3 \cdot Al_2O_3 \cdot 24SiO_2$	4,4	13,7	5,6	– 2,4
Azurit	$2CuCO_3 \cdot Cu(OH)_2$	14,9	12,2	5,0	– 4,4
Epidot	$2CaO \cdot Al_2O_3 \cdot Fe(OH)O \cdot 3SiO_2$	3,1	8,6	10,1	– 1,1
Gibbsit	$Al(OH)_3$	16,6	10,6	15,2	–22,2
Gips	$CaSO_4 \cdot 2H_2O$	12,0	41,4	18,0	–13,3
Orthoklas	$K_2O \cdot Al_2O_3 \cdot 6SiO_2$	18,5	–2,3	–1,5	– 1,3

4.11. Ausdehnungskoeffizienten orthorhombisch kristallisierender Minerale

Die bei Zimmertemperatur bestimmten bzw. auf Zimmertemperatur reduzierten Ausdehnungskoeffizienten orthorhombisch kristallisierender Minerale und Elemente sind in Tabelle 7 zusammengestellt. Die Werte wurden auf eine Stelle hinter dem Komma abgerundet.

Tabelle 7. *Dilatationshauptwerte rhombischer Minerale bei Zimmertemperatur*

Mineral	Symbol	α_{11} gd^{-1}	α_{22} gd^{-1}	α_{33} gd^{-1}
Aragonit	$CaCO_3$	$10{,}0 \cdot 10^{-6}$	$16{,}5 \cdot 10^{-6}$	$33{,}9 \cdot 10^{-6}$
Arcanit	K_2SO_4	36,2	32,3	36,3
Baryt	$BaSO_4$	14,3	22,5	14,9
Brookit	TiO_2	14,5	19,2	22,1
Chrysoberyll	$BeO \cdot Al_2O_3$	5,9	5,8	5,6
Coelestin	$SrSO_4$	19,2	18,5	14,9
Goethit	FeOOH	13,8	11,0	4,6
Mascagnin	$2NH_3 \cdot H_2SO_4$	32,7	28,4	48,5
Schwefel	S	71,4	86,0	21,4
Topas	$2AlOF \cdot SiO_2$	4,5	3,8	5,6
Uran	U	23,1	−0,3	22,6

Am Aragonit $CaCO_3$ ermittelte H. Fizeau (1868) die Werte:

$$\alpha_{11} = 10{,}03 \cdot 10^{-6}\ gd^{-1} \tag{847}$$

$$\alpha_{22} = 16{,}45 \cdot 10^{-6}\ gd^{-1} \tag{848}$$

$$\alpha_{33} = 33{,}93 \cdot 10^{-6}\ gd^{-1} \tag{849}$$

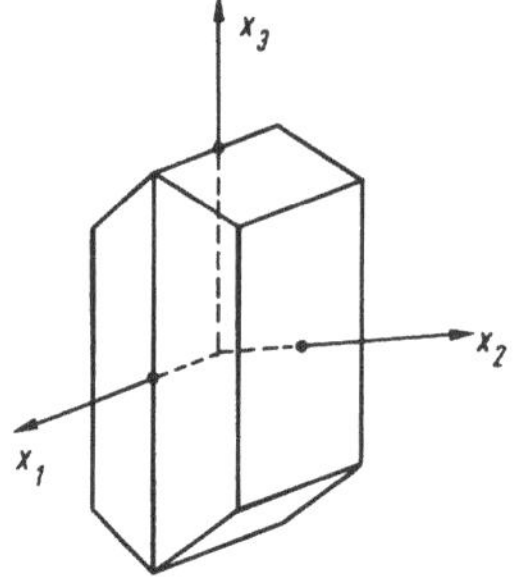

Abb. 41: Kristallorientierung des Aragonits

Die Kristallorientierung des Aragonits ist in Abb. 41 gekennzeichnet.

Der dem rhombischen Kristallsystem angehörende Arcanit K_2SO_4 wurde von A. E. Tutton (1899) untersucht und bei Zimmertemperatur der Satz

$$\alpha_{11} = 36{,}16 \cdot 10^{-6}\ \mathrm{gd}^{-1} \tag{850}$$

$$\alpha_{22} = 32{,}25 \cdot 10^{-6}\ \mathrm{gd}^{-1} \tag{851}$$

$$\alpha_{33} = 36{,}34 \cdot 10^{-6}\ \mathrm{gd}^{-1} \tag{852}$$

gefunden.

Am Baryt $BaSO_4$, dessen Kristallorientierung Abb. 42 zeigt, läßt sich aus den Messungen von F. Pfaff (1859) die Suite

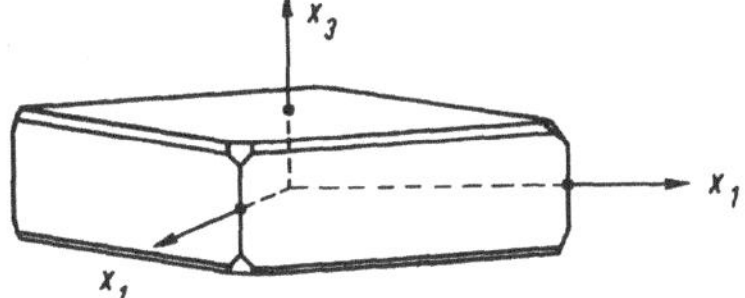

Abb. 42: Kristallorientierung des Baryts

$$\alpha_{11} = 14{,}31 \cdot 10^{-6}\ \mathrm{gd}^{-1} \tag{853}$$

$$\alpha_{22} = 22{,}52 \cdot 10^{-6}\ \mathrm{gd}^{-1} \tag{854}$$

$$\alpha_{33} = 14{,}90 \cdot 10^{-6}\ \mathrm{gd}^{-1} \tag{855}$$

angeben.

Die vorwiegend einzeln aufgewachsenen Kristalle des Minerals Brookit TiO_2, die Pseudomorphosen nach Titanit zeigen und paramorph in Rutil umgewandelt sein können, wurden von A. Schrauf (1887) zur Untersuchung herangezogen. Die

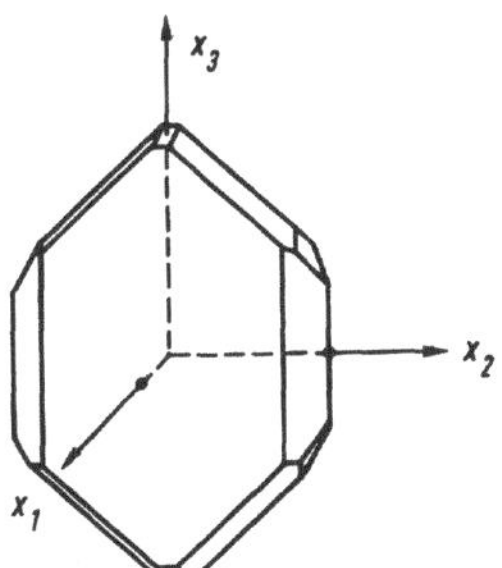

Abb. 43: Kristallorientierung am Brookit

Kristallorientierung ist in Abb. 43 wiedergegeben. In Richtung x_1 wurde der Ausdehnungskoeffizient

$$\alpha_{11} = 14{,}49 \cdot 10^{-6}\ \mathrm{gd}^{-1} \tag{856}$$

gemessen, in Richtung x_2 der Wert

$$\alpha_{22} = 19{,}20 \cdot 10^{-6}\ \mathrm{gd}^{-1} \tag{857}$$

und in Richtung x_3 der Wert:

$$\alpha_{33} = 22{,}05 \cdot 10^{-6}\ \mathrm{gd} \tag{858}$$

Der mit Olivin isotype Chrysoberyll $BeO \cdot Al_2O_3$, dessen Kristallorientierung Abb. 44 wiedergibt, hat bezogen auf Zimmertemperatur die Werte:

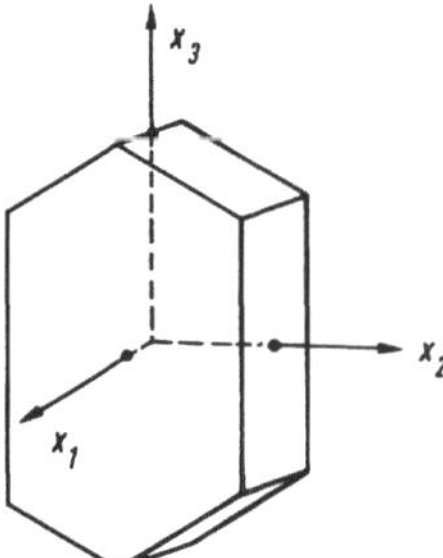

Abb. 44: Kristallorientierung des Chrysoberylls

$$\alpha_{11} = 5{,}92 \cdot 10^{-6}\ \mathrm{gd}^{-1} \tag{859}$$

$$\alpha_{22} = 5{,}81 \cdot 10^{-6}\ \mathrm{gd}^{-1} \tag{860}$$

$$\alpha_{33} = 5{,}58 \cdot 10^{-6}\ \mathrm{gd}^{-1} \tag{861}$$

Die Werte von α_{22} und α_{33} liegen nahe zusammen. Sie fallen bei 40° C, wie den Messungen von H. Fizeau (1868) zu entnehmen ist, vollkommen zusammen und besitzen bei dieser Temperatur den Wert von $6{,}01 \cdot 10^{-6}\ \mathrm{gd}^{-1}$.

F. Pfaff (1859) gibt für Coelestin $SrSO_4$, dessen Kristallorientierung Abb. 45 zeigt, die folgenden Werte an:

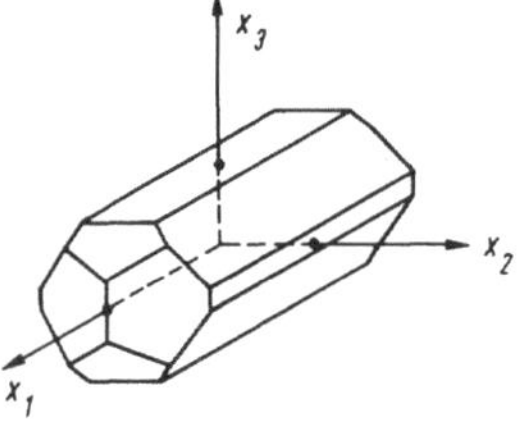

Abb. 45: Kristallorientierung des Coelestins

$$\alpha_{11} = 19{,}20 \cdot 10^{-6}\ \mathrm{gd}^{-1} \tag{862}$$

$$\alpha_{22} = 18{,}51 \cdot 10^{-6}\ \mathrm{gd}^{-1} \tag{863}$$

$$\alpha_{33} = 14{,}90 \cdot 10^{-6}\ \mathrm{gd}^{-1} \tag{864}$$

Das isotyp mit Baryt kristallisierende rhombisch-dipyramidale Mineral ähnelt im Habitus und Aussehen ganz dem Schwerspat.

Nach A. T. Gorton, G. Bitsianes und T. L. Joseph (1965) hat der nadelförmige Goethit FeOOH die Ausdehnungskoeffizienten:

$$\alpha_{11} = 13{,}8 \cdot 10^{-6}\,\text{gd}^{-1} \tag{865}$$

$$\alpha_{22} = 11{,}0 \cdot 10^{-6}\,\text{gd}^{-1} \tag{866}$$

$$\alpha_{33} = 4{,}6 \cdot 10^{-6}\,\text{gd}^{-1} \tag{867}$$

Der vom Verfasser untersuchte Mascagnin $(NH_4)_2SO_4$ vom Ätna besitzt die Dilatationswerte:

$$\alpha_{11} = (32{,}72 \pm 0{,}3) \cdot 10^{-6}\,\text{gd}^{-1} \tag{868}$$

$$\alpha_{22} = (28{,}43 \pm 0{,}2) \cdot 10^{-6}\,\text{gd}^{-1} \tag{869}$$

$$\alpha_{33} = (48{,}49 \pm 0{,}5) \cdot 10^{-6}\,\text{gd}^{-1} \tag{870}$$

Das isotyp mit Arcanit kristallisierende Mineral wurde röntgenographisch untersucht und besaß die Dichte:

$$\rho = (1{,}77 \pm 0{,}02)\ \text{g/cm}^3 \tag{871}$$

Das parallel der c-Achse kurzprismatische Mineral Topas $2AlOF \cdot SiO_2$ hat nach H. Fizeau (1868) die Werte:

$$\alpha_{11} = 4{,}53 \cdot 10^{-6}\,\text{gd}^{-1} \tag{872}$$

$$\alpha_{22} = 3{,}81 \cdot 10^{-6}\,\text{gd}^{-1} \tag{873}$$

$$\alpha_{33} = 5{,}55 \cdot 10^{-6}\,\text{gd}^{-1} \tag{874}$$

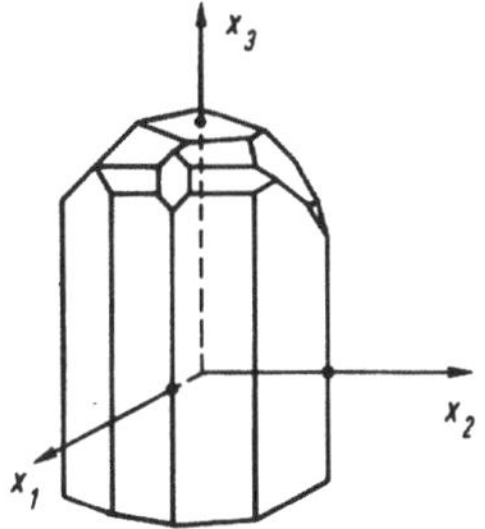

Abb. 46: Kristallorientierung am Topas

Diese Werte sind wie die vorhergehenden auf Zimmertemperatur bezogen. Die Kristallorientierung ist in Abb. 46 wiedergegeben.

Der von A. Schrauf (1887) untersuchte rhombische Schwefel S, dessen Kristallorientierung Abb. 47 zeigt, hat die Werte:

$$\alpha_{11} = 71{,}38 \cdot 10^{-6}\ \text{gd}^{-1} \tag{875}$$

$$\alpha_{22} = 86{,}04 \cdot 10^{-6}\ \text{gd}^{-1} \tag{876}$$

$$\alpha_{33} = 21{,}44 \cdot 10^{-6}\ \text{gd}^{-1} \tag{877}$$

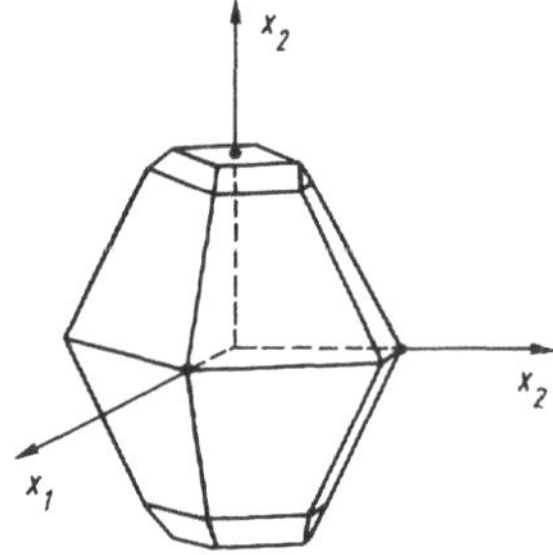

Abb. 47: Kristallorientierung des rhombischen Schwefels

Abschließend sei noch eine Messung an Uran U mitgeteilt, dessen rhombische Modifikation von J. R. Bridge, C. M. Schwartz und D. A. Vaughan (1956) thermisch untersucht wurde und die Werte

$$\alpha_{11} = 23{,}1 \cdot 10^{-6}\ \text{gd}^{-1} \tag{878}$$

$$\alpha_{22} = -0{,}3 \cdot 10^{-6}\ \text{gd}^{-1} \tag{879}$$

$$\alpha_{33} = 22{,}6 \cdot 10^{-6}\ \text{gd}^{-1} \tag{880}$$

bei 20° C erbrachte. E. F. Sturcken und J. W. Croach (1963) geben für ihre Untersuchungen den Satz

$$\alpha_{11} = 25{,}3 \cdot 10^{-6}\ \text{gd}^{-1} \tag{881}$$

$$\alpha_{22} = -0{,}2 \cdot 10^{-6}\ \text{gd}^{-1} \tag{882}$$

$$\alpha_{33} = 22{,}0 \cdot 10^{-6}\ \text{gd}^{-1} \tag{883}$$

an.

4.12. Ausdehnungskoeffizienten trigonal kristallisierender Minerale

Die von H. Fizeau (1868) an Antimon Sb ermittelten und vom Verfasser auf Zimmertemperatur bezogenen Werte

$$\alpha_{11} = 9{,}09 \cdot 10^{-6}\ \text{gd}^{-1} \tag{884}$$

und

$$\alpha_{33} = 16{,}73 \cdot 10^{-6}\ \mathrm{gd}^{-1} \tag{885}$$

wurden von P. W. Bridgman (1925) unter Zuhilfenahme eines genaueren Dilatometers korrigiert. Als derzeit bestes Meßergebnis gilt:

$$\alpha_{11} = 7{,}96 \cdot 10^{-6}\ \mathrm{gd}^{-1} \tag{886}$$

$$\alpha_{33} = 15{,}56 \cdot 10^{-6}\ \mathrm{gd}^{-1} \tag{887}$$

Der Unterschied beider Messungen ist so erheblich, daß der modernen Meßtechnik die Aufgabe zufällt, sämtliche älteren Publikationsdaten zu überprüfen.

Über Arsen As liegt die Messung von P. W. Bridgman (1932) vor. Auf Zimmertemperatur korrigiert, folgen die Werte:

$$\alpha_{11} = 3{,}3 \cdot 10^{-6}\ \mathrm{gd}^{-1} \tag{888}$$

$$\alpha_{33} = 43{,}2 \cdot 10^{-6}\ \mathrm{gd}^{-1} \tag{889}$$

Die große Anisotropie deutet auf Lagenstruktur dieses Elementes. Das von R. W. Munn (1972) mitgeteilte Wertepaar

$$\alpha_{11} = 1{,}2 \cdot 10^{-6}\ \mathrm{gd}^{-1} \tag{890}$$

$$\alpha_{33} = 41{,}0 \cdot 10^{-6}\ \mathrm{gd}^{-1} \tag{891}$$

ergibt eine noch größere Anisotropie.

Messungen an ditrigonal-skalenoedrisch kristallisierendem Brucit $Mg(OH)_2$, der in großen tafeligen Kristallen mit rhomboedrischer Randbegrenzung vorlag, wurden vom Verfasser durchgeführt. Bei Zimmertemperatur wurden die Ausdehnungskoeffizienten

$$\alpha_{11} = (11{,}6 \pm 0{,}5) \cdot 10^{-6}\ \mathrm{gd}^{-1} \tag{892}$$

$$\alpha_{33} = (44{,}8 \pm 0{,}3) \cdot 10^{-6}\ \mathrm{gd}^{-1} \tag{893}$$

gemessen. Die Dichte dieses Minerals betrug:

$$\rho = (2{,}39 \pm 0{,}03)\ \mathrm{g/cm^3} \tag{894}$$

In der Schichtstruktur, bei welcher zwischen den Schichten schwächere Bindungskräfte wirken als innerhalb der Schicht, ist der thermische Ausdehnungskoeffizient senkrecht zur Schicht erheblich größer als in der Schicht.

Für Calcit $CaCO_3$ aus Island ergab die Messung von H. Fizeau (1868) das Wertepaar

$$\alpha_{11} = -5{,}57 \cdot 10^{-6}\ \mathrm{gd}^{-1} \tag{895}$$

$$\alpha_{33} = 25{,}89 \cdot 10^{-6}\ \mathrm{gd}^{-1} \tag{896}$$

Demgegenüber erbrachte die Messung von J. L. Rosenholtz und D. T. Smith (1949):

$$\alpha_{11} = -5{,}22 \cdot 10^{-6}\ \mathrm{gd}^{-1} \tag{897}$$

$$\alpha_{33} = 23{,}58 \cdot 10^{-6}\ \mathrm{gd}^{-1} \tag{898}$$

In Tabelle 8 wurde dieses Wertepaar abgerundet eingetragen.

Tabelle 8. *Dilatationshauptwerte trigonaler Minerale bei Zimmertemperatur*

Mineral	Symbol	α_{11} gd^{-1}	α_{33} gd^{-1}
Antimon	Sb	$8{,}0 \cdot 10^{-6}$	$15{,}6 \cdot 10^{-6}$
Arsen	As	1,2	41,0
Brucit	$Mg(OH)_2$	11,6	44,8
Calcit	$CaCO_3$	–5,2	23,6
Dolomit	$CaCO_3 \cdot MgCO_3$	3,8	19,9
Hämatit	Fe_2O_3	11,7	9,3
Korund	Al_2O_3	5,0	5,8
Magnesit	$MgCO_3$	5,5	20,6
Nitronatrit	$NaNO_3$	8,9	85,5
Pyrargyrit	$3Ag_2S \cdot Sb_2S_3$	20,6	–1,2
Quarz	SiO_2	14,3	7,8
Siderit	$FeCO_3$	5,7	18,7
Tellur	Te	27,2	–1,6
Wismut	Bi	10,4	14,0
Zinnober	HgS	17,8	21,2

H. Fizeau (1868) fand für Dolomit $CaCO_3 \cdot MgCO_3$ von Traversella die auf Zimmertemperatur reduzierten Ausdehnungskoeffizienten:

$$\alpha_{11} = 3{,}76 \cdot 10^{-6}\ \mathrm{gd}^{-1} \tag{899}$$

$$\alpha_{33} = 19{,}86 \cdot 10^{-6}\ \mathrm{gd}^{-1} \tag{900}$$

Für Hämatit Fe_2O_3 von der Insel Elba ermittelte H. Fizeau (1868) die Werte:

$$\alpha_{11} = 7{,}84 \cdot 10^{-6}\ \mathrm{gd}^{-1} \tag{901}$$

$$\alpha_{33} = 8{,}05 \cdot 10^{-6}\ \mathrm{gd}^{-1} \tag{902}$$

Eine röntgenographische Nachmessung von P. W. Bridgman (1932) ergab wesentlich andere Werte. Die röntgenographischen Daten

$$\alpha_{11} = 11{,}72 \cdot 10^{-6}\ \mathrm{gd}^{-1} \tag{903}$$

$$\alpha_{33} = 9{,}34 \cdot 10^{-6}\ \mathrm{gd}^{-1} \tag{904}$$

differieren erheblich gegenüber der älteren Messung und sind, da der Hämatit meist durch Gebirgsdruck bewirkte Lamellen und Sprünge besitzt, methodisch zweckmäßiger. In Tabelle 8 sind daher nur die röntgenographischen Werte vermerkt.

Der Magnesit $MgCO_3$ aus Bruck liefert nach H. Fizeau (1868) die auf Zimmertemperatur bezogenen Daten:

$$\alpha_{11} = 5{,}50 \cdot 10^{-6}\ \mathrm{gd}^{-1} \tag{905}$$

$$\alpha_{33} = 20{,}62 \cdot 10^{-6}\ \mathrm{gd}^{-1} \tag{906}$$

Größere Kristalle von blauem indischen Korund Al_2O_3 wurden von H. Fizeau (1868) untersucht. Auf Zimmertemperatur bezogen ergab sich:

$$\alpha_{11} = 4{,}98 \cdot 10^{-6}\ \mathrm{gd}^{-1} \tag{907}$$

$$\alpha_{33} = 5{,}78 \cdot 10^{-6}\ \mathrm{gd}^{-1} \tag{908}$$

Der von H. Saini und A. Mercier (1934) auf seine thermischen Eigenschaften geprüfte Nitronatrit $NaNO_3$ ergab senkrecht zur c-Achse den Wert:

$$\alpha_{11} = 8{,}91 \cdot 10^{-6}\ \mathrm{gd}^{-1} \tag{909}$$

Ungewöhnlich hoch zeigte sich der thermische Ausdehnungskoeffizient in Richtung der c-Achse zu:

$$\alpha_{33} = 85{,}5 \cdot 10^{-6}\ \mathrm{gd}^{-1} \tag{910}$$

Pyrargyrit $3Ag_2S \cdot Sb_2S_3$ wurde von H. Fizeau (1868) untersucht. Die auf eine Zimmertemperatur von 40° C bezogene Messung liefert für Zimmertemperatur das Wertepaar:

$$\alpha_{11} = 20{,}58 \cdot 10^{-6}\ \mathrm{gd}^{-1} \tag{911}$$

$$\alpha_{33} = -1{,}19 \cdot 10^{-6}\ \mathrm{gd}^{-1} \tag{912}$$

Besonders wichtig ist die Bestimmung der thermischen Ausdehnungskoeffizienten von Quarz SiO_2. H. Fizeau (1868) fand auf Zimmertemperatur reduziert die Werte:

$$\alpha_{11} = 13{,}71 \cdot 10^{-6} \text{ gd}^{-1} \tag{913}$$

$$\alpha_{33} = 7{,}40 \cdot 10^{-6} \text{ gd}^{-1} \tag{914}$$

Eine von J. R. Benoit (1888) mitgeteilte Messung lieferte dagegen:

$$\alpha_{11} = 13{,}67 \cdot 10^{-6} \text{ gd}^{-1} \tag{915}$$

$$\alpha_{33} = 7{,}45 \cdot 10^{-6} \text{ gd}^{-1} \tag{916}$$

Eigene Messungen weichen von diesen Werten erheblich ab:

$$\alpha_{11} = (14{,}28 \pm 0{,}1) \cdot 10^{-6} \text{ gd}^{-1} \tag{917}$$

$$\alpha_{33} = (7{,}81 \pm 0{,}1) \cdot 10^{-6} \text{ gd}^{-1} \tag{918}$$

Abb. 48 zeigt die Abhängigkeit der Ausdehnungskoeffizienten von der Temperatur. Bei der absoluten Temperatur von 846° K (entsprechend 573° C) geht der Quarz in die hexagonale Hochtemperaturphase über, deren Ausdehnungskoeffizienten beide negativ sind. Dies bedeutet, daß in dieser Phase auch die Volumenänderung negativ ist.

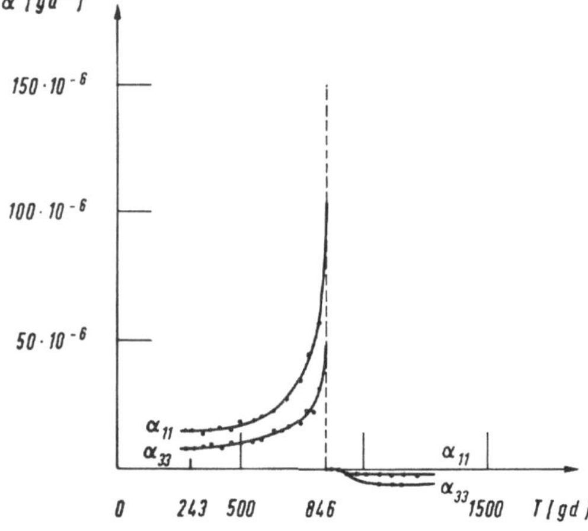

Abb. 48: Temperaturabhängigkeit der thermischen Ausdehnungskoeffizienten von Quarz im Bereich der trigonalen und hexagonalen Phase

Der von H. Fizeau (1868) untersuchte Siderit $FeCO_3$ lieferte nach Reduktion auf Zimmertemperatur:

$$\alpha_{11} = 5{,}70 \cdot 10^{-6} \text{ gd}^{-1} \tag{919}$$

$$\alpha_{33} = 18{,}67 \cdot 10^{-6} \text{ gd}^{-1} \tag{920}$$

P. W. Bridgman (1925) gibt für Tellur Te die Werte

$$\alpha_{11} = 27{,}2 \cdot 10^{-6}\ \mathrm{gd}^{-1} \tag{921}$$

$$\alpha_{33} = -1{,}6 \cdot 10^{-6}\ \mathrm{gd}^{-1} \tag{922}$$

an.

H. Fizeau (1868) berichtet über Messungen an grünem brasilianischen Turmalin $NaOH \cdot 3MgO \cdot Al(OH)_3 \cdot Al_2O_3 \cdot 3AlBO_3 \cdot 6SiO_2$ und fand:

$$\alpha_{11} = 3{,}42 \cdot 10^{-6}\ \mathrm{gd}^{-1} \tag{923}$$

$$\alpha_{33} = 8{,}41 \cdot 10^{-6}\ \mathrm{gd}^{-1} \tag{924}$$

Für Wismut Bi liegen zwei Messungen vor. Die Bestimmung von H. Fizeau (1868) ergab das Wertepaar

$$\alpha_{11} = 11{,}46 \cdot 10^{-6}\ \mathrm{gd}^{-1} \tag{925}$$

$$\alpha_{22} = 15{,}79 \cdot 10^{-6}\ \mathrm{gd}^{-1} \tag{926}$$

und die Messung von P. W. Bridgman (1925):

$$\alpha_{11} = 10{,}36 \cdot 10^{-6}\ \mathrm{gd}^{-1} \tag{927}$$

$$\alpha_{33} = 13{,}96 \cdot 10^{-6}\ \mathrm{gd}^{-1} \tag{928}$$

Abschließend sei der von H. Fizeau (1868) untersuchte Zinnober HgS genannt, dessen auf Zimmertemperatur reduzierte Werte der thermischen Ausdehnungskoeffizienten

$$\alpha_{11} = 17{,}78 \cdot 10^{-6}\ \mathrm{gd}^{-1} \tag{929}$$

$$\alpha_{33} = 21{,}17 \cdot 10^{-6}\ \mathrm{gd}^{-1} \tag{930}$$

betragen.

4.13. Ausdehnungskoeffizienten tetragonal kristallisierender Minerale

W. P. Mason (1966) gibt für Ammonhydrogenphosphat $NH_3 \cdot H_3PO_4$ bei Zimmertemperatur die Werte:

$$\alpha_{11} = 34{,}0 \cdot 10^{-6}\ \mathrm{gd}^{-1} \tag{931}$$

$$\alpha_{33} = 2{,}5 \cdot 10^{-6} \text{ gd}^{-1} \tag{932}$$

Messungen von H. Fizeau (1868) liefern für Anatas TiO_2 die auf Zimmertemperatur reduzierten Werte:

$$\alpha_{11} = 4{,}09 \cdot 10^{-6} \text{ gd}^{-1} \tag{933}$$

$$\alpha_{33} = 7{,}57 \cdot 10^{-6} \text{ gd}^{-1} \tag{934}$$

K. V. K. Rao und L. Iyengar (1969) untersuchten die thermische Dilatation von Chromdioxyd CrO_2 und ermittelten:

$$\alpha_{11} = 18{,}79 \cdot 10^{-6} \text{ gd}^{-1} \tag{935}$$

$$\alpha_{33} = -14{,}92 \cdot 10^{-6} \text{ gd}^{-1} \tag{936}$$

Die Forschergruppe K. V. K. Rao, S. V. N. Naidu und P. L. N. Setty (1962) ermittelten an Eisenfluorid FeF_2:

$$\alpha_{11} = 16{,}56 \cdot 10^{-6} \text{ gd}^{-1} \tag{937}$$

$$\alpha_{33} = -0{,}27 \cdot 10^{-6} \text{ gd}^{-1} \tag{938}$$

Für Indium In gibt L. R. Westbrook (1930) die Daten:

$$\alpha_{11} = 48{,}8 \cdot 10^{-6} \text{ gd}^{-1} \tag{939}$$

$$\alpha_{33} = -5{,}0 \cdot 10^{-6} \text{ gd}^{-1} \tag{940}$$

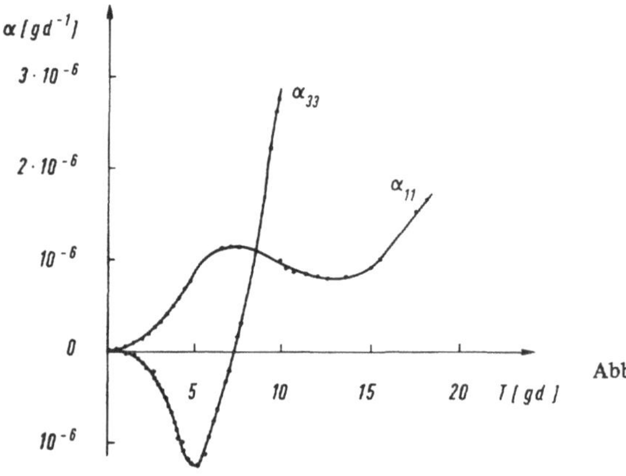

Abb. 49: Temperaturabhängigkeit der thermischen Ausdehnungskoeffizienten von Indium im Bereich der absoluten Temperatur

Bereits im Bereich des absoluten Nullpunkts zeigt Indium eine bemerkenswerte Anomalie der Temperaturabhängigkeit der Ausdehnungskoeffizienten, die von J. G. Collins, J. A. Cowan und G. K. White (1967) näher untersucht wurde und in Abb. 49 wiedergegeben ist. Die Temperatur T bezieht sich auf die Temperaturskala von Kelvin.

Messungen an Kaliumazid KN_3 wurden von R. B. Parsons und A. D. Yoffe (1966) durchgeführt und erbrachten die Koeffizienten:

$$\alpha_{11} = 45{,}2 \cdot 10^{-6}\ gd^{-1} \tag{941}$$

$$\alpha_{33} = 92{,}3 \cdot 10^{-6}\ gd^{-1} \tag{942}$$

Für Kaliumdihydrogenphosphat KH_2PO_4 erhielt W. P. Mason (1966):

$$\alpha_{11} = 84{,}4 \cdot 10^{-6}\ gd^{-1} \tag{943}$$

$$\alpha_{33} = 26{,}6 \cdot 10^{-6}\ gd^{-1} \tag{944}$$

Rutheniumdioxyd RuO_2 wurde von K. V. K. Rao und L. Iyengar (1969) untersucht und erbrachte die Werte:

$$\alpha_{11} = 6{,}83 \cdot 10^{-6} gd^{-1} \tag{945}$$

$$\alpha_{33} = -1{,}36 \cdot 10^{-6} gd^{-1} \tag{946}$$

H. Fizeau (1868) ermittelte an Rutil TiO_2 von Limoges folgende Ausdehnungskoeffizienten:

$$\alpha_{11} = 6{,}92 \cdot 10^{-6}\ gd^{-1} \tag{947}$$

$$\alpha_{33} = 8{,}74 \cdot 10^{-6}\ gd^{-1} \tag{948}$$

K.V. K. Rao, S.V. N. Naidu und P. L. N. Setty (1962) fanden an Sellait MgF_2 die Werte:

$$\alpha_{11} = 9{,}35 \cdot 10^{-6}\ gd^{-1} \tag{949}$$

$$\alpha_{33} = 13{,}54 \cdot 10^{-6}\ gd^{-1} \tag{950}$$

An Vesuvian $2Mg(OH)_2 \cdot 10CaO \cdot 2Al_2O_3 \cdot 9SiO_2$ erhielt H. Fizeau (1868) das Wertepaar:

$$\alpha_{11} = 8{,}06 \cdot 10^{-6}\ gd^{-1} \tag{951}$$

$$\alpha_{33} = 7{,}05 \cdot 10^{-6}\ gd^{-1} \tag{952}$$

P. W. Bridgman (1925) gibt für Zinn Sn die Werte

$$\alpha_{11} = 15{,}45 \cdot 10^{-6}\ gd^{-1} \tag{953}$$

$$\alpha_{33} = 30{,}50 \cdot 10^{-6}\ gd^{-1} \tag{954}$$

an, während A. Ievins und M. Straumanis (1938)

$$\alpha_{11} = 16{,}77 \cdot 10^{-6} \text{ gd}^{-1} \tag{955}$$

$$\alpha_{33} = 32{,}24 \cdot 10^{-6} \text{ gd}^{-1} \tag{956}$$

fanden. In Tabelle 9 wurden lediglich die abgerundeten Werte der letzten Bestimmung vermerkt.

Tabelle 9. *Dilatationshauptwerte tetragonaler Minerale und Kristalle bei Zimmertemperatur*

Mineral bzw. Kristall	Symbol	α_{11} gd^{-1}	α_{33} gd^{-1}
Ammoniumhydrogen-phosphat	$NH_3 \cdot H_3PO_4$	$34{,}0 \cdot 10^{-6}$	$2{,}5 \cdot 10^{-6}$
Anatas	TiO_2	4,1	7,6
Chromdioxyd	CrO_2	18,8	–14,9
Eisenfluorid	FeF_2	16,6	– 0,3
Indium	In	48,8	– 5,0
Kaliumazid	KN_3	45,2	92,3
Kaliumhydrogen-phosphat	KH_2PO_4	84,4	26,6
Rutheniumoxyd	RuO_2	6,8	– 1,4
Rutil	TiO_2	6,9	8,7
Sellait	MgF_2	9,4	13,5
Vesuvian	$2Mg(OH)_2 \cdot 10CaO \cdot 2Al_2O_3 \cdot 9SiO_2$	8,1	7,1
Zinn	Sn	16,8	32,2
Zinnstein	SnO_2	3,1	1,2
Zirkon	$ZrO_2 \cdot SiO_2$	2,0	4,2
Zirkonhydrid	ZrH_2	–1,4	30,6

Der aus Sachsen stammende Zinnstein SnO_2 lieferte nach H. Fizeau (1868) die Werte:

$$\alpha_{11} = 3{,}06 \cdot 10^{-6} \text{ gd}^{-1} \tag{957}$$

$$\alpha_{33} = 1{,}15 \cdot 10^{-6} \text{ gd}^{-1} \tag{958}$$

Anhand des gemessenen Temperaturgangs wurde das bei 40° C mitgeteilte Meßergebnis auf Zimmertemperatur reduziert.

H. Fizeau (1868) ermittelte auch die thermischen Ausdehnungskoeffizienten von Zirkon $ZrO_2 \cdot SiO_2$. Auf Zimmertemperatur bezogen ergeben sich die Werte:

$$\alpha_{11} = 1{,}95 \cdot 10^{-6}\ gd^{-1} \quad (959)$$

$$\alpha_{33} = 4{,}15 \cdot 10^{-6}\ gd^{-1} \quad (960)$$

Abschließend sei der von C. P. Kempter, R. O. Elliot und K. A. Gschneider (1960) an Zirkonhydrid ZrH_2 bestimmte Wert von α_{11} und α_{33} mitgeteilt, wobei auch hier die Bezugnahme auf Zimmertemperatur erfolgte:

$$\alpha_{11} = -1{,}4 \cdot 10^{-6}\ gd^{-1} \quad (961)$$

$$\alpha_{33} = 30{,}6 \cdot 10^{-6}\ gd^{-1} \quad (962)$$

Bemerkenswert ist der sehr hohe Ausdehnungskoeffizient α_{33} von Kaliumazid, welcher gemäß Tabelle 9 den Wert von rund $92{,}3 \cdot 10^{-6}\ gd^{-1}$ aufweist. Auch der quer zur c-Achse gemessene Ausdehnungswert α_{11} ist mit $45{,}2 \cdot 10^{-6}\ gd^{-1}$ noch verhältnismäßig groß. Die thermische Anisotropie der untersuchten Minerale bzw. Kristalle ist oft erheblich.

4.14. Ausdehnungskoeffizienten hexagonal kristallisierender Minerale

An Beryll $3BeO \cdot Al_2O_3 \cdot 6SiO_2$ erhielt H. Fizeau (1868) die auf Zimmertemperatur bezogenen Ausdehnungskoeffizienten:

$$\alpha_{11} = 1{,}10 \cdot 10^{-6}\ gd^{-1} \quad (963)$$

$$\alpha_{33} = -1{,}29 \cdot 10^{-6}\ gd^{-1} \quad (964)$$

R. W. Meyerhoff und J. F. Smith (1962) untersuchten Beryllium Be und fanden bei Zimmertemperatur die Werte:

$$\alpha_{11} = 12{,}1 \cdot 10^{-6}\ gd^{-1} \quad (965)$$

$$\alpha_{33} = 8{,}7 \cdot 10^{-6}\ gd^{-1} \quad (966)$$

Bei der Fixierung dieser Werte wurde die Messung von R. J. Corrucini und J. J. Gniewek (1961) mit herangezogen. Abb. 50 zeigt den Verlauf der Temperaturabhängigkeit der thermischen Ausdehnungskoeffizienten von Beryllium.

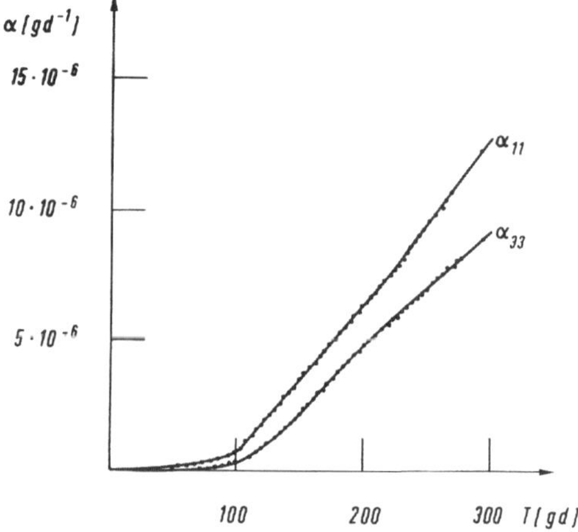

Abb. 50: Temperaturabhängigkeit der thermischen Ausdehnungskoeffizienten von Beryllium

E. Grüneisen und E. Goens (1924) ermittelten an Cadmium Cd bei Zimmertemperatur die Koeffizienten:

$$\alpha_{11} = 20{,}4 \cdot 10^{-6} \ \mathrm{gd}^{-1} \tag{967}$$

$$\alpha_{33} = 54{,}2 \cdot 10^{-6} \ \mathrm{gd}^{-1} \tag{968}$$

Die genannten Autoren gaben auch die Temperaturabhängigkeit der thermischen Ausdehnungskoeffizienten im Bereich zwischen 100 und 300° K an. Für tiefere

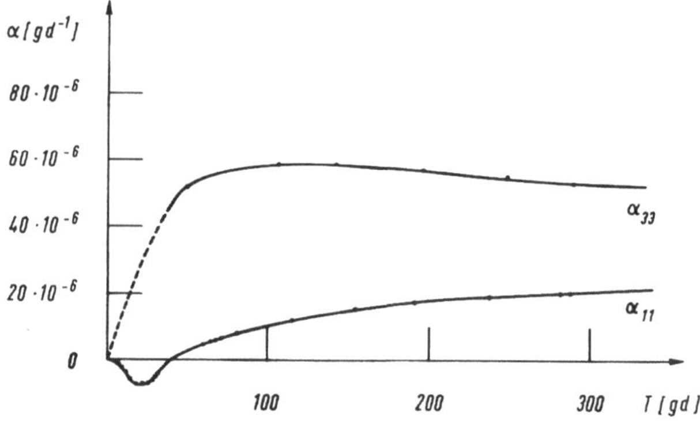

Abb. 51: Temperaturabhängigkeit der thermischen Ausdehnungskoeffizienten von Cadmium

Temperaturen bis nahe heran an den absoluten Nullpunkt ergänzte G. K. White (1963) das fehlende Meßintervall für α_{11}. Das gesamte Meßergebnis ist in Abb. 51 wiedergegeben.

Beim Eis H_2O wurden bei niedrigen Temperaturen die Messungen von R. Brill und A. Tippe (1967) und bei höheren Temperaturen diejenigen von S. Laplaca und B. Post (1960) herangezogen und das in Abb. 52 wiedergegebene Diagramm entworfen. Bis 133° K ist α_{33} größer als α_{11}, danach kehren sich die Verhältnisse um, bis der Inversionspunkt von etwa 163° K erreicht wird. Bei höheren Temperaturen ist dann α_{33} wieder größer als α_{11}, doch liegen in diesem Temperaturbereich zu wenig Messungen vor, um diese Aussage zu sichern.

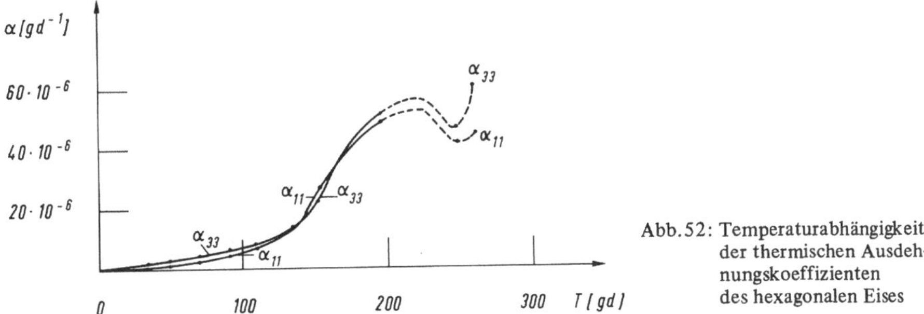

Abb. 52: Temperaturabhängigkeit der thermischen Ausdehnungskoeffizienten des hexagonalen Eises

Auf Zimmertemperatur bezogen liefert die von R. R. Birss (1960) an Gadolinium Gd durchgeführte Messung das Wertepaar:

$$\alpha_{11} = 8{,}1 \cdot 10^{-6}\ \text{gd}^{-1} \tag{969}$$

$$\alpha_{33} = -75{,}7 \cdot 10^{-6}\ \text{gd}^{-1} \tag{970}$$

Als z. Zt. beste Werte gelten für Graphit C:

$$\alpha_{11} = 6{,}7 \cdot 10^{-6}\ \text{gd}^{-1} \tag{971}$$

$$\alpha_{33} = 26{,}7 \cdot 10^{-6}\ \text{gd}^{-1} \tag{972}$$

Hierbei wurden Messungen von H. D. Erfling (1939) an Graphit aus Ceylon und Messungen von M. J. Bottomley, G. S. Parry und A. R. Ubbelohde (1964) ausgewertet. Ein tiefergehendes Verständnis der Schichtstrukturen, bei denen zwischen den Schichten schwächere Bindungskräfte wirken als innerhalb der Schicht, erfordert die Heranziehung der Gittertheorie, die allerdings bislang auch noch nicht alle Beobachtungen zu verstehen erlaubt. Der thermische Ausdehnungskoeffizient senkrecht zur Schicht ist beim Graphit erheblich größer als in der Schicht.

Der von R. Seiwert (1949) untersuchte Greenockit CdS lieferte:

$$\alpha_{11} = 6{,}5 \cdot 10^{-6}\ \text{gd}^{-1} \tag{973}$$

$$\alpha_{33} = 4{,}0 \cdot 10^{-6}\ \text{gd}^{-1} \tag{974}$$

Jodargyrit AgJ liefert bei Zimmertemperatur anhand der von H. Fizeau (1868) ermittelten thermischen Daten:

$$\alpha_{11} = 0{,}37 \cdot 10^{-6}\ \mathrm{gd}^{-1} \tag{975}$$

$$\alpha_{33} = -3{,}12 \cdot 10^{-6}\ \mathrm{gd}^{-1} \tag{976}$$

Unter Heranziehung des von R. Kohlhaas, P. Dünnér und N. Schmitz-Pranghe (1967) ermittelten Temperaturgradienten von Kobalt Co läßt sich das bei 60° C gewonnene Ergebnis von G. Shinoda (1934) auf Zimmertemperatur reduzieren. Die hexagonale Kobaltmodifikation besitzt bei Zimmertemperatur die Ausdehnungskoeffizienten:

$$\alpha_{11} = 12{,}0 \cdot 10^{-6}\ \mathrm{gd}^{-1} \tag{977}$$

$$\alpha_{33} = 15{,}3 \cdot 10^{-6}\ \mathrm{gd}^{-1} \tag{978}$$

Nach P. Hidnert und W. T. Sweeney (1928) betragen für Magnesium Mg die Werte der thermischen Dilatation:

$$\alpha_{11} = 24{,}3 \cdot 10^{-6}\ \mathrm{gd}^{-1} \tag{979}$$

$$\alpha_{33} = 27{,}1 \cdot 10^{-6}\ \mathrm{gd}^{-1} \tag{980}$$

Die thermische Anisotropie von Magnesium ist gering, wie auch aus Abb. 53 hervorgeht. Die Messungen der Temperaturabhängigkeit der thermischen Ausdehnungskoeffizienten dieses Metalls stammen von E. Goens und E. Schmid (1936) sowie G. V. Raynor und W. Hume-Rothery (1939).

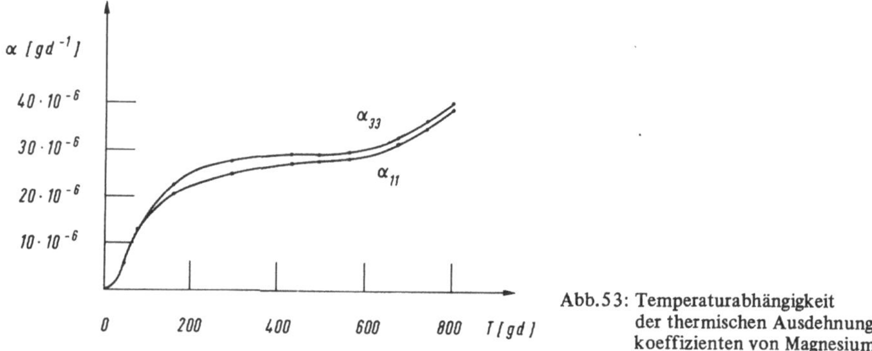

Abb. 53: Temperaturabhängigkeit der thermischen Ausdehnungskoeffizienten von Magnesium

Die thermischen Ausdehnungskoeffizienten von Magnetkies FeS wurden von H. Fizeau (1868) zu

$$\alpha_{11} = 31{,}53 \cdot 10^{-6}\ \mathrm{gd}^{-1} \tag{981}$$

$$\alpha_{33} = 0{,}63 \cdot 10^{-6}\ \mathrm{gd}^{-1} \tag{982}$$

angegeben.

F. A. Mauer und L. H. Bolz (1957) untersuchten Molybdäncarbid Mo_2C und erhielten in beiden Hauptrichtungen bei Zimmertemperatur:

$$\alpha_{11} = 4{,}1 \cdot 10^{-6}\ gd^{-1} \tag{983}$$

$$\alpha_{33} = 7{,}5 \cdot 10^{-6}\ gd^{-1} \tag{984}$$

Für Osmium Os erhielten E. A. Owen und E. W. Roberts (1936) die auf Zimmertemperatur bezogenen Ausdehnungswerte:

$$\alpha_{11} = 3{,}89 \cdot 10^{-6}\ gd^{-1} \tag{985}$$

$$\alpha_{33} = 5{,}75 \cdot 10^{-6}\ gd^{-1} \tag{986}$$

Portlandit $Ca(OH)_2$ besitzt nach H. D. Megaw (1933) die Hauptwerte:

$$\alpha_{11} = 9{,}8 \cdot 10^{-6}\ gd^{-1} \tag{987}$$

$$\alpha_{33} = 33{,}4 \cdot 10^{-6}\ gd^{-1} \tag{988}$$

Portlandit gehört zu den Schichtmineralen, deren thermischer Ausdehnungskoeffizient α_{33} senkrecht zur Schicht merklich größer ist als der in Richtung der Schicht gemessene Wert α_{11}.

E. Grüneisen und O. Sckell (1934) erhielten an festem Quecksilber Hg die in Abb. 54 wiedergegebene Temperaturabhängigkeit der thermischen Ausdehnungs-

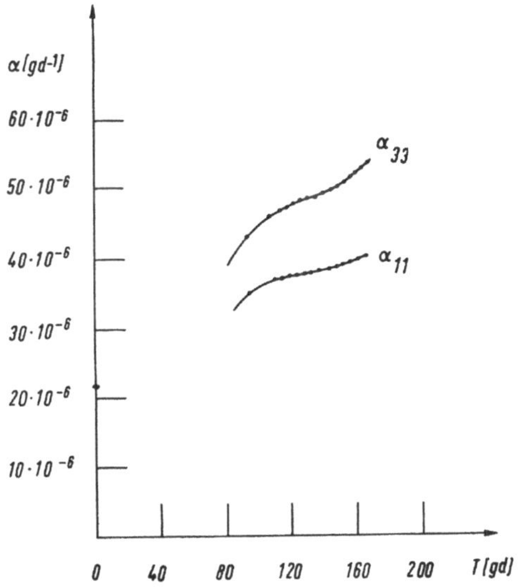

Abb.54: Temperaturabhängigkeit der thermischen Ausdehnungskoeffizienten von Quecksilber

koeffizienten. Die thermische Anisotropie ist größer als beim Magnesium, wobei auch hier α_{33} größer ist als α_{11}.

Rhenium Re besitzt bei Zimmertemperatur nach C. Agte, H. Alterthum, K. Becker, G. Heyne und K. Moers (1931) die Ausdehnungskoeffizienten:

$$\alpha_{11} = 4{,}7 \cdot 10^{-6}\ \mathrm{gd}^{-1} \tag{989}$$

$$\alpha_{33} = 12{,}5 \cdot 10^{-6}\ \mathrm{gd}^{-1} \tag{990}$$

E. A. Owen und T. L. Richards (1936) erhielten an Ruthenium Ru das auf Zimmertemperatur bezogene Wertepaar:

$$\alpha_{11} = 5{,}79 \cdot 10^{-6}\ \mathrm{gd}^{-1} \tag{991}$$

$$\alpha_{33} = 8{,}63 \cdot 10^{-6}\ \mathrm{gd}^{-1} \tag{992}$$

Auf Zimmertemperatur bezogen ergibt der von M. Straumanis (1940) an hexagonalem Selen Se gemessene Satz:

$$\alpha_{11} = 73{,}9 \cdot 10^{-6}\ \mathrm{gd}^{-1} \tag{993}$$

$$\alpha_{33} = -17{,}8 \cdot 10^{-6}\ \mathrm{gd}^{-1} \tag{994}$$

R. W. Meyerhoff und J. F. Smith (1962) untersuchten die in Abb. 55 wiedergegebene Temperaturabhängigkeit der thermischen Ausdehnungskoeffizienten von Thallium Tl. Bei Zimmertemperatur betragen die Ausdehnungskoeffizienten:

$$\alpha_{11} = 26{,}9 \cdot 10^{-6}\ \mathrm{gd}^{-1} \tag{995}$$

$$\alpha_{33} = 37{,}2 \cdot 10^{-6}\ \mathrm{gd}^{-1} \tag{996}$$

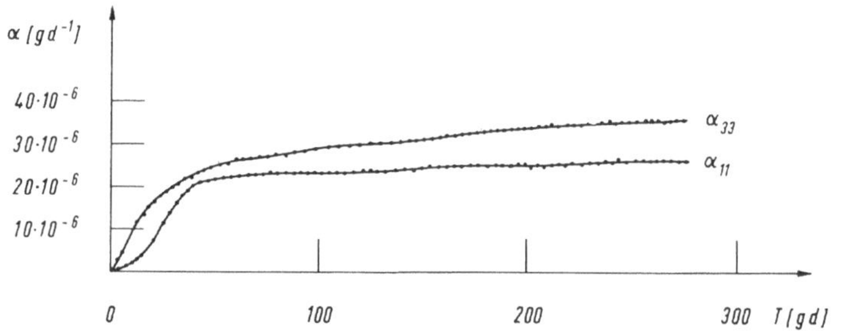

Abb. 55: Temperaturabhängigkeit der thermischen Ausdehnungskoeffizienten von Thallium

R. R. Pawar und V. T. Deshpande (1868) bestimmten die thermischen Ausdehnungskoeffizienten von Titan Ti zu:

$$\alpha_{11} = 9{,}5 \cdot 10^{-6}\ \mathrm{gd}^{-1} \tag{997}$$

$$\alpha_{33} = 5{,}6 \cdot 10^{-6}\ \mathrm{gd}^{-1} \tag{998}$$

P. W. Bridgman (1925) gibt für Tellur Te bei Zimmertemperatur die Werte

$$\alpha_{11} = 27{,}1 \cdot 10^{-6}\ \mathrm{gd}^{-1} \tag{999}$$

$$\alpha_{33} = -1{,}6 \cdot 10^{-6}\ \mathrm{gd}^{-1} \tag{1000}$$

an.

Zink Zn wurde von verschiedenen Autoren untersucht. Bei Zimmertemperatur fanden E. Grüneisen und E. Goens (1924) das Wertepaar:

$$\alpha_{11} = 14{,}1 \cdot 10^{-6}\ \mathrm{gd}^{-1} \tag{1001}$$

$$\alpha_{33} = 63{,}9 \cdot 10^{-6}\ \mathrm{gd}^{-1} \tag{1002}$$

Ein Jahr danach ermittelte P. W. Bridgman (1925) an Zink-Einkristallen die Werte:

$$\alpha_{11} = 12{,}6 \cdot 10^{-6}\ \mathrm{gd}^{-1} \tag{1003}$$

$$\alpha_{33} = 57{,}4 \cdot 10^{-6}\ \mathrm{gd}^{-1} \tag{1004}$$

In neuerer Zeit wurde die Messung von J. Medoff und I. Cadoff (1964) wiederholt und bei Zimmertemperatur das Wertepaar

$$\alpha_{11} = 14{,}5 \cdot 10^{-6}\ \mathrm{gd}^{-1} \tag{1005}$$

$$\alpha_{33} = 61{,}7 \cdot 10^{-6}\ \mathrm{gd}^{-1} \tag{1006}$$

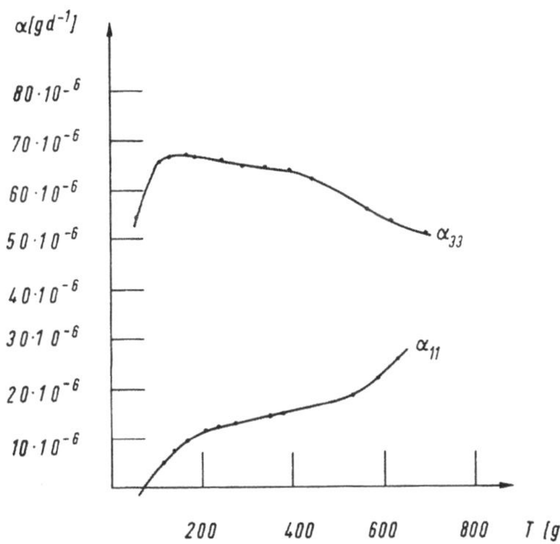

Abb. 56: Temperaturabhängigkeit der thermischen Ausdehnungskoeffizienten von Zink

ermittelt. Die Streuung der Meßwerte ist erheblich, so daß es angezeigt erscheint, die Messung nochmals zu wiederholen. Abb. 56 zeigt die Temperaturabhängigkeit der thermischen Ausdehnungskoeffizienten des untersuchten anisotropen Zinks.

H. Fizeau (1868) erhielt für Zinkit ZnO die auf Zimmertemperatur reduzierten Werte:

$$\alpha_{11} = 5{,}14 \cdot 10^{-6}\ \mathrm{gd}^{-1} \tag{1007}$$

$$\alpha_{33} = 2{,}79 \cdot 10^{-6}\ \mathrm{gd}^{-1} \tag{1008}$$

Zirkonium Zr wurde von G. Shinoda (1934) untersucht und als Ergebnis die auf Zimmertemperatur reduzierten Werte

$$\alpha_{11} = 13{,}7 \cdot 10^{-6}\ \mathrm{gd}^{-1} \tag{1009}$$

$$\alpha_{33} = 2{,}7 \cdot 10^{-6}\ \mathrm{gd}^{-1} \tag{1010}$$

gefunden.

R. R. Reeber und G. W. Powell (1967) geben für Wurtzit ZnS die Ausdehnungskoeffizienten

$$\alpha_{11} = 4{,}7 \cdot 10^{-6}\ \mathrm{gd}^{-1} \tag{1011}$$

$$\alpha_{33} = 3{,}8 \cdot 10^{-6}\ \mathrm{gd}^{-1} \tag{1012}$$

an. Eigene Messungen führten zu dem unterschiedlichen Ergebnis:

$$\alpha_{11} = (5{,}7 \pm 0{,}6) \cdot 10^{-6}\ \mathrm{gd}^{-1} \tag{1013}$$

$$\alpha_{33} = (4{,}4 \pm 0{,}5) \cdot 10^{-6}\ \mathrm{gd}^{-1} \tag{1014}$$

Wie stets, so ist auch diese Angabe auf Zimmertemperatur bezogen.

An Yttrium Y bestimmten R. W. Meyerhoff und J. F. Smith (1962) die auf Zimmertemperatur korrigierten Ausdehnungskoeffizenten:

$$\alpha_{11} = 4{,}5 \cdot 10^{-6}\ \mathrm{gd}^{-1} \tag{1015}$$

$$\alpha_{33} = 19{,}2 \cdot 10^{-6}\ \mathrm{gd}^{-1} \tag{1016}$$

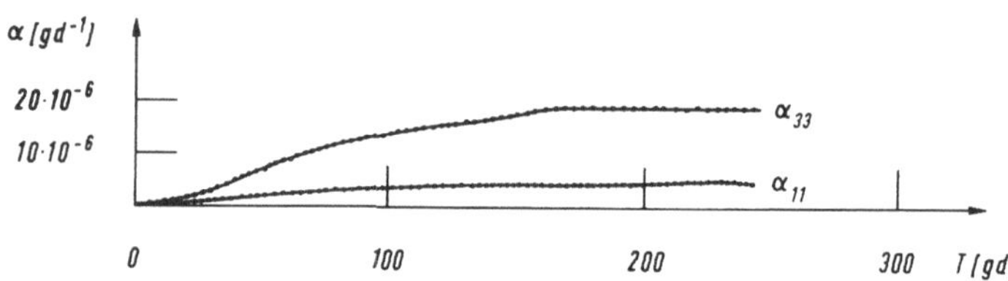

Abb. 57: Temperaturabhängigkeit der thermischen Ausdehnungskoeffizienten von Yttrium

Die Temperaturabhängigkeit der thermischen Ausdehnungskoeffizienten von Yttrium ist in Abb. 57 wiedergegeben.

In Tabelle 10 sind alle bislang bekannt gewordenen Dilatationswerte hexagonal kristallisierender Minerale und Kristalle zusammengestellt. Aufgabe des Verfassers war es auch hier, die bei unterschiedlichen Temperaturen mitgeteilten Meß-

Tabelle 10. *Dilatationshauptwerte hexagonaler Minerale und Kristalle bei Zimmertemperatur*

Mineral bzw. Kristall	Symbol	α_{11} gd^{-1}	α_{33} gd^{-1}
Beryll	$3BeO \cdot Al_2O_3 \cdot 6SiO_2$	$1{,}1 \cdot 10^{-6}$	$-1{,}3 \cdot 10^{-6}$
Beryllium	Be	12,1	8,7
Cadmium	Cd	20,4	54,2
Gadolinium	Gd	8,1	–75,7
Graphit	C	6,7	26,7
Greenockit	CdS	6,5	4,0
Jodargyrit	AgJ	0,4	– 3,1
Kobalt	Co	12,0	15,3
Magnesium	Mg	24,3	27,1
Magnetkies	FeS	31,5	0,6
Molybdäncarbid	Mo_2C	4,1	7,5
Osmium	Os	3,9	5,8
Portlandit	$Ca(OH)_2$	9,8	33,4
Rhenium	Re	4,7	12,5
Ruthenium	Ru	5,8	8,6
Selen	Se	73,9	–17,8
Tellur	Te	27,1	– 1,6
Thallium	Tl	26,9	37,2
Titan	Ti	9,5	5,6
Wurtzit	ZnS	5,7	4,4
Yttrium	Y	4,5	19,2
Zink	Zn	14,5	61,7
Zinkit	ZnO	5,1	2,8
Zirkonium	Zr	13,7	2,7

werte auf Zimmertemperatur zu reduzieren. Hierbei wurden bekannte Temperaturgänge der Ausdehnungskoeffizienten herangezogen und eigene Ergänzungsmessungen mit ausgewertet.

4.15. Ausdehnungskoeffizienten kubisch kristallisierender Minerale

Ohne Angabe der Quellen sind in Tabelle 11 in alphabetischer Reihenfolge die dem Autor bekannt gewordenen Ausdehnungskoeffizienten kubisch kristallisierender Minerale und Kristalle aufgelistet. Von Interesse ist die Temperaturabhängigkeit des thermischen Ausdehnungskoeffizienten von Kaliumjodid KJ. Die Bestimmung erfolgte durch M. A. Viswamitra und S. Ramaseshan (1962) röntgenographisch.

Tabelle 11. *Dilatation kubischer Minerale und Kristalle bei Zimmertemperatur*

Mineral bzw. Kristall	Symbol	α_{11} gd^{-1}
Alabandin	MgS	$14{,}8 \cdot 10^{-6}$
Almandin	$3FeO \cdot Al_2O_3 \cdot 3SiO_2$	8,1
Altait	PbTe	22,1
Aluminium	Al	23,7
Alustibit	AlSb	4,7
Aluminiumchromid	AlCr	9,8
Aluminiumuranid	Al_2U	16,0
Ammoniumbromid	$NH_3 \cdot HBr$	56,6
Argentit	Ag_2S	13,0
Aurostibit	$AuSb_2$	5,5
Barium	Ba	19,5
Bariumhyptitanat	$BaO \cdot 18TiO_2$	6,7
Bariumzirkonat	$BaO \cdot ZrO_2$	8,2
Berzelianit	Cu_2Se	14,0
Blei	Pb	29,1
Bleiglanz	PbS	59,7
Bleimagnesid	$PbMg_2$	21,5
Bleisalpeter	$Pb(NO_3)_2$	31,6
Bunsenit	NiO	8,1
Calcium	Ca	22,5
Calciumhafniumat	$CaO \cdot HfO_2$	9,8
Calciumoxyd	CaO	9,7
Cäsium	Cs	97,4
Cäsiumbromid	CsBr	60,3
Cäsiumchlorid	CsCl	49,7

Tabelle 11. *Fortsetzung*

Mineral bzw. Kristall	Symbol	α_{11} gd^{-1}
Cäsiumfluorid	CsF	32,0
Cäsiumjodid	CsJ	55,1
Carborund	SiC	6,3
Cerium	Ce	8,5
Ceriumoxyd	CeO_2	7,2
Cervanadiumoxyd	$2CeO_2 \cdot V_2O_4$	5,0
Chlorargyrit	AgCl	32,8
Chrom	Cr	6,9
Chromcarbid	Cr_3C_2	9,5
Clausthalit	PbSe	20,0
Columbium	Cb	56,3
Cuprit	Cu_2O	0,9
Diamant	C	1,1
Dysprosia	Dy_2O_3	8,0
Eisen	Fe	11,6
Europia	Eu_2O_3	8,5
Europium	Eu	32,0
Fahlerz	$5Cu_2S \cdot 2CuS \cdot 2As_2S_3$	8,7
Fluorit	CaF_2	19,1
Franklinit	$MnO \cdot Mn_2O_3 \cdot ZnO \cdot 2Fe_2O_3$	8,1
Gadoliniumoxyd	Gd_2O_3	10,3
Galliumantimonid	GaSb	7,8
Galliumarsenid	GaAs	6,9
Galliumphosphid	GaP	15,9
Germanium	Ge	6,8
Ghanit	$ZnO \cdot Al_2O_3$	5,9
Gold	Au	14,2
Goldzinkid	AuZn	19,9
Granat	$4CaO \cdot 7MgO \cdot 3MnO \cdot 10FeO \cdot 2Fe_2O_3 \cdot$ $\cdot 4Al_2O_3 \cdot Cr_2O_3 \cdot TiO_2 \cdot 24SiO_2$	7,8
Grossular	$3CaO \cdot Al_2O_3 \cdot 3SiO_2$	6,9
Hämatitaluminat	$Fe_2O_3 \cdot 2Al_2O_3$	7,1
Hafniumborid	HfB_2	5,1
Hafniumoxyd	HfO_2	9,7

Tabelle 11. *Fortsetzung*

Mineral bzw. Kristall	Symbol	α_{11} gd^{-1}
Hafnon	$6HfO_2 \cdot Ta_2O_3$	4,3
Hauerit	MnS_2	10,9
Hessonit	$24CaO \cdot Fe_2O_3 \cdot 7Al_2O_3 \cdot 24SiO_2$	6,9
Indiumantimonid	InSb	16,5
Indiumarsenid	InAs	15,9
Indiumphosphid	InP	13,5
Iridium	Ir	6,6
Jozit	FeO	12,3
Kalium	K	83,0
Kaliumbromid	KBr	41,8
Kaliumfluorid	KF	37,4
Kaliumjodid	KJ	35,2
Kobalt	Co	12,3
Kobaltglanz	CoAsS	9,2
Kobaltoxyd	CoO	21,4
Kobaltaluminat	$CoO \cdot Al_2O_3$	5,6
Kupfer	Cu	16,8
Kupferbromid	CuBr	20,7
Kupferfluorid	CuF	19,0
Kupferstannid	$15\ Cu_4Sn \cdot Cu_2Sn$	19,0
Langbeinit	$K_2SO_4 \cdot 2MgSO_4$	13,0
Lithium	Li	45,1
Lithiumbromid	LiBr	49,8
Lithiumchlorid	LiCl	44,1
Lithiumfluorid	LiF	34,2
Lithiumhydrit	LiH	29,6
Lithiumjodid	LiJ	59,3
Lithiumspinell	$LiO_2 \cdot Al_2O_3$	10,1
Magnesiumalumid	Mg_3Al_2	20,1
Magnesium-beryllaluminat	$4MgO \cdot 4BeO \cdot Al_2O_3$	7,0
Magnesiumchromit	$MgO \cdot Cr_2O_3$	7,1
Magnesiumtitanat	$2MgO \cdot TiO_2$	8,3
Magnetit	$FeO \cdot Fe_2O_3$	8,4
Mangan	Mn	21,6

Tabelle 11. *Fortsetzung*

Mineral bzw. Kristall	Symbol	α_{11} gd^{-1}
Manganosit	MnO	13,2
Marshit	CuJ	24,5
Melanit	$3Na_2O \cdot 2TiO_2 \cdot Ti_2O_3 \cdot 6SiO_2$	7,1
Molybdän	Mo	4,9
Molybdänsilizid	Mo_3Si	4,0
Molybdänsilizid-calciumaluminat	$70MoSi_2 \cdot CaO \cdot 30Al_2O_3$	7,8
Nantokit	$CuCl$	21,8
Natrium	Na	70,8
Natriumbromid	$NaBr$	39,7
Natriumcalcium-orthosilikat	$Na_2O \cdot CaO \cdot SiO_2$	12,2
Natriumjodid	NaJ	43,8
Nickel	Ni	12,7
Niobium	Nb	7,0
Palladium	Pd	11,6
Periklas	MgO	10,4
Platin	Pt	8,9
Pleonast	$MgO \cdot FeO \cdot Fe_2O_3 \cdot Al_2O_3$	6,0
Plutoniumoxyd	PuO_2	6,8
Pyrit	FeS_2	8,4
Pyrop	$3MgO \cdot Al_2O_3 \cdot 3SiO_2$	8,2
Rhodium	Rh	7,9
Rubidium	Rb	90,4
Rubidiumbromid	$RbBr$	38,3
Rubidiumchlorid	$RbCl$	35,9
Rubidiumjodid	RbJ	43,1
Salmiak	$NH_3 \cdot HCl$	62,0
Samariumoxyd	Sm_2O_3	8,2
Senarmontit	Sb_2O_3	19,6
Siegenit	$2CoS \cdot NiS_2$	10,1
Silber	Ag	19,0
Silberalumid	Ag_3Al	21,1
Silbercadmid	$AgCd$	20,0
Silberzinkid	$4AgZn \cdot AgZn_4$	22,0

Tabelle 11. *Fortsetzung*

Mineral bzw. Kristall	Symbol	α_{11} gd^{-1}
Silizium	Si	2,7
Siliziumnitrid	SiN	6,8
Skutterudit	$CoAs_3 \cdot NiAs_3$	8,9
Spessartit	$3MnO \cdot Al_2O_3 \cdot 3SiO_2$	7,8
Spinell	$MgO \cdot Al_2O_3$	7,8
Steinsalz	$NaCl$	39,6
Strontiumchlorid	$SrCl_2$	21,0
Strontiumnitrat	$Sr(NO_3)_2$	3,2
Strontiumoxyd	SrO	13,9
Strontiumsulfid	SrS	9,9
Strontiumtitanat	$SrO \cdot TiO_2$	9,0
Sylvin	KCl	33,7
Tantal	Ta	6,6
Tantalcarbid	TaC	6,6
Thalliumchlorid	$TlCl$	53,5
Thorium	Th	11,3
Thoriumoxyd	ThO_2	8,2
Tiemannit	$HgSe$	4,7
Titancarbid	TiC	5,0
Titanmonoxyd	TiO	7,7
Trevorit	$NiO \cdot Fe_2O_3$	7,9
Ullmannit	$NiSbS$	11,1
Uraninit	UO_2	8,2
Villaumit	NaF	28,4
Wolfram	W	4,4
Zinkaluminat	$ZnO \cdot Al_2O_3$	7,2
Zinkblende	ZnS	6,5
Zinkferrit	$ZnO \cdot Fe_2O_3$	8,3
Zinktellurid	$ZnTe$	9,0
Zinnantimonid	$SnSb$	15,8
Zirkonbromid	$ZrBr_4$	6,4
Zirkoncarbid	ZrC	6,5
Zirkondioxyd	ZrO_2	6,3
Zirkonmonohydrid	ZrH	3,0

Der in Abb. 58 gezeigte Temperaturgang zeigt einen anormalen Verlauf. Das erste Maximum A liegt bei 178° K, das erste Minimum B bei 213° K, das zweite Maximum C bei 233° K und das zweite Minimum D bei 248° K. Die Ursache dieser Anomalie ist noch weitgehend ungeklärt.

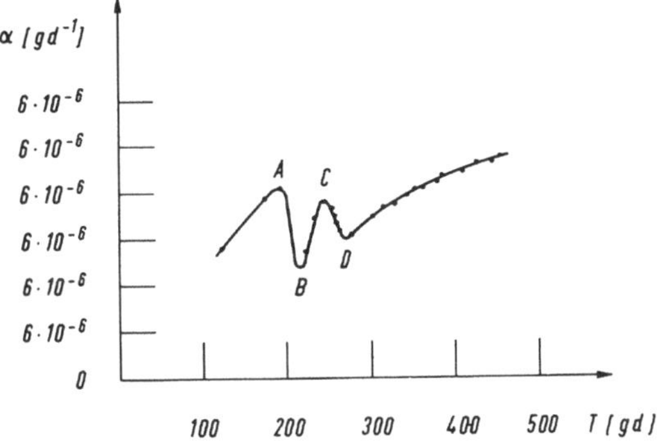

Abb. 58: Temperaturabhängigkeit des thermischen Ausdehnungskoeffizienten von Kaliumjodid

4.16. Mineral bei Schräglage zum probenfesten Koordinatensystem

Abb. 59 zeigt einen Calcit-Kristall mit den kristallfesten Koordinaten x_1, x_2, x_3 in beliebiger Lage zum probenfesten Koordinatensystem x_1', x_2', x_3'. Die trigonalen Hauptachsen a_1, a_2 des Kristalls liegen in der durch die kartesischen Koordinaten x_1 und x_2 aufgespannten Ebene mit sechseckiger Schnittkontur. Vor der Drehung des Kristalls (Ausgangslage) mögen beide Koordina-

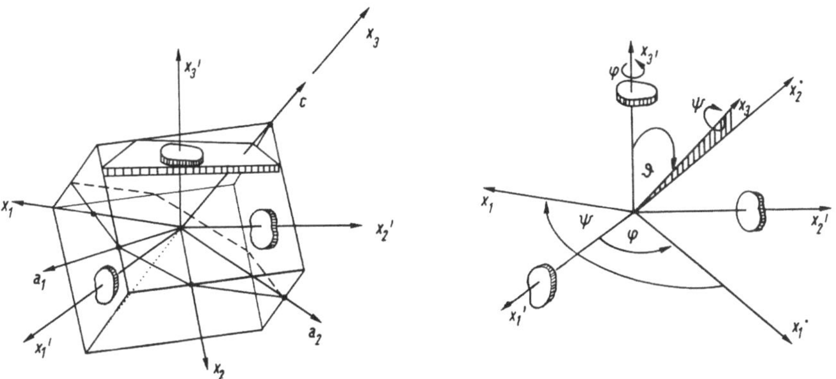

Abb. 59: Calcit-Kristall in beliebiger Position

tensysteme zusammenfallen. Die Endlage des Calcit-Kristalls wird durch drei Drehungen erreicht. Die erste Drehung φ (um x_3') führt die Achse x_1' in die Lage $x_1^{\cdot}$ über. Durch die zweite Drehung ϑ (um $x_1^{\cdot}$) wird die neue Lage der Kristallachse $x_1^{\cdot}$ zunächst nicht verändert, doch geht die Achse x_3' in x_3 (Endlage) über. Die Drehung ψ (um x_3) führt $x_1^{\cdot}$ in x_1 über.

Eine senkrecht zu der probefesten Achse x_1' geschnittene Kristallscheibe erfährt nach (712) die in x_1' wirksame Ausdehnung:

$$\alpha_{11}' = a_{1i} a_{1j} \alpha_{ij} \tag{1017}$$

Führt man die Summation (1017) aus, so resultiert:

$$\alpha_{11}' = a_{11} (a_{11}\alpha_{11} + a_{12} \alpha_{12} + a_{13} \alpha_{13}) + a_{12} (a_{11} \alpha_{21} + + a_{12} \alpha_{22} + a_{13} \alpha_{23}) + a_{13} (a_{11} \alpha_{31} + a_{12} \alpha_{32} + a_{13} \alpha_{33}) \tag{1018}$$

Wegen (715), (716), (718) und (720) folgt:

$$\alpha_{11}' = (a_{11}^2 + a_{12}^2) \alpha_{11} + a_{13}^2 \alpha_{33} \tag{1019}$$

Bei Berücksichtigung von (14) resultiert:

$$\alpha_{11}' = \alpha_{11} + (\alpha_{33} - \alpha_{11}) a_{13}^2 \tag{1020}$$

Mit (157) folgt schließlich:

$$\alpha_{11}' = \alpha_{11} + (\alpha_{33} - \alpha_{11}) \sin^2 \varphi \sin^2 \vartheta \tag{1021}$$

Entsprechend folgt:

$$\alpha_{22}' = \alpha_{11} + (\alpha_{33} - \alpha_{11}) \cos^2 \varphi \sin^2 \vartheta \tag{1022}$$

Und:

$$\alpha_{33}' = \alpha_{11} + (\alpha_{33} - \alpha_{11}) \cos^2 \vartheta \tag{1023}$$

Die allgemeine Beziehung (712) liefert auch die Winkeldilatation:

$$\alpha_{12}' = a_{1i} a_{2j} \alpha_{ij} \tag{1024}$$

Die Summation führt hier auf:

$$\alpha_{12}' = (a_{11} a_{21} + a_{12} a_{22}) \alpha_{11} + a_{13} a_{23} \alpha_{33} \tag{1025}$$

Mit (17) folgt:

$$\alpha_{12}' = (\alpha_{33} - \alpha_{11}) a_{13} a_{23} \tag{1026}$$

Unter Heranziehung von (157) und (160) geht (1026) in

$$\alpha_{12}' = (\alpha_{33} - \alpha_{11}) \sin \varphi \cos \varphi \sin^2 \vartheta \tag{1027}$$

über. Entsprechend folgt

$$\alpha'_{13} = (\alpha_{33} - \alpha_{11}) \cos\varphi \sin\vartheta \cos\vartheta \tag{1028}$$

und:

$$\alpha'_{23} = (\alpha_{33} - \alpha_{11}) \sin\varphi \sin\vartheta \cos\vartheta \tag{1029}$$

Die optisch vermessenen Eulerkoordinaten

$$\varphi = 163^{\circ} \tag{1030}$$

und

$$\vartheta = 78^{\circ} \tag{1031}$$

liefern aus (1021), (1022), (1023), (1027), (1028), (1029) den Gleichungssatz:

$$\alpha'_{11} = \alpha_{11} + (\alpha_{33} - \alpha_{11}) \cdot 0{,}0818 \tag{1032}$$

$$\alpha'_{22} = \alpha_{11} + (\alpha_{33} - \alpha_{11}) \cdot 0{,}8750 \tag{1033}$$

$$\alpha'_{33} = \alpha_{11} + (\alpha_{33} - \alpha_{11}) \cdot 0{,}0432 \tag{1034}$$

$$\alpha'_{12} = -(\alpha_{33} - \alpha_{11}) \cdot 0{,}2675 \tag{1035}$$

$$\alpha'_{13} = (\alpha_{33} - \alpha_{11}) \cdot 0{,}1945 \tag{1036}$$

$$\alpha'_{23} = (\alpha_{33} - \alpha_{11}) \cdot 0{,}0595 \tag{1037}$$

Nach Einführung der Werte (895) und (896) für Calcit resultiert:

$$\alpha'_{11} = -2{,}86 \cdot 10^{-6}\ \mathrm{gd}^{-1} \tag{1038}$$

$$\alpha'_{22} = 19{,}98 \cdot 10^{-6}\ \mathrm{gd}^{-1} \tag{1039}$$

$$\alpha'_{33} = -3{,}98 \cdot 10^{-6}\ \mathrm{gd}^{-1} \tag{1040}$$

$$\alpha'_{12} = -7{,}70 \cdot 10^{-6}\ \mathrm{gd}^{-1} \tag{1041}$$

$$\alpha'_{13} = -5{,}60 \cdot 10^{-6}\ \mathrm{gd}^{-1} \tag{1042}$$

$$\alpha'_{23} = 1{,}71 \cdot 10^{-6}\ \mathrm{gd}^{-1} \tag{1043}$$

Der beliebig orientierte Calcit-Kristall besitzt – bezogen auf das mit den Kristallhauptachsen nicht übereinstimmende probenfeste Koordinatensystem – keine Symmetrie (triklines Verhalten).

4.17. Ausdehnungskoeffizient von Marmor bei regelloser Verteilung der Kristallagen

Bei der Erwärmung eines Vielkristalls dehnen sich die Kristalle nach Maßgabe ihrer thermischen Ausdehnungskoeffizienten aus. Bedingt durch die verschiedene Orientierung und der Anisotropie der Ausdehnung behindern sich die Kristalle während der Ausdehnung gegenseitig. Es entstehen in den Körnern Eigenspannungen, deren Wirkung makroskopisch jedoch nicht zu erkennen ist, da insgesamt eine spannungsfreie Gesamtdrehung resultiert. Der Mittelwert berechnet sich zu:

$$\overline{\overline{\overline{\alpha_{11}}}} = \frac{1}{8\pi^2} \int_0^{2\pi}\int_0^{\pi}\int_0^{2\pi} \alpha'_{11} \sin\vartheta \, d\varphi \, d\vartheta \, d\psi \tag{1044}$$

Setzt man (1021) in (1044) ein, resultiert:

$$\overline{\overline{\overline{\alpha_{11}}}} = \alpha_{11} + \frac{1}{8\pi^2} \int_0^{2\pi}\int_0^{\pi}\int_0^{2\pi} (\alpha_{33} - \alpha_{11}) \sin^2\varphi \sin^3\vartheta \, d\varphi \, d\vartheta \, d\psi \tag{1045}$$

Hieraus folgt:

$$\overline{\overline{\overline{\alpha_{11}}}} = \alpha_{11} + (\alpha_{33} - \alpha_{11}) \overline{\sin^2\varphi} \cdot \overline{\sin^2\vartheta} \tag{1046}$$

Unter Berücksichtigung von (174) und (186) ergibt sich:

$$\overline{\overline{\overline{\alpha_{11}}}} = \frac{1}{3} (2\alpha_{11} + \alpha_{33}) \tag{1047}$$

Der gleiche Mittelwert ergibt sich auch bei der Mittelung über α'_{22} und α'_{33}. Genau genommen gilt die Ableitung nur, wenn auch die Korngröße im Vielkristall gleichverteilt ist. Bei nicht gleichmäßiger Verteilung der Korngrößen geht die Korngrößenverteilungsfunktion in die Mittelung ein und kann das Mittelungsergebnis modifizieren. Allgemein gilt bei hinreichender Feinkörnigkeit des Gefüges:

$$\overline{\overline{\overline{\alpha_{ii}}}} = \frac{1}{3} (2\alpha_{11} + \alpha_{33}) \tag{1048}$$

Die Mittelung über die Winkeldilatationen liefert erwartungsgemäß:

$$\overline{\overline{\overline{\alpha_{ij}}}} = 0 \tag{1049}$$

Mit den Dilatationswerten (895) und (896) für Calcit folgt bei regelloser Verteilung der Kristallagen:

$$\overline{\overline{\overline{\alpha_{ij}}}} = 4{,}38 \cdot 10^{-6} \text{ gd}^{-1} \tag{1050}$$

Meßwerte von Marmorproben mit völlig regelloser Achsenverteilung sind dem Autor bisher nicht bekannt geworden.

4.18. Bestimmung der Ausdehnungskoeffizenten einer Marmorprobe mit rhombischer Symmetrie

J. L. Rosenholtz und D. T. Smith (1951) bestimmten die thermischen Ausdehnungskoeffizienten einer stark geregelten Marmorprobe und erhielten – gemittelt über zwei Erhitzungsperioden – in den drei Prüfrichtungen x_1', x_2' und x_3' die Werte:

$$\overline{\alpha_{11}} = 0{,}25 \cdot 10^{-6}\ \mathrm{gd}^{-1} \tag{1051}$$

$$\overline{\alpha_{22}} = 11{,}82 \cdot 10^{-6}\ \mathrm{gd}^{-1} \tag{1052}$$

$$\overline{\alpha_{33}} = 0{,}82 \cdot 10^{-6}\ \mathrm{gd}^{-1} \tag{1053}$$

In einem zweiten Untersuchungsgang werteten sie die von E. B. Knopf (1949) petrographisch beschriebenen Dünnschliffproben des Marmors aus, wobei die Kristallorientierung mit Hilfe des Universaldrehtisches bestimmt wurde. Insgesamt wurden 290 Körner mit ihren Kristallagen ausgewertet und das Mittel

$$\overline{\alpha_{11}} = \frac{1}{290} \sum_{i=1}^{290} (\alpha_{11}')_i \tag{1054}$$

gebildet. Als Ergebnis resultierte der Rechenwert:

$$\overline{\alpha_{11}} = 0{,}28 \cdot 10^{-6}\ \mathrm{gd}^{-1} \tag{1055}$$

Dieser Wert $\overline{\alpha_{11}}$ stimmt mit dem oben angegebenen Meßwert (1051) von $0{,}25 \cdot 10^{-6}\ \mathrm{gd}^{-1}$ gut überein. Entsprechend erhielten J. L. Rosenholtz und D. T. Smith (1951):

$$\overline{\alpha_{22}} = 11{,}61 \cdot 10^{-6}\ \mathrm{gd}^{-1} \tag{1056}$$

$$\overline{\alpha_{33}} = 1{,}24 \cdot 10^{-6}\ \mathrm{gd}^{-1} \tag{1057}$$

Lediglich der Wert $\overline{\alpha_{33}}$ zeigt gegenüber dem Meßwert von $0{,}82 \cdot 10^{-6}\ \mathrm{gd}^{-1}$ eine größere Abweichung. Leider wurden von den Autoren keine Polfiguren mitgeteilt, sondern nur die Feststellung getroffen, daß in den Hauptrichtungen x_1', x_2', x_3' Polanhäufungen auftreten. In Richtung x_2' wurde die Polanhäufung optisch vermessen und der Richtwert von 52 % gefunden. Dieser Prozentsatz besagt, daß 52 % der vermessenen 290 c-Achsen vorwiegend in die Richtung x_2'

weisen. Die um x_2' nahezu rotationssymmetrische Polverteilung bildet Zonen, die in Abb. 60 angegeben sind. Die Polfigur wurde anhand der Hinweise von J. L. Rosenholtz und D. T. Smith (1951) und den Meßdaten von E. B. Knopf (1949) konstruiert. Die Polverteilung streut um die Achse x_2' bis 35°.

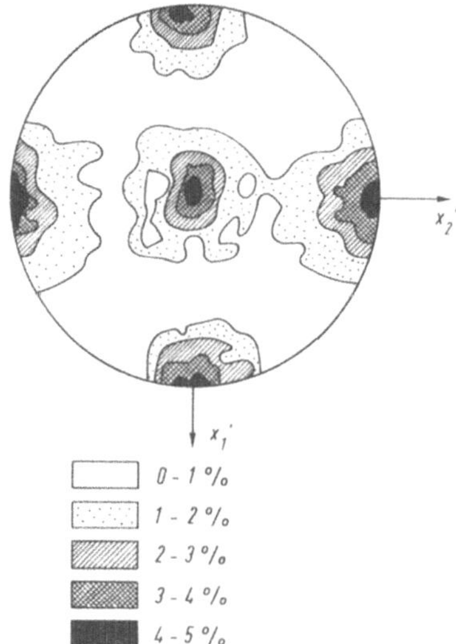

Abb. 60: Rhombische Symmetrie der Marmorprobe

Nimmt man mit J. L. Rosenholtz und D. T. Smith (1951) an, daß die c-Achsenverteilung jeweils rotationssymmetrisch bezüglich der Achsen x_1', x_2', x_3' ist, so gilt für ungleiche Indizes:

$$\overline{\alpha_{ij}} = 0 \tag{1058}$$

Die statistische Symmetrie der Achsenverteilung ist somit rhombisch.

Nunmehr erfolge der Nachweis der Beziehung (1058) anhand der Mittelung:

$$\overline{\alpha_{12}} = \frac{1}{2\pi} \int_0^{2\pi} \alpha_{12}' \, d\epsilon \tag{1059}$$

Abb. 61 entsprechend bedeute ϵ der Integrationswinkel. Der Winkel ρ bleibt bei der Integration konstant. Setzt man (1027) in (1059) ein, folgt:

$$\overline{\alpha_{12}} = \frac{\alpha_{33} - \alpha_{11}}{2\pi} \int_0^{2\pi} \sin\varphi \cos\varphi \sin^2\vartheta \, d\epsilon \tag{1060}$$

Die Eulerschen Winkel φ und ϑ sind als Funktionen des Integrationswinkels ϵ wie folgt zu ermitteln:

$$\varphi = \operatorname{arctg} \frac{s}{n} \tag{1061}$$

Abb. 61 vermittelt die Beziehungen:

$$s = r \cos \rho \tag{1062}$$

$$n = t \cos \epsilon \tag{1063}$$

$$t = r \sin \rho \tag{1064}$$

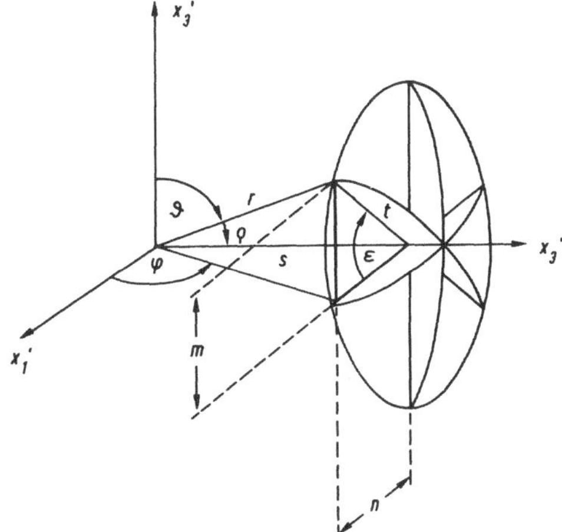

Abb. 61: Integrationsweg bei rotationssymmetrischer Achsenverteilung

Somit resultiert:

$$\varphi = \operatorname{arctg} \frac{\operatorname{ctg} \rho}{\cos \epsilon} \tag{1065}$$

Hieraus folgt

$$\sin \varphi = \frac{\operatorname{ctg} \rho}{\sqrt{\operatorname{ctg}^2 \rho + \cos^2 \epsilon}} \tag{1066}$$

bzw.:

$$\cos \varphi = \frac{\cos \epsilon}{\sqrt{\operatorname{ctg}^2 \rho + \cos^2 \epsilon}} \tag{1067}$$

Der Neigungswinkel ϑ bestimmt sich zu:

$$\vartheta = \arccos \frac{m}{r} \tag{1068}$$

Mit

$$m = t \sin \epsilon \tag{1069}$$

und unter Berücksichtigung von (1064) folgt:

$$\vartheta = \arccos(\sin\rho \sin\epsilon) \tag{1070}$$

Dies liefert umgeformt:

$$\sin\vartheta = \sin\rho \sqrt{\mathrm{ctg}^2\rho + \cos^2\epsilon} \tag{1071}$$

Führt man (1066), (1067) und (1071) in (1060) ein, so resultiert:

$$\overline{\alpha_{12}} = \frac{\alpha_{33} - \alpha_{11}}{2\pi} \cos\rho \int_0^{2\pi} \cos\epsilon \, d\epsilon \tag{1072}$$

Hieraus folgt sofort:

$$\overline{\alpha_{12}} = 0 \tag{1073}$$

Entsprechend gilt

$$\overline{\alpha_{13}} = 0 \tag{1074}$$

$$\overline{\alpha_{23}} = 0 \tag{1075}$$

Bei rhombischer Symmetrie geht der allgemeine Tensor

$$\overline{\alpha_{ij}} = \begin{pmatrix} \overline{\alpha_{11}} & \overline{\alpha_{12}} & \overline{\alpha_{13}} \\ \overline{\alpha_{12}} & \overline{\alpha_{22}} & \overline{\alpha_{23}} \\ \overline{\alpha_{13}} & \overline{\alpha_{23}} & \overline{\alpha_{33}} \end{pmatrix} \tag{1076}$$

in

$$\overline{\alpha_{ij}} = \begin{pmatrix} \overline{\alpha_{11}} & 0 & 0 \\ 0 & \overline{\alpha_{22}} & 0 \\ 0 & 0 & \overline{\alpha_{33}} \end{pmatrix} \tag{1077}$$

über.

J. L. Rosenholtz und D. T. Smith (1951) gaben anhand der Meßwerte (1051), (1052), (1053) überschläglich die Prozentsätze der Einregelung der c-Achsen in die Hauptrichtungen x_1', x_2', x_3' an, wobei eine vollständige Einregelung in diese Richtungen unterstellt wurde. Der Prozentsatz P_1 der Achsenlagen in x_1' errechnet sich aus der Beziehung:

$$23{,}58 \cdot 10^{-6} P_1 + (-5{,}22 \cdot 10^{-6})(1 - P_1) = 0{,}28 \cdot 10^{-6} \tag{1078}$$

Das Ergebnis

$$P_1 = 0{,}191 \tag{1079}$$

liefert den in Richtung x_1' angeschätzten Prozentsatz von 19,1 %. Entsprechend wurde in Richtung ein Prozentsatz von 58,4 % erhalten, der mit dem optisch ermittelten Prozentsatz von 52 % gut übereinstimmt. In Richtung x_3' beträgt der Prozentsatz 22,5 %.

4.19. Bestimmung der Ausdehnungskoeffizienten einer unregelmäßig geschichteten Marmorprobe

Eigene Untersuchungen an einer unregelmäßig geschichteten Marmorprobe lieferten in Richtung der Probeachsen x_1', x_2', x_3' die Dilatationswerte:

$$\overline{\alpha_{11}} = 1{,}32 \cdot 10^{-6}\ \text{gd}^{-1} \tag{1080}$$

$$\overline{\alpha_{22}} = 2{,}78 \cdot 10^{-6}\ \text{gd}^{-1} \tag{1081}$$

$$\overline{\alpha_{33}} = 12{,}88 \cdot 10^{-6}\ \text{gd}^{-1} \tag{1082}$$

Zur Bestimmung der $\overline{\alpha_{ij}}$ mit verschiedenen Indizes wurde zunächst gemäß Abb. 62 aus dem Probewürfel eine Platte herausgeschnitten, deren Plattenebene mit der durch die Achsen x_1' und x_3' aufgespannten Ebene einen Winkel von 45° einschloß. Diese Platte ist in Abb. 63 noch einmal in der Papierebene liegend

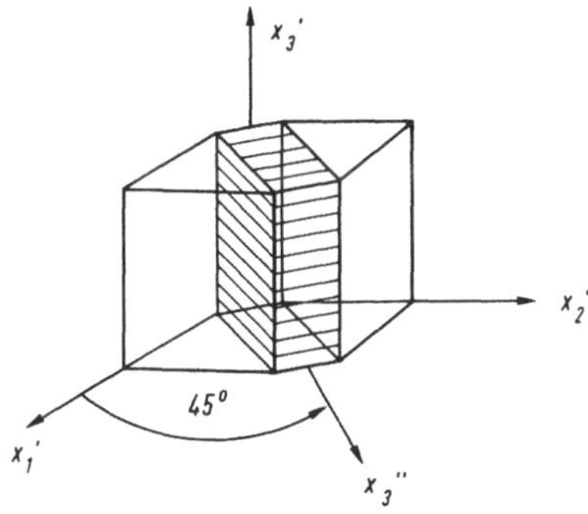

Abb. 62: Schnittlage der Platte

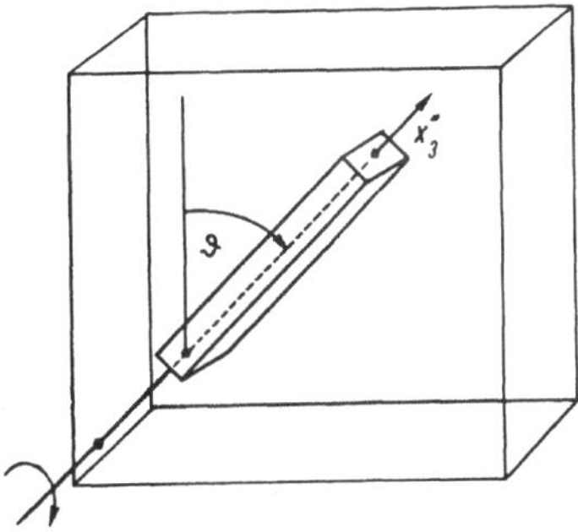

Abb. 63: Schnittlage der Stäbchen

gezeigt. Aus der Platte wurden Stäbchen in verschiedenen Richtungen geschnitten und die Ausdehnungskoeffizienten in der Längsachse der Stäbchen gemessen. Die bei den Winkeln ϑ gemessenen Ausdehnungskoeffizienten sind in Tabelle 12 mitgeteilt.

Unter Verwendung der in Tabelle 12 angegebenen Meßwerte wurden die Koeffizienten b_n wie folgt bestimmt:

$$b_n = \frac{4n+1}{30} \, [12{,}46 \, P_{2n} \, (0^{\circ}) + 4 \cdot 8{,}57 \, P_{2n} \, (25{,}8^{\circ}) + + 2 \cdot 5{,}12 \, P_{2n} \, (36{,}9^{\circ}) + \cdots + (-2{,}01) \, P_{2n} \, (90^{\circ})] \cdot 10^{-6} \, \mathrm{gd}^{-1} \qquad (1083)$$

Tabelle 12. *Gemessene und ausgeglichene Ausdehnungskoeffizienten der plattenparallelen Marmorstäbchen in Abhängigkeit vom Neigungswinkel*

Neigungswinkel ϑ Altgrad	Ausdehnungskoeffizient (gemessen) α''_{33} gd^{-1}	Ausdehnungskoeffizient (ausgeglichen) α''_{33} gd^{-1}
0,0	12,46	12,88
25,8	8,57	8,50
36,9	5,12	5,00
45,6	2,37	2,36
53,1	0,45	0,50
60,0	−0,79	−0,70
66,4	−1,50	−1,40
72,6	−1,83	−1,82
78,4	−1,96	−2,00
84,3	−2,00	−2,04
90,0	−2,01	−2,06

Es resultieren:

$$b_0 = 1{,}34 \cdot 10^{-6} \, \mathrm{gd}^{-1} \qquad (1084)$$

$$b_1 = 9{,}08 \cdot 10^{-6} \, \mathrm{gd}^{-1} \qquad (1085)$$

$$b_2 = 2{,}80 \cdot 10^{-6} \, \mathrm{gd}^{-1} \qquad (1086)$$

$$b_3 = -0{,}34 \cdot 10^{-6} \, \mathrm{gd}^{-1} \qquad (1087)$$

Es folgt:

$$\alpha''_{33} = [1{,}34 + 9{,}08 \, P_2 \, (\vartheta) + 2{,}80 \, P_4 \, (\vartheta) - 0{,}34 \, P_6 \, (\vartheta)] \cdot 10^{-6} \, \mathrm{gd}^{-1} \qquad (1088)$$

In Tabelle 12 sind neben den Meßwerten auch die nach (1088) berechneten Ausdehnungskoeffizienten zum Vergleich angegeben. Die berechneten Werte stellen die über den gesamten Meßbereich ausgeglichenen Koeffizienten dar, welche im weiteren benutzt werden.

Führt man in (1088) anstelle der Polynome die sie definierenden Winkelfunktionen (224), (226), (228) ein, resultiert:

$$\alpha''_{33} = [\,-2{,}06 + 0{,}88\cos^2\vartheta + 18{,}94\cos^4\vartheta - 4{,}90\cos^6\vartheta\,] \cdot 10^{-6}\ \mathrm{gd}^{-1} \tag{1089}$$

Dieses Verfahren, welches auf den ersten Blick umständlich erscheint, ist in Wirklichkeit der rationellste Weg, um die empirische Funktion α''_{33} in eine Potenzreihe zu entwickeln.

Es folgt nunmehr die Berechnung der Koeffizienten $\overline{\alpha_{12}}$, $\overline{\alpha_{13}}$ und $\overline{\alpha_{23}}$. Der Wert $\overline{\alpha_{12}}$ kann direkt bestimmt werden. Hierzu wird zunächst der Wert α''_{33} für die Richtung

$$x''_3 = \frac{1}{\sqrt{2}}\begin{pmatrix}1\\1\\0\end{pmatrix} \tag{1090}$$

berechnet. Dieser Richtung entspricht die Winkelkoordinate:

$$\vartheta = 90^{\circ} \tag{1091}$$

Aus (1088) bzw. (1089) folgt sofort:

$$\alpha''_{33} = -2{,}04 \cdot 10^{-6}\ \mathrm{gd}^{-1} \tag{1092}$$

Für den triklinen Fall gilt gemäß (714):

$$\begin{aligned}\alpha''_{33} = {} & a_{31}^2\,\overline{\alpha_{11}} + a_{32}^2\,\overline{\alpha_{22}} + a_{33}^2\,\overline{\alpha_{33}} + 2\,a_{31}\,a_{32}\,\overline{\alpha_{12}} + \\ & + 2\,a_{31}\,a_{33}\,\overline{\alpha_{13}} + 2\,a_{32}\,a_{33}\,\overline{\alpha_{23}}\end{aligned} \tag{1093}$$

Unter Berücksichtigung von (1090) folgt:

$$\alpha''_{33} = \tfrac{1}{2}\,(\overline{\alpha_{11}} + \overline{\alpha_{22}}) + \overline{\alpha_{12}} \tag{1094}$$

Nach $\overline{\alpha_{12}}$ aufgelöst

$$\overline{\alpha_{12}} = \alpha''_{33} - \tfrac{1}{2}\,(\overline{\alpha_{11}} + \overline{\alpha_{22}}) \tag{1095}$$

folgt mit den Werten (1080), (1081) und (1092):

$$\overline{\alpha_{12}} = -4{,}11 \cdot 10^{-6}\ \mathrm{gd}^{-1} \tag{1096}$$

Für die Bestimmung der Summe von $\overline{\alpha_{13}}$ und $\overline{\alpha_{23}}$ wurde α''_{33} für die oktaedrische Richtung

$$x''_3 = \frac{1}{\sqrt{3}} \begin{pmatrix} 1 \\ 1 \\ 1 \end{pmatrix} \quad (1097)$$

ermittelt. Dieser Prüfrichtung entspricht die Winkelkoordinate

$$\varphi = 45^{\circ} \quad (1098)$$

und:

$$\vartheta = 54{,}73^{\circ} \quad (1099)$$

Nach (1088) erhält man in oktaedrischer Prüfrichtung den Ausdehnungskoeffizienten:

$$\alpha''_{33} = 0{,}12 \cdot 10^{-6} \text{ gd}^{-1} \quad (1100)$$

Gleichung (1093) führt bei den oktaedrischen Daten auf die Beziehung:

$$\alpha''_{33} = \frac{1}{3} [\overline{\alpha_{11}} + \overline{\alpha_{22}} + \overline{\alpha_{33}} + 2\,\overline{\alpha_{12}} + 2\,\overline{\alpha_{13}} + 2\,\overline{\alpha_{23}}] \quad (1101)$$

Umgeformt:

$$\overline{\alpha_{13}} + \overline{\alpha_{23}} = \frac{1}{2} [3\,\alpha''_{33} - \overline{\alpha_{11}} - \overline{\alpha_{22}} - \overline{\alpha_{33}} - 2\,\overline{\alpha_{12}}] \quad (1102)$$

Die rechte Seite von (1102) ist zahlenmäßig bekannt, so daß die Summe den Wert

$$\overline{\alpha_{13}} + \overline{\alpha_{23}} = -4{,}20 \cdot 10^{-6} \text{ gd}^{-1} \quad (1103)$$

besitzt.

Die Untersuchung weiterer Stäbchen der Suite

$$x''_3 = \begin{pmatrix} \sin\varphi \sin\vartheta \\ -\cos\varphi \sin\vartheta \\ \cos\vartheta \end{pmatrix} \quad (1104)$$

führt zu keiner neuen Wertekombination der beiden Unbekannten $\overline{\alpha_{13}}$ und $\overline{\alpha_{23}}$, so daß aus dem Prüfwürfel ein Stäbchen mit gänzlich anderer Richtung

$$x_3'' = \frac{1}{3}\begin{pmatrix} 2 \\ 1 \\ 2 \end{pmatrix} \tag{1105}$$

geschnitten und thermisch untersucht werden mußte. Das Prüfergebnis war:

$$\alpha_{33}'' = 2{,}17 \cdot 10^{-6}\ \text{gd}^{-1} \tag{1106}$$

Gleichung (1093) führt auf:

$$\alpha_{33}'' = \frac{1}{9}\left(4\,\overline{\alpha_{11}} + \overline{\alpha_{22}} + 4\,\overline{\alpha_{33}} + 4\,\overline{\alpha_{12}} + 8\,\overline{\alpha_{13}} + 4\,\overline{\alpha_{23}}\right) \tag{1107}$$

Umgeformt:

$$2\,\overline{\alpha_{13}} + \overline{\alpha_{23}} = \frac{1}{4}\left(9\,\alpha_{33}'' - 4\,\overline{\alpha_{11}} - \overline{\alpha_{22}} - 4\,\overline{\alpha_{33}} - 4\,\overline{\alpha_{12}}\right. \tag{1108}$$

Somit folgt:

$$2\,\overline{\alpha_{13}} + \overline{\alpha_{23}} = -\,5{,}90 \cdot 10^{-6}\ \text{gd}^{-1} \tag{1109}$$

Beide Gleichungssysteme (1103) und (1109) ergeben:

$$\overline{\alpha_{13}} = -\,1{,}70 \cdot 10^{-6}\ \text{gd}^{-1} \tag{1110}$$

$$\overline{\alpha_{23}} = -\,2{,}50 \cdot 10^{-6}\ \text{gd}^{-1} \tag{1111}$$

Als Gesamtergebnis resultiert mit (1076):

$$\overline{\alpha_{ij}} = \begin{pmatrix} 1{,}32 & -\,4{,}11 & -\,1{,}70 \\ -\,4{,}11 & 2{,}78 & -\,2{,}50 \\ -\,1{,}70 & -\,2{,}50 & 12{,}88 \end{pmatrix} \tag{1112}$$

Dieser Tensor läßt sich ohne Mühe auf Hauptachsen transformieren. Das System der Hauptachsen ist gegenüber dem Probensystem x_1', x_2', x_3' gedreht und zeichnet sich dadurch aus, daß die $\overline{\alpha_{ij}}$ mit unterschiedlichen Koeffizienten verschwinden. Da jedoch bei der unregelmäßig geschichteten Marmorprobe keine Gefügeuntersuchungen parallel durchgeführt wurden, sei auf die Hauptachsentransformation nicht weiter eingegangen.

4.20. Bestimmung der Ausdehnungskoeffizienten eines Walzbleches

W. Boas (1935) untersuchte die thermischen Eigenschaften von gewalzten Zinkblechen. Das hexagonal kristallisierende Zink hat gemäß (1001) und (1002) eine besonders große thermische Anisotropie, so daß sich das Studium der Einregelungseffekte bei diesem Metall besonders lohnt. In Abb. 64 ist die Polfigur der hexagonalen Achsen wiedergegeben.

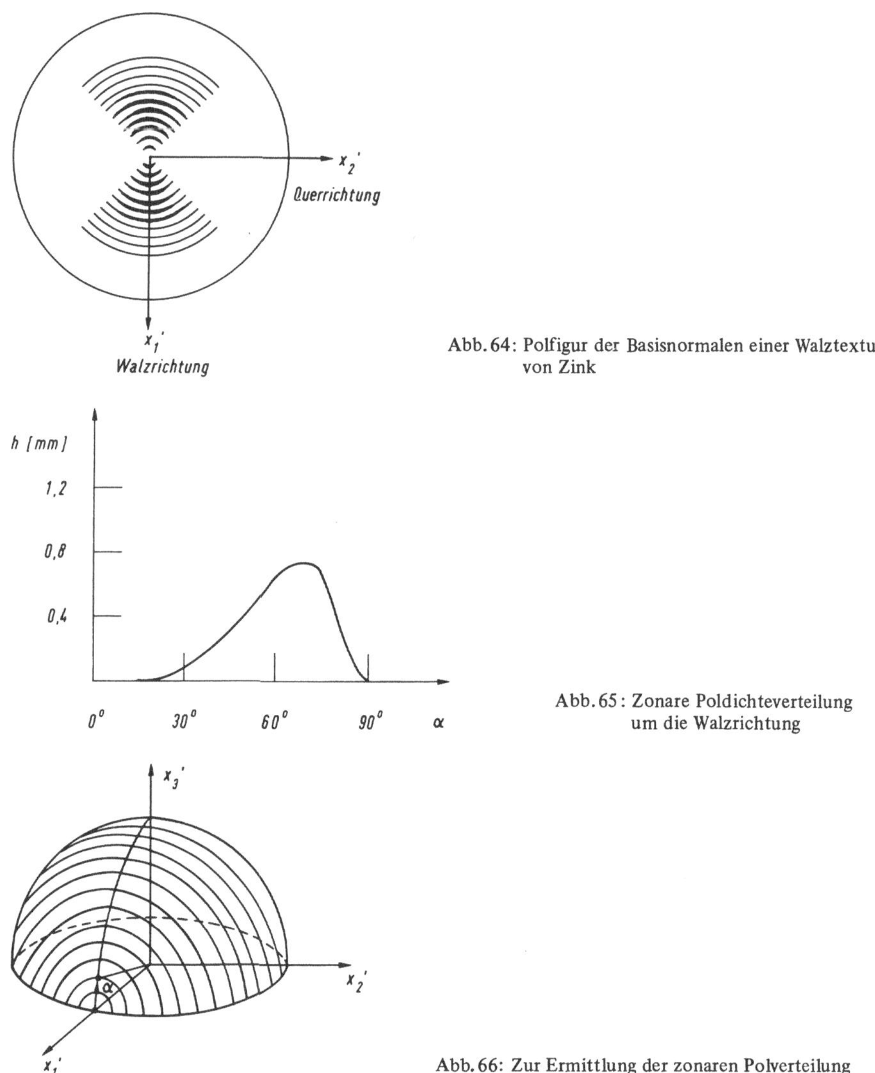

Abb. 64: Polfigur der Basisnormalen einer Walztextur von Zink

Abb. 65: Zonare Poldichteverteilung um die Walzrichtung

Abb. 66: Zur Ermittlung der zonaren Polverteilung

Abb. 65 zeigt die zonare Polverteilung um die Walzrichtung x_1'. Die Polverteilung ist in der willkürlichen Einheit *mm* angegeben. Tabelle 13 enthält die graphisch abgegriffenen Polverteilungswerte. Die Ermittlung der zonaren Polverteilungsdichte erfolgte durch Auszählung der Kristallachsendurchstiche in jeder Zone der zur Beobachtungsrichtung gezogenen Parallelkreise, wie Abb. 66 andeutet.

Tabelle 13. *Polverteilungswerte um die Walzrichtung der texturierten Zinkprobe*

Neigungswinkel α Altgrad	Poldichtebewertung h mm
0	0,00
5	0,00
10	0,00
15	0,00
20	0,00
25	0,00
30	0,08
35	0,14
40	0,23
45	0,31
50	0,40
55	0,50
60	0,64
65	0,71
70	0,74
75	0,68
80	0,43
85	0,17
90	0,00

Zur quantitativen Bestimmung der in Walzrichtung x_1 zu erwartenden thermischen Eigenschaften des gewalzten Zinkbleches wurde die in Abb. 65 dargestellte Polverteilungskurve durch das Polynom

$$h(\alpha) = b_0 + b_1 P_2(\alpha) + b_2 P_4(\alpha) + b_3 P_6(\alpha) + \cdots + b_{12} P_{24}(\alpha) \quad (1113)$$

angenähert. Die numerische Berechnung der Koeffizienten b_n erfolgte durch Intervallunterteilung in 18 Streifen:

$$b_n = \frac{4n+1}{54} [2 \cdot 0{,}08\, P_{2n}(30^\circ) + 4 \cdot 0{,}14\, P_{2n}(35^\circ) + 2 \cdot 0{,}23\, P_{2n}(40^\circ) + \cdots + 2 \cdot 0{,}43\, P_{2n}(80^\circ) + 4 \cdot 0{,}17\, P_{2n}(85^\circ)] \quad (1114)$$

Ermittelt wurde:

$$b_0 = 0{,}2793\ mm \tag{1115}$$

$$b_1 = -0{,}1998\ mm \tag{1116}$$

$$b_2 = -0{,}3020\ mm \tag{1117}$$

$$b_3 = 0{,}3180\ mm \tag{1118}$$

$$b_4 = -0{,}2086\ mm \tag{1119}$$

$$b_5 = 0{,}2070\ mm \tag{1120}$$

$$b_6 = -0{,}0956\ mm \tag{1121}$$

$$b_7 = 0{,}0332\ mm \tag{1122}$$

$$b_8 = -0{,}0471\ mm \tag{1123}$$

$$b_9 = 0{,}0053\ mm \tag{1124}$$

$$b_{10} = 0{,}0063\ mm \tag{1125}$$

$$b_{11} = -0{,}0759\ mm \tag{1126}$$

$$b_{12} = 0{,}0986\ mm \tag{1127}$$

Zur Kontrolle der Beziehung (1113) wurde der Wert h für den Winkel

$$\alpha = 40^{\circ} \tag{1128}$$

berechnet:

$$h\,(40^{\circ}) = 0{,}2793 - 0{,}0759 + 0{,}0964 - 0{,}1029 - 0{,}0290 + \\ + 0{,}0615 + 0{,}0020 - 0{,}0086 + 0{,}0031 + 0{,}0011 + \\ + 0{,}0008 + 0{,}0112 - 0{,}0163 \tag{1129}$$

Vom vierten Glied der Reihenentwicklung ab fallen die Beträge unter 0,03 und vom dreizehnten Glied ab unter 0,01. Das Polynom, welches den Wert

$$h\,(40^{\circ}) = 0{,}2227\ mm \tag{1130}$$

besitzt, ändert sich mit zunehmender Gliedanzahl außerordentlich gering, so daß ein Abbruch der Gliedanzahl beim Koeffizienten b_{12} gerechtfertigt erscheint.

Analog (537) wird als relative Poldichte definiert:

$$f(\alpha) = \frac{h(\alpha)}{\int_0^{\frac{\pi}{2}} h(\alpha) \cdot \sin\alpha \, \mathrm{d}\alpha} \tag{1131}$$

Führt man (1108) in (1125) ein, resultiert:

$$f(\alpha) = \frac{h(\alpha)}{\sum_{n=0}^{12} b_n \int_0^{\frac{\pi}{2}} P_{2n}(\alpha) \cdot \sin\alpha \, \mathrm{d}\alpha} \tag{1132}$$

Wegen

$$\int_0^{\frac{\pi}{2}} P_{2n}(\alpha) \cdot \sin\alpha \, \mathrm{d}\alpha = 0 \qquad n > 0 \tag{1133}$$

und

$$\int_0^{\frac{\pi}{2}} P_{2n}(\alpha) \cdot \sin\alpha \, \mathrm{d}\alpha = 1 \qquad n = 0 \tag{1134}$$

folgt aus (1132):

$$f(\alpha) = \frac{1}{b_0} h(\alpha) \tag{1135}$$

Somit ergibt sich:

$$\begin{aligned} f(\alpha) = 1 &- 0{,}7154\, P_2(\alpha) - 1{,}0813\, P_4(\alpha) + 1{,}1385\, P_6(\alpha) - \\ &- 0{,}7469\, P_8(\alpha) + 0{,}7411\, P_{10}(\alpha) - 0{,}3423\, P_{12}(\alpha) + \\ &+ 0{,}1189\, P_{14}(\alpha) - 0{,}1686\, P_{16}(\alpha) + 0{,}0190\, P_{18}(\alpha) + \\ &+ 0{,}0226\, P_{20}(\alpha) - 0{,}2718\, P_{22}(\alpha) + 0{,}3530\, P_{24}(\alpha) \end{aligned} \tag{1136}$$

Mit der Festlegung

$$f(\alpha) = \sum_{n=0}^{12} a_n P_{2n}(\alpha) \tag{1137}$$

resultiert die Folge:

$$a_0 = 1 \tag{1138}$$

$$a_1 = -0{,}7154 \tag{1139}$$

$$a_2 = -1{,}0813 \tag{1140}$$

$$a_3 = 1{,}1385 \tag{1141}$$

$$a_4 = -0{,}7469 \tag{1142}$$

$$a_5 = 0{,}7411 \tag{1143}$$

$$a_6 = -0{,}3423 \tag{1144}$$

$$a_7 = 0{,}1189 \tag{1145}$$

$$a_8 = -0{,}1686 \tag{1146}$$

$$a_9 = 0{,}0190 \tag{1147}$$

$$a_{10} = 0{,}0226 \tag{1148}$$

$$a_{11} = -0{,}2718 \tag{1149}$$

$$a_{12} = 0{,}3530 \tag{1150}$$

Mit

$$a_{13} = \cos\alpha \tag{1151}$$

folgt aus (1020) die Beziehung:

$$\alpha'_{11}(\alpha) = \alpha_{11} + (\alpha_{33} - \alpha_{11}) \cos^2\alpha \tag{1152}$$

Die Einführung des Legendreschen Polynoms (209)

$$\cos^2\alpha = \tfrac{1}{3} + \tfrac{2}{3} P_2(\alpha) \tag{1153}$$

liefert:

$$\alpha'_{11}(\alpha) = \tfrac{1}{3}(2\alpha_{11} + \alpha_{33}) + \tfrac{2}{3}(\alpha_{33} - \alpha_{11}) P_2(\alpha) \tag{1154}$$

Der erste Term entspricht nach (1048) dem Ausdehnungskoeffizienten bei regelloser Verteilung der Kristallagen und führt auf:

$$a'_{11}(\alpha) = \overline{\overline{\overline{\alpha_{ij}}}} + \tfrac{2}{3}(\alpha_{33} - \alpha_{11}) P_2(\alpha) \tag{1155}$$

Mit den Werten von F. Grüneisen und E. Goens (1924), welche für Zink (1001) und (1002) zu entnehmen sind, folgt:

$$\overline{\overline{\overline{\alpha_{ij}}}} = 30{,}70 \cdot 10^{-6}\ \mathrm{gd}^{-1} \tag{1156}$$

Die Beziehung

$$\alpha'_{1\,1} = (30{,}70 + 33{,}2\, P_2\, (\alpha) \cdot 10^{-6}\ \mathrm{gd}^{-1} \tag{1157}$$

ist in Abb. 67 graphisch wiedergegeben.

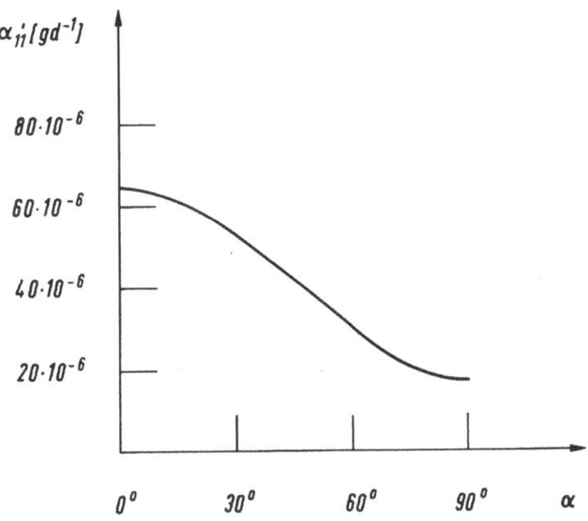

Abb. 67: Beitrag der thermischen Ausdehnung eines Zinkkristalls in Walzrichtung

Der in Walzrichtung x'_1 anzusetzende Betrag

$$\overline{\alpha_{1\,1}} = \int_0^{\frac{\pi}{2}} \alpha'_{1\,1}(\alpha) \cdot f(\alpha) \cdot \sin\alpha\, \mathrm{d}\,\alpha \tag{1158}$$

liefert mit (1137) und (1155):

$$\overline{\alpha_{1\,1}} = \overline{\overline{\overline{\alpha_{ii}}}} + \tfrac{2}{3}\,(\alpha_{3\,3} - \alpha_{1\,1})\, a_1 \int_0^{\frac{\pi}{2}} P_2^2\,(\alpha) \cdot \sin\alpha\, \mathrm{d}\,\alpha \tag{1159}$$

Mit (232) folgt:

$$\int_0^{\frac{\pi}{2}} P_2^2\,(\alpha) \cdot \sin\alpha\, \mathrm{d}\,\alpha = \tfrac{1}{5} \tag{1160}$$

Somit resultiert:

$$\overline{\alpha_{1\,1}} = \overline{\overline{\overline{\alpha_{ii}}}} + \tfrac{2}{15}\,(\alpha_{3\,3} - \alpha_{1\,1})\, a_1 \tag{1161}$$

Aus diesem Ergebnis kann abgelesen werden, daß die Textureigenschaft des gewalzten Bleches allein nur von dem Parameter a_1 der Polverteilungsfunktion abhängt. Die übrigen Parameter a_2 bis $a_{1\,2}$, welche zuvor berechnet wurden, gehen in das Mittelungsergebnis nicht ein. Als numerisches Ergebnis folgt mit (1139):

$$\overline{\alpha_{1\,1}} = 25{,}95 \cdot 10^{-6}\ \mathrm{gd}^{-1} \tag{1162}$$

W. Boas (1935) berechnete diesen Mittelwert auf graphischem Wege und erhielt:

$$\overline{\alpha_{11}} = 26{,}5 \cdot 10^{-6}\ \text{gd}^{-1} \tag{1163}$$

Da der analytisch gewonnene Wert (1162) genauer ist, ist (1162) der Vorzug zu geben.

Die von W. Boas (1935) an zwei Zinkblechen unterschiedlicher Stärke meßtechnisch beobachteten Ausdehnungskoeffizienten $\overline{\alpha_{11}}$ von $21{,}0 \cdot 10^{-6}$ gd^{-1} und $30{,}5 \cdot 10^{-6}$ gd^{-1} ergeben gemittelt:

$$\overline{\alpha_{11}} = 25{,}75 \cdot 10^{-6}\ \text{gd}^{-1} \tag{1164}$$

Der Rechenwert (1162) stimmt mit diesem Beobachtungsmittelwert (1164) ausgezeichnet überein.

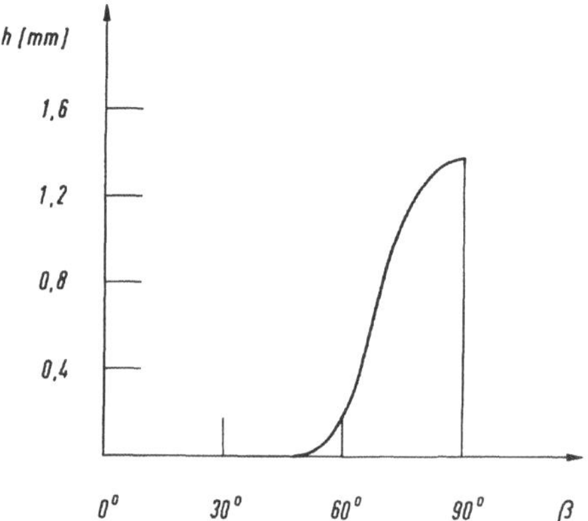

Abb. 68: Zonare Poldichteverteilung um die Querrichtung

Für die Querrichtung x_2' und die Normalrichtung x_3' sind in Tabelle 14 die graphisch abgegriffenen Polverteilungswerte h zusammengestellt. In den Abb. 68

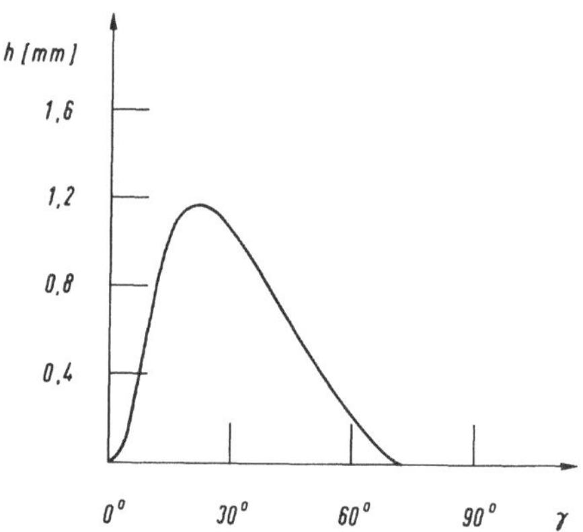

Abb. 69: Zonare Poldichteverteilung um die Normalrichtung

und 69 ist die zonare Polverteilung um die Quer- bzw. Normalrichtung graphisch wiedergegeben.

Tabelle 14. *Polverteilungswerte um die Quer- und Normalrichtung der texturierten Zinkprobe*

Neigungswinkel β Altgrad	Poldichteverteilung um die Querrichtung h mm	Neigungswinkel γ Altgrad	Poldichteverteilung um die Normalrichtung h mm
0	0,00	0	0,00
5	0,00	5	0,19
10	0,00	10	0,80
15	0,00	15	1,10
20	0,00	20	1,17
25	0,00	25	1,18
30	0,00	30	1,03
35	0,00	35	0,92
40	0,00	40	0,72
45	0,00	45	0,60
50	0,01	50	0,43
55	0,05	55	0,32
60	0,18	60	0,18
65	0,39	65	0,09
70	0,74	70	0,01
75	1,09	75	0,00
80	1,30	80	0,00
85	1,37	85	0,00
90	1,40	90	0,00

Zur quantitativen Bestimmung der in Querrichtung x_2' zu erwartenden thermischen Eigenschaften des gewalzten Zinkbleches wurde die in Abb. 68 dargestellte Polverteilungskurve durch das Polynom

$$h(\beta) = \sum_{n=0}^{N} d_n P_{2n}(\beta) \tag{1165}$$

angenähert. Die numerische Berechnung der Koeffizienten d_n erfolgt auch hier wieder durch Intervallunterteilung in 18 Streifen:

$$\begin{aligned} d_n = \frac{4n+1}{54} [\, & 2 \cdot 0{,}01\, P_{2n}(50^\circ) + 4 \cdot 0{,}05\, P_{2n}(55^\circ) + \\ & + 2 \cdot 0{,}18\, P_{2n}(60^\circ) + 4 \cdot 0{,}39\, P_{2n}(65^\circ) + \\ & + 2 \cdot 0{,}74\, P_{2n}(70^\circ) + 4 \cdot 1{,}09\, P_{2n}(75^\circ) + \\ & + 2 \cdot 1{,}30\, P_{2n}(80^\circ) + 4 \cdot 1{,}37\, P_{2n}(85^\circ) + \\ & + 1{,}40\, P_{2n}(90^\circ)\,] \end{aligned} \tag{1166}$$

Da auch in der Querrichtung zu erwarten ist, daß für die Berechnung des Mittelwertes $\overline{\alpha_{22}}$ nur ein einziger Texturparameter erforderlich ist, wurden nur zwei Koeffizienten

$$d_0 = 0{,}3233\ mm \tag{1167}$$

und

$$d_1 = -0{,}6618\ mm \tag{1168}$$

bestimmt. Die Funktion

$$f(\beta) = \frac{1}{d_0} h(\beta) \tag{1169}$$

führt mit der Festlegung

$$f(\beta) = \sum_{n=0}^{N} c_n P_{2n}(\beta) \tag{1170}$$

auf:

$$c_0 = 1 \tag{1171}$$

$$c_1 = -2{,}0472 \tag{1172}$$

Analog (1161) gilt:

$$\overline{\alpha_{22}} = \overline{\overline{\overline{\alpha_{ii}}}} + \frac{2}{15} (\alpha_{33} - \alpha_{11})\, c_1 \tag{1173}$$

Als numerisches Ergebnis folgt mit (1172):

$$\overline{\alpha_{22}} = 17{,}11 \cdot 10^{-6}\ \mathrm{gd}^{-1} \tag{1174}$$

Die von W. Boas (1935) an zwei Zinkblechen unterschiedlicher Stärke meßtechnisch beobachteten Ausdehnungskoeffizienten $\overline{\alpha_{22}}$ von $14{,}1 \cdot 10^{-6}\ \mathrm{gd}^{-1}$ und $18{,}7 \cdot 10^{-6}\ \mathrm{gd}^{-1}$ ergeben gemittelt:

$$\overline{\alpha_{22}} = 16{,}4 \cdot 10^{-6}\ \mathrm{gd}^{-1} \tag{1175}$$

Der Rechenwert (1174) stimmt mit dem Beobachtungsmittelwert (1175) hinreichend gut überein. Der von W. Boas (1935) graphisch gewonnene Wert

$$\overline{\alpha_{22}} = 17{,}3 \cdot 10^{-6}\ \mathrm{gd}^{-1} \tag{1176}$$

hat nur noch historische Bedeutung.

Zur quantitativen Bestimmung der in Querrichtung x_3' zu erwartenden thermischen Eigenschaften des gewalzten Zinkbleches wurde die in Abb. 69 dargestellte Polverteilungskurve durch das Polynom

$$h(\gamma) = \sum_{n=0}^{N} f_n P_{2n}(\gamma) \tag{1177}$$

angenähert. Die numerische Berechnung der Koeffizienten f_n erfolgt durch die Simpsonsche Regel:

$$f_n = \frac{4n+1}{54} \; [\, 4 \cdot 0{,}19\, P_{2n}\,(\;5^{\circ}) + 2 \cdot 0{,}80\, P_{2n}\,(10^{\circ}) + \\ + 4 \cdot 1{,}10\, P_{2n}\,(15^{\circ}) + 2 \cdot 1{,}17\, P_{2n}\,(20^{\circ}) + \\ + 4 \cdot 1{,}18\, P_{2n}\,(25^{\circ}) + 2 \cdot 1{,}03\, P_{2n}\,(30^{\circ}) + \\ + 4 \cdot 0{,}92\, P_{2n}\,(35^{\circ}) + 2 \cdot 0{,}72\, P_{2n}\,(40^{\circ}) + \\ + 4 \cdot 0{,}60\, P_{2n}\,(45^{\circ}) + 2 \cdot 0{,}43\, P_{2n}\,(50^{\circ}) + \\ + 4 \cdot 0{,}32\, P_{2n}\,(55^{\circ}) + 2 \cdot 0{,}18\, P_{2n}\,(60^{\circ}) + \\ + 4 \cdot 0{,}09\, P_{2n}\,(65^{\circ}) + 2 \cdot 0{,}01\, P_{2n}\,(70^{\circ})\,] \qquad (1178)$$

Hieraus bestimmen sich die beiden Koeffizienten:

$$f_0 = 0{,}4867\; mm \qquad (1179)$$

$$f_1 = 1{,}4387\; mm \qquad (1180)$$

Die Funktion

$$f(\gamma) = \frac{1}{f_0}\, h(\gamma) \qquad (1181)$$

führt mit der Festlegung

$$f(\gamma) = \sum_{n=0}^{N} e_n\, P_{2n}\,(\gamma) \qquad (1182)$$

auf:

$$e_0 = 1 \qquad (1183)$$

$$e_1 = 2{,}9560 \qquad (1184)$$

Analog (1161) gilt:

$$\overline{\alpha_{33}} = \overline{\overline{\overline{\alpha_{ii}}}} + \tfrac{2}{15}\,(\alpha_{33} - \alpha_{11})\, e_1 \qquad (1185)$$

Mit (1184) folgt:

$$\overline{\alpha_{33}} = 50{,}33 \cdot 10^{-6}\ \mathrm{gd}^{-1} \qquad (1186)$$

Der von W. Boas (1935) graphisch ermittelte Wert

$$\overline{\alpha_{33}} = 51{,}3 \cdot 10^{-6}\ \mathrm{gd}^{-1} \qquad (1187)$$

liegt nur wenig höher als der analytische Wert (1186). Parallel zur Normalenrichtung x_3' liegt leider nur ein Meßwert vor, der mit

$$\overline{\alpha_{33}} = 36{,}7 \cdot 10^{-6}\ \mathrm{gd}^{-1} \tag{1188}$$

zu niedrig ausfällt. Hier wäre eine Zweitmessung notwendig gewesen. Aus den Schwankungen, denen die beobachteten Meßwerte je nach der Blechdicke unterliegen, ist der Einfluß der Texturinhomogenität zu erkennen. Künftige Untersuchungen sollten daher an homogeneren Gefügen durchgeführt werden; ferner ist ein größeres Kollektiv gleichartiger Messungen zu fordern, um die Schwankung des Mittelwertes zu reduzieren.

Die zonaren Poldichtefunktionen $h(\alpha)$, $h(\beta)$ und $h(\gamma)$ sind nicht unabhängig voneinander. Die Kopplung erfolgt über dic zwciparamctrige Funktion

$$\begin{aligned} F(\varphi, \vartheta) = {} & 1 + a_{20}\, U_{20}(\vartheta) + a_{22}\, U_{22}(\varphi, \vartheta) + a_{40}\, U_{40}(\vartheta) + \\ & + a_{42}\, U_{42}(\varphi, \vartheta) + a_{44}\, U_{44}(\varphi, \vartheta) + a_{60}\, U_{60}(\vartheta) + \\ & + a_{62}\, U_{62}(\varphi, \vartheta) + a_{64}\, U_{64}(\varphi, \vartheta) + a_{66}\, U_{66}(\varphi, \vartheta) + \cdots \end{aligned} \tag{1189}$$

mit rhombisch-statistischer Symmetrie der Kristallachsenverteilung. Die Transformation des Winkels φ erfolgt mit Hilfe von (157)

$$\varphi = \arcsin \frac{\cos \alpha}{\sin \vartheta} \tag{1190}$$

und führt auf:

$$\begin{aligned} F(\alpha, \vartheta) = {} & 1 + a_{20}\, U_{20}(\vartheta) + a_{22} \cdot \tfrac{1}{4}\sqrt{\tfrac{15}{\pi}}\,(1 - \cos^2\vartheta - 2\cos^2\alpha) + \\ & + a_{40}\, U_{40}(\vartheta) + a_{42} \cdot \tfrac{3}{8}\sqrt{\tfrac{5}{\pi}}\,(-1 + 2\cos^2\alpha + 8\cos^2\vartheta - \\ & - 14\cos^2\alpha\cos^2\vartheta - 7\cos^4\vartheta) + a_{44} \cdot \tfrac{3}{16}\sqrt{\tfrac{35}{\pi}}\,(1 - 15\cos^2\alpha + \\ & + 8\cos^4\alpha - 2\cos^2\vartheta + 15\cos^2\alpha\cos^2\vartheta + \cos^4\vartheta) \\ & + a_{60}\, U_{60}(\vartheta) + a_{62} \cdot \tfrac{1}{64}\sqrt{\tfrac{2730}{\pi}}\,(1 - 2\cos^2\alpha - 19\cos^2\vartheta + \\ & + 36\cos^2\alpha\cos^2\vartheta - 66\cos^2\alpha\cos^4\vartheta + 51\cos^4\vartheta - 33\cos^6\vartheta) + \\ & + a_{64} \cdot \tfrac{3}{32}\sqrt{\tfrac{91}{\pi}}\,(-1 + 15\cos^2\alpha - 8\cos^4\alpha + 13\cos^2\vartheta - \\ & - 180\cos^2\alpha\cos^2\vartheta + 88\cos^4\alpha\cos^2\vartheta + 165\cos^2\alpha\cos^4\vartheta - \\ & - 23\cos^4\vartheta + 11\cos^6\vartheta) + a_{66} \cdot \tfrac{1}{64}\sqrt{\tfrac{6006}{\pi}}\,(-31 + 78\cos^2\alpha - \\ & - 48\cos^4\alpha + 32\cos^6\alpha + 93\cos^2\vartheta - 156\cos^2\alpha\cos^2\vartheta + \\ & + 48\cos^4\alpha\cos^2\vartheta + 93\cos^4\vartheta + 78\cos^2\alpha\cos^4\vartheta - \\ & - 31\cos^6\vartheta) + \cdots \end{aligned} \tag{1191}$$

In Walzrichtung x_1' liefert das Integral

$$h(\alpha) = \int_0^{\frac{\pi}{2}} F(\alpha, \vartheta) \sin \vartheta \, d\vartheta \tag{1192}$$

die gesuchte zonare Verteilungsfunktion:

$$\begin{aligned} h(\alpha) = 1 &- a_{22} \cdot \tfrac{1}{6}\sqrt{\tfrac{15}{\pi}}(3\cos^2\alpha - 1) - a_{42} \cdot \tfrac{1}{10}\sqrt{\tfrac{5}{\pi}}(10\cos^2\alpha - 1) + \\ &+ a_{44} \cdot \tfrac{1}{40}\sqrt{\tfrac{35}{\pi}}(60\cos^4\alpha - 75\cos^2\alpha + 4) - \\ &- a_{62} \cdot \tfrac{1}{420}\sqrt{\tfrac{2730}{\pi}}(21\cos^2\alpha - 1) + \\ &+ a_{64} \cdot \tfrac{1}{280}\sqrt{\tfrac{91}{\pi}}(560\cos^4\alpha - 315\cos^2\alpha + 8) + \\ &+ a_{66} \cdot \tfrac{1}{140}\sqrt{\tfrac{6006}{\pi}}(70\cos^6\alpha - 70\cos^4\alpha + 91\cos^2\alpha + 31) + \cdots \end{aligned} \tag{1193}$$

In Querrichtung x_2' ergibt das Integral

$$h(\beta) = \int_0^{\frac{\pi}{2}} F(\beta, \vartheta) \sin \vartheta \, d\vartheta \tag{1194}$$

mit

$$F(\beta, \vartheta) = 1 + a_{20}\, U_{20}(\vartheta) - a_{22} \cdot \tfrac{1}{4}\sqrt{\tfrac{15}{\pi}}(1 - \cos^2\vartheta - 2\cos^2\beta) + \cdots \tag{1195}$$

die Verteilungsfunktion:

$$h(\beta) = 1 + a_{22} \cdot \tfrac{1}{6}\sqrt{\tfrac{15}{\pi}}(3\cos^2\beta - 1) + \cdots \tag{1196}$$

In der Normalenrichtung x_3' ist das Integral

$$h(\gamma) = \frac{1}{2\pi}\int_0^{2\pi} F(\gamma, \varphi) \, d\varphi \tag{1197}$$

anzusetzen, wobei

$$F(\gamma, \vartheta) = 1 + a_{20}\, U_{20}(\gamma) + a_{22}\, U_{22}(\gamma) + \cdots \tag{1198}$$

bedeutet. Es resultiert:

$$h(\gamma) = 1 + a_{20}\, U_{20}(\gamma) + a_{40}\, U_{40}(\gamma) + a_{60}\, U_{60}(\gamma) + \cdots \tag{1199}$$

Der Zusammenhang der zonaren Verteilungsfunktionen $h(\alpha)$ und $h(\beta)$ ist durch die in den Entwicklungen (1193) und (1196) gemeinsam vorkommenden a_{ij} gegeben. Leider reicht die Information der Koeffizienten der zonaren Verteilungsfunktionen $h(\alpha)$, $h(\beta)$, $h(\gamma)$ nicht aus, um den Satz der Koeffizienten a_{ij} der zweiparametrigen Funktion (1189) zu bestimmen. Hierzu sind weitere Texturmessungen erforderlich, die in anderem Zusammenhang im nächsten Abschnitt besprochen werden.

4.21. Bestimmung der Ausdehnungskoeffizienten eines gezogenen Uranstabes

Bezugnehmend auf die Messungen von M. H. Mueller, H. W. Knott, W. P. Chernock und P. A. Beck (1958) an gezogenen Uranstäben, bei welchen die Poldichteverteilung der Faserachse durch die Entwicklung

$$F(\vartheta,\psi) = 1 + c_{20}\,U_{20}(\vartheta) + c_{22}\,U_{22}(\vartheta,\psi) + c_{40}\,U_{40}(\vartheta) + c_{42}\,U_{42}(\vartheta,\psi) + c_{44}\,U_{44}(\vartheta,\psi) + c_{60}\,U_{60}(\vartheta) + c_{62}\,U_{62}(\vartheta,\psi) + c_{64}\,U_{64}(\vartheta,\psi) + c_{66}\,U_{66}(\vartheta,\psi) + \cdots \tag{1200}$$

gegeben ist, sei nunmehr das thermische Verhalten in der Stabrichtung x_3' behandelt. Mit den probebezogenen Eulerkoordinaten (161), (162), (163) folgt aus (719):

$$\alpha_{3'3'} = \alpha_{11}\sin^2\vartheta\sin^2\psi + \alpha_{22}\sin^2\vartheta\cos^2\psi + a_{33}\cos^2\vartheta \tag{1201}$$

Mit

$$\sin^2\psi = \tfrac{1}{2}\,(1-\cos 2\psi) \tag{1202}$$

und

$$\cos^2\psi = \tfrac{1}{2}(1+\cos 2\psi) \tag{1203}$$

folgt:

$$\alpha'_{33} = \tfrac{1}{3}\,(\alpha_{11}+\alpha_{22}+\alpha_{33}) + \tfrac{1}{6}\,(2\,\alpha_{33}-\alpha_{22}-\alpha_{11})\,(3\cos^2\vartheta - 1) + \tfrac{1}{2}\,(\alpha_{22}-\alpha_{11})\sin^2\vartheta\cos 2\psi \tag{1204}$$

Die regellose Verteilung wird durch den Term

$$\overline{\overline{\overline{\alpha_{ii}}}} = \tfrac{1}{3}(\alpha_{11}+\alpha_{22}+\alpha_{33}) \tag{1205}$$

wiedergegeben. Nach Einführung der U_{ij} ergibt sich dann der folgende Ausdruck:

$$\alpha'_{33} = \overline{\overline{\overline{\alpha_{ii}}}} + \tfrac{2}{3}\,\sqrt{\tfrac{\pi}{5}}\,(2\,\alpha_{33}-\alpha_{22}-\alpha_{11})\,U_{20}(\vartheta) + 2\sqrt{\tfrac{\pi}{15}}(\alpha_{22}-\alpha_{11})\,U_{22}(\vartheta,\psi) \tag{1206}$$

Der Mittelwert

$$\overline{\alpha_{33}} = \frac{1}{4\pi}\int_0^{\pi}\int_0^{2\pi}\alpha'_{33}\,(\vartheta,\psi)\cdot F(\vartheta,\psi)\cdot\sin\vartheta\,d\,\vartheta\,d\,\psi \tag{1207}$$

führt auf:

$$\overline{\alpha_{33}} = \overline{\overline{\overline{\alpha_{ii}}}} + \frac{1}{4\pi} \left[\frac{2}{3}\sqrt{\frac{\pi}{5}}\,(2\,\alpha_{33} - \alpha_{22} - \alpha_{11})\,c_{20} + \right.$$

$$\left. + 2\sqrt{\frac{\pi}{15}}\,(\alpha_{22} - \alpha_{11})\,c_{22}\right] \tag{1208}$$

Nach Auflösen der Klammer folgt:

$$\overline{\alpha_{33}} = \overline{\overline{\overline{\alpha_{ii}}}} + \frac{1}{30}\sqrt{\frac{5}{\pi}}\,(2\,\alpha_{33} - \alpha_{22} - \alpha_{11})\,c_{20} + \frac{1}{30}\sqrt{\frac{15}{\pi}}\,(\alpha_{22} - \alpha_{11})\,c_{22} \tag{1209}$$

Die Textur des gezogenen Uranstabes ist durch zwei Texturparameter c_{20} und c_{22} bestimmt.

Als Einkristallkonstanten des rhombisch kristallisierenden Urans seien die Werte (881), (882), (883) von E. F. Sturcken und J. W. Croach (1963) zugrunde gelegt. Es folgt:

$$\overline{\overline{\overline{\alpha_{ii}}}} = 15{,}70 \cdot 10^{-6}\ \text{gd}^{-1} \tag{1210}$$

Unter Heranziehung von (679) sind die numerischen Werte der Texturparameter:

$$c_{20} = -\,0{,}98134 \tag{1211}$$

$$c_{22} = \quad 1{,}35125 \tag{1212}$$

Mit ihnen folgt:

$$\overline{\alpha_{33}} = 12{,}31 \cdot 10^{-6}\ \text{gd}^{-1} \tag{1213}$$

E.F. Sturcken und J.W. Croach (1963) erhalten auf anderem Wege den Rechenwert:

$$\overline{\alpha_{33}} = 12{,}41 \cdot 10^{-6}\ \text{gd}^{-1} \tag{1214}$$

Ferner geben die Autoren den Meßwert

$$\overline{\alpha_{33}} = 12{,}80 \cdot 10^{-6}\ \text{gd}^{-1} \tag{1215}$$

an, der von den Rechenwerten nur geringfügig abweicht.

4.22. Definition eines Anisotropiefaktors

Als Maß für die Anisotropie der Textur wird der Ausdruck

$$J = \frac{1}{8\pi^2} \int_0^{2\pi} \int_0^{\pi} \int_0^{2\pi} F^2 (\varphi, \vartheta, \psi) \sin\vartheta \, d\varphi \, d\vartheta \, d\psi \tag{1216}$$

definiert, der sich bei nur zwei Variablen zu

$$J = \frac{1}{4\pi} \int_0^{\pi} \int_0^{2\pi} F^2 (\vartheta, \psi) \sin\vartheta \, d\vartheta \, d\psi \tag{1217}$$

vereinfacht. Mit (1200) folgt:

$$J = \frac{1}{4\pi} (c_{00}^2 + c_{20}^2 + c_{22}^2 + c_{40}^2 + c_{42}^2 + c_{44}^2 + c_{60}^2 + c_{62}^2 + c_{64}^2 + c_{66}^2 + \ldots) \tag{1218}$$

Setzt man in (1218) die Koeffizienten von (679) ein, resultiert:

$$J = 1 + \frac{1}{4\pi} (0{,}963028 + 1{,}825877 + 0{,}272568 + \ldots + 0{,}000421) \tag{1219}$$

Der Betrag ist somit:

$$J = 1{,}29 \tag{1220}$$

Hierbei sei bemerkt, daß der Uranstab bei 300°C gezogen wurde, wobei sich seine Querschnittsfläche um

$$r = 10\,\% \tag{1221}$$

reduzierte. E.F. Sturcken und J.W.Croach (1963) untersuchten den Anisotropiegrad auch bei anderen Reduktionsgraden sowie bei der Recktemperatur von 600°C. Das Ergebnis dieser Untersuchungen ist in Tabelle 15 zusammengestellt, deren graphische Darstellung Abb.70 zeigt. Ihr ist zu entnehmen, daß der Anisotropiegrad mit Verminderung der Querschnittsfläche zunimmt. Höhere Recktemperaturen vermindern den Anisotropieeffekt.

Tabelle 15. *Anisotropiegrade gezogener Uranstäbe*

Recktemperatur	Reduktionsgrad	Ausdehnungskoeffizient (gemessen)	Ausdehnungskoeffizient (berechnet)	Anisotropiefaktor
ϑ	r	$\overline{\alpha_{33}}$	$\overline{\alpha_{33}}$	J
°C	%	gd^{-1}	gd^{-1}	
300	0	$15{,}96 \cdot 10^{-6}$	$16{,}66 \cdot 10^{-6}$	1,09
300	10	12,80	12,41	1,29
300	45	10,02	7,84	2,58
300	70	9,17	6,76	3,44
600	0	15,86	16,57	1,09
600	10	14,90	16,37	1,23
600	45	13,39	13,45	1,31
600	70	12,71	12,62	1,98

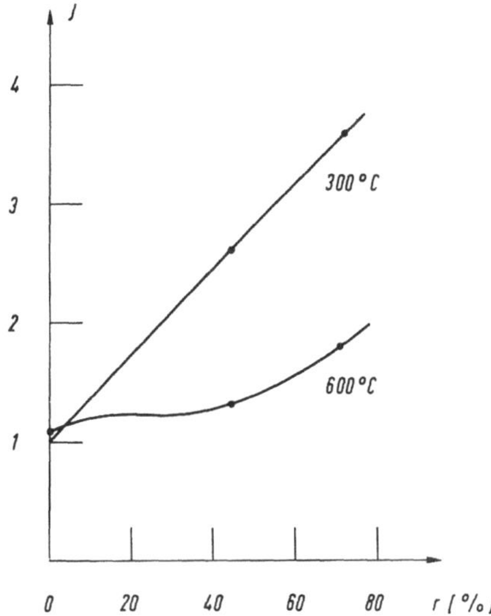

Abb. 70: Anisotropiefaktor in Abhängigkeit vom Reduktionsgrad

Der Orientierungsparameter J nimmt bei regelloser Orientierung den Wert

$$J = 1 \tag{1222}$$

an und wächst mit zunehmendem Regelungsgrad des Gefüges.

E.F. Sturcken und J.W.Croach (1963) berichten auch über Messungen an gewalzten Uranplatten mit statistisch orthorhombischer Symmetrie. Das Ergebnis dieser Messungen ist in Tabelle 16 vermerkt.

Tabelle 16. *Anisotropiebewertung einer gewalzten Uranplatte*

Ausdehnungskoeffizient in Walzrichtung (gemessen) $\overline{\alpha_{11}}$ gd^{-1}	Ausdehnungskoeffizient in Walzrichtung (berechnet) $\overline{\alpha_{11}}$ gd^{-1}	Anisotropiefaktor J
$9{,}2 \cdot 10^{-6}$	$9{,}07 \cdot 10^{-6}$	3,02
Ausdehnungskoeffizient in Querrichtung (gemessen) $\overline{\alpha_{22}}$ gd^{-1}	**Ausdehnungskoeffizient in Querrichtung (berechnet) $\overline{\alpha_{22}}$ gd^{-1}**	**Anisotropiefaktor J**
$19{,}9 \cdot 10^{-6}$	$19{,}12 \cdot 10^{-6}$	2,35
Ausdehnungskoeffizient in Normalenrichtung (gemessen) $\overline{\alpha_{33}}$	**Ausdehnungskoeffizient in Normalenrichtung (berechnet) $\overline{\alpha_{33}}$**	**Anisotropiefaktor J**
$21{,}0 \cdot 10^{-6}$	$20{,}63 \cdot 10^{-6}$	2,82

4.23. Variation der Dilatation längs einer Faltenbank

Um den Nachweis führen zu können, daß sich die Gesteinseigenschaften in einer Faltenbank von der Sattel- zur Muldenregion ändern, haben R.Brinkmann, W.Giesel und R. Hoeppener (1961) thermische Untersuchungen an einer Ziegelschiefergruppe des Stockumer Sattels durchgeführt. An unterschiedlichen Stellen wurden gemäß Abb. 71 die Proben Nr. 1 bis 4 entnommen und in allen

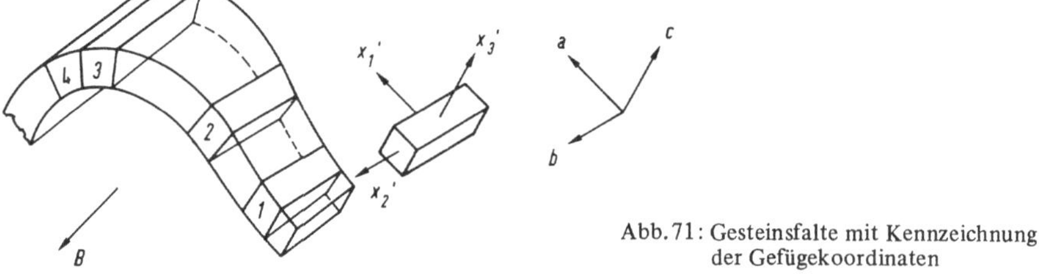

Abb. 71: Gesteinsfalte mit Kennzeichnung der Gefügekoordinaten

drei Meßrichtungen x_1', x_2', x_3' die Ausdehnungskoeffizienten α_{11}', α_{22}', α_{33}' ermittelt. Die Meßrichtungen entsprachen den Gefügekoordinaten *a, b, c* der Falte.

Tabelle 17. *Dilatationswerte einer Faltenbank*

Probe	Ausdehnungskoeffizient α'_{11} gd^{-1}	Ausdehnungskoeffizient α'_{22} gd^{-1}	Ausdehnungskoeffizient α'_{33} gd^{-1}
1	–	$15{,}3 \cdot 10^{-6}$	$15{,}8 \cdot 10^{-6}$
2	$16{,}7 \cdot 10^{-6}$	16,0	16,2
3	16,8	16,3	16,0
4	16,6	15,2	15,8

Wie den Meßwerten von Tabelle 17 zu entnehmen ist, ist die Dilatation der Probe Nr. 3 aus dem Bereich der Sattelregion erwartungsgemäß extremal.

4.24. Thermische Ausdehnung von amorphen Stoffen und Mischkristallreihen

Bei amorphen Stoffen, in denen die Atome stark ungeordnet sind, ist der Ausdehnungskoeffizient in der Regel geringer als bei polykristallinen Vergleichsproben. So erbrachte die Messung an amorphem Quarzglas einen von der Richtung unabhängigen Dilatationswert von nur:

$$\overline{\overline{\overline{\alpha}}} = 0{,}5 \cdot 10^{-6}\ gd^{-1} \tag{1223}$$

Demgegenüber lieferte eine ungeregelte kristalline Quarzitprobe einen Vergleichswert von:

$$\overline{\overline{\overline{\alpha}}} = 11{,}6 \cdot 10^{-6}\ gd^{-1} \tag{1224}$$

Nach (1047) hätte die Quarzitprobe einen über alle Raumrichtungen gemittelten Ausdehnungskoeffizienten von

$$\overline{\overline{\overline{\alpha}}} = 12{,}1 \cdot 10^{-6}\ gd^{-1} \tag{1225}$$

zeigen müssen, wenn an den Korngrenzen keine amorphen Gebiete partieller Unordnung vorliegen. An den Korngrenzen ist jedoch stets mit Fehlordnungserscheinungen des Kristallgitters zu rechnen, was in einer Erniedrigung des theoretischen Wertes zum Ausdruck kommt.

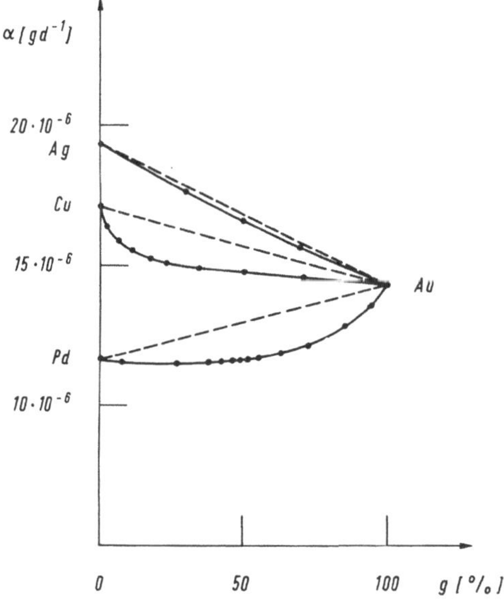

Abb. 72: Koeffizientenverlauf der Ausdehnung von Mischkristallreihen

Abb.72 zeigt die nichtlineare Abhängigkeit der Ausdehnungskoeffizienten binärer Mischkristallreihen von Silber, Gold und Palladium. Bei Bildung von Metallverbindungen treten meist noch stärkere Anomalien auf, wie aus Abb.73 zu er-

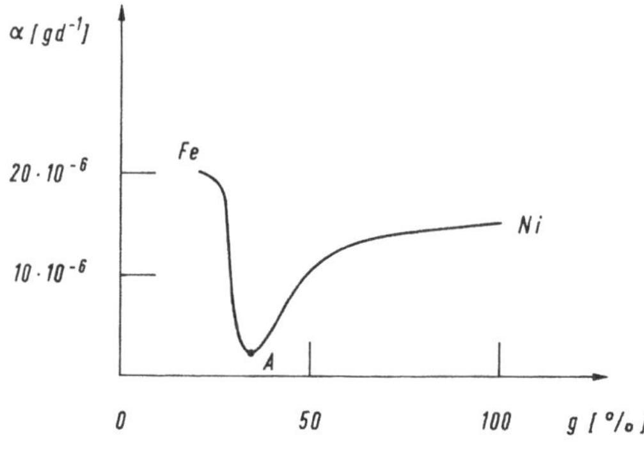

Abb. 73: Thermisches Verhalten einer binären Legierung aus Eisen und Nickel

sehen ist. Im Tiefpunkt A liegt eine Stoffzusammensetzung vor, die nach P. Chevenard (1921) der Verbindung Fe_2Ni stöchiometrisch entspricht.

5. Wärmeleitung

5.1. Übersicht

Stand und Zielsetzung der Texturforschung wurde am Beispiel der thermischen Dilatation diskutiert. Im weiteren sei das Transportphänomen der Wärmeleitung behandelt, welches im Rahmen der Mineralogie besondere Bedeutung erlangt hat und in neuerer Zeit Anwendung in der Hochtemperaturtechnik, Kältetechnik und Raumforschung gefunden hat. Die Wärmeleitung in Kristallen wurde bereits von G. G. Stokes (1851) näher untersucht. Eine umfassende Darstellung dieses Gegenstandes, in welcher neben den theoretischen Grundlagen die fortgeschrittenen experimentellen Methoden behandelt werden, erfolgte durch J.C.Erdmann (1969).

Die Arbeiten von E.Jannettaz (1872) verfolgen bereits das Ziel, im Gestein Beziehungen zwischen den ausgezeichneten Richtungen der Wärmeleitung und den Schieferungsflächen sowie anderer tektonisch vorgezeichneter Richtungen aufzustellen. Erwartungsgemäß wurden im ungeschieferten Sediment stets Kugeln als Isothermen gefunden. Im schiefrigen Gestein wurden dagegen dreiachsige Ellipsoide ermittelt, deren Hauptachsen einem räumlichen Koordinatensystem parallel liegen, welches durch die Schieferungsebene und ihren tektonischen Koordinaten bestimmt wird. In Sonderfällen reduziert sich das dreiachsige Ellipsoid auf ein Rotationsellipsoid.

5.2. Einkristallverhalten

Besteht zwischen zwei Punkten eines Festkörpers ein Temperaturunterschied, so wird hierdurch ein Wärmefluß h_i eingeleitet, der als Wärmeenergie pro Zeiteinheit definiert wird. Der Vektor

$$h_i = -k_{ij} \operatorname{grad}_j T \qquad (1226)$$

läßt sich in einer bestimmten Koordinatenrichtung x_j auch als

$$h_i = -k_{ij} \frac{\partial T}{\partial x_i} \qquad (1227)$$

schreiben, wobei k_{ij} der Tensor der Wärmeleitung bedeutet. In einem Kristall ist der Vektor der Wärmeströmung nicht notwendig parallel dem Temperaturgradienten. Mit der Bedingung

$$k_{ij} = k_{ji} \qquad (1228)$$

resultiert der symmetrische Tensor:

$$k_{ij} = \begin{pmatrix} k_{11} & k_{12} & k_{13} \\ k_{12} & k_{22} & k_{23} \\ k_{13} & k_{23} & k_{33} \end{pmatrix} \qquad (1229)$$

Die Spezialisierung auf die einzelnen Kristallklassen erfolgt nach den gleichen Prinzipien, wie sie bei der thermischen Dilatation erfolgt ist.

Läßt man in einem Kristall von einem Punkt aus Wärme nach allen Richtungen strömen, so werden nach einer bestimmten Zeit die Isothermen Ellipsoide bilden. Während die direkte Bestimmung der Leitfähigkeitswerte zumeist schwierig ist, ist die Berechnung der Leitfähigkeitsverhältnisse aus den Isothermenfiguren einfach. Das Größenverhältnis der Wärmeleitfähigkeit hängt von der Kristallstruktur ab, wobei insbesondere Schicht- und Kettenstrukturen eine ausgeprägte Anisotropie des Wärmeleitvermögens zeigen. In Richtung dichtester Packungen, also in der Schichtebene bzw. in der Kettenrichtung, ist die Wärmeleitfähigkeit am größten.

Durch Mischkristallbildung wird das Wärmeleitvermögen sehr stark herabgesetzt. Ferner hat die Realstruktur der Kristalle einen oft erheblichen Einfluß auf die Größe des Wärmeleitvermögens. So ist im Kaliumchlorid und Natriumchlorid an besonders reinen synthetischen Kristallen ein signifikant höheres Wärmeleitvermögen gefunden worden als an natürlichen Kristallen.

N. Sénarmont (1848) kam zu dem Ergebnis, daß bei spaltbaren wirteligen Kristallen die große Achse des isothermen Rotationsellipsoids stets derjenigen Ebene parallel liegt, nach der das Mineral spaltbar ist oder nach der es beim Vorhandensein von mehr als einer Spaltrichtung am besten spaltet. Eine entsprechende Gesetzmäßigkeit gilt auch bei spaltbaren rhombischen, monoklinen und triklinen Mineralien.

5.3. Wärmeleitungskoeffizienten monokliner Minerale

Bezugnehmend auf Abb.74 wurde die Wärmeleitfähigkeit an einem Gipskristall $CaSO_4 \cdot 2H_2O$ zunächst senkrecht zur Spaltebene (010) bestimmt:

$$k_{22} = 1{,}6 \text{ W/m} \cdot \text{gd} \tag{1230}$$

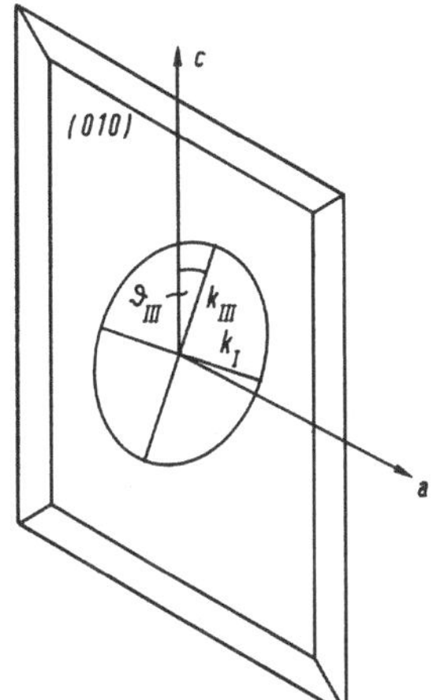

Abb. 74: Ellipse der Wärmeleitung beim Gips

Die Einheit der Wärmeleitungskoeffizienten ist in diesem Buch generell mit Watt/Meter · Temperaturgrad, kurz W/m·gd, angegeben. Die Einheit Kcal/m·h·gd entspricht 1,163 W/m·gd und die ebenfalls gebräuchliche Einheit cal/cm·s·gd dem Umrechnungswert 418,68 W/m·gd. In Richtung der Hauptachsen betragen die Meßwerte:

$$k_I = 2{,}5 \text{ W/m} \cdot \text{gd} \tag{1231}$$

$$k_{III} = 3{,}8 \text{ W/m} \cdot \text{gd} \tag{1232}$$

Der Neigungswinkel

$$\vartheta_{III} = 17^\circ \tag{1233}$$

wurde nach der Isothermenmethode ermittelt. Aus der Beziehung

$$k_{11} = \tfrac{1}{2}\,[k_I + k_{III} + (k_I - k_{III}) \cos 2\,\vartheta_{III}] \tag{1234}$$

resultiert der gesuchte Wert:

$$k_{11} = 2{,}6 \text{ W/m} \cdot \text{gd} \tag{1235}$$

Aus

$$k_{33} = \frac{1}{2}\,[k_{\mathrm{I}} + k_{\mathrm{III}} - (k_{\mathrm{I}} - k_{\mathrm{III}})\cos 2\,\vartheta_{\mathrm{III}}] \tag{1236}$$

folgt:

$$k_{33} = 3{,}7\ \mathrm{W/m \cdot gd} \tag{1237}$$

Schließlich resultiert aus

$$k_{13} = -\frac{1}{2}\,(k_{\mathrm{I}} - k_{\mathrm{III}})\sin 2\,\vartheta_{\mathrm{III}} \tag{1238}$$

der Wert:

$$k_{13} = -0{,}4 \tag{1239}$$

Beim Gips liegt der Typ des Schichtgitters vor. Innerhalb der Schicht ist die durch k_{I} und k_{III} ausgedrückte Wärmeleitfähigkeit erheblich größer als senkrecht dazu.

Entsprechende Messungen wurden am Orthoklas $K_2O \cdot Al_2O_3 \cdot 3SiO_2$ durchgeführt. Das Ergebnis lautet:

$$k_{\mathrm{I}} = 2{,}9\ \mathrm{W/m \cdot gd} \tag{1240}$$

$$k_{\mathrm{II}} = 4{,}2\ \mathrm{W/m \cdot gd} \tag{1241}$$

$$k_{\mathrm{III}} = 4{,}6\ \mathrm{W/m \cdot gd} \tag{1242}$$

$$\vartheta_{\mathrm{III}} = 4^{\circ} \tag{1243}$$

Die Rechnung liefert:

$$k_{11} = 2{,}94\ \mathrm{W/m \cdot gd} \tag{1244}$$

$$k_{22} = 4{,}2\ \mathrm{W/m \cdot gd} \tag{1245}$$

$$k_{33} = 4{,}63\ \mathrm{W/m \cdot gd} \tag{1246}$$

$$k_{13} = -0{,}12\ \mathrm{W/m \cdot gd} \tag{1247}$$

5.4. Wärmeleitungskoeffizienten rhombischer Minerale

Die bei Zimmertemperatur bestimmten bzw. auf Zimmertemperatur reduzierten Wärmeleitungskoeffizienten orthorhombischer Minerale sind in Tabelle 18 zusammengestellt.

Tabelle 18. *Hauptwerte der thermischen Leitfähigkeit rhombisch kristallisierender Minerale bei Zimmertemperatur*

Mineral	Symbol	k_{11} W/m·gd	k_{22} W/m·gd	k_{33} W/m·gd
Anhydrit	$CaSO_4$	5,6	5,3	5,9
Baryt	$BaSO_4$	1,8	1,7	1,6
Coelestin	$SrSO_4$	1,7	1,6	1,9
Topas	$2AlOF \cdot SiO_2$	21,9	22,3	23,4

5.5 Wärmeleitungskoeffizienten wirteliger Minerale

Tabelle 19 zeigt, daß das Wärmeleitvermögen der Metalle ein bis zwei Zehnerpotenzen höher als das der Ionenkristalle ist. Die Herabsetzung des Wärmeleitvermögens infolge Gitterstörungen ist auch bei Metallen sehr ausgeprägt. Geringe Zusätze an Fremdmetallen und Verunreinigungen setzen das Wärmeleitvermögen oft stark herab, so daß an den Reinheitsgrad der Metalle hohe Anforderungen zu stellen sind. Ein besonders hohes Wärmeleitvermögen zeigt das schwer schmelzbare Edelmetall Ruthenium.

Tabelle 19. *Hauptwerte der thermischen Leitfähigkeit trigonal kristallisierender Minerale bzw. Metalle bei Zimmertemperatur*

Mineral	Symbol	k_{11} W/m·gd	k_{33} W/m·gd
Alkaliturmalin	$2Na_2O \cdot 3B_2O_3 \cdot 8Al_2O_3 \cdot 12SiO_2 \cdot 4H_2O$	4,9	3,7
Antimon	Sb	28,5	17,9
Calcit	$CaCO_3$	4,2	5,0
Dolomit	$CaCO_3 \cdot MgCO_3$	4,7	4,3
Hämatit	Fe_2O_3	14,7	12,1
Korund	Al_2O_3	31,2	38,9
Quarz	SiO_2	6,5	11,3
Ruthenium	Ru	251,2	325,1
Wismut	Bi	9,3	6,7

Die Hauptwerte der thermischen Leitfähigkeite tetragonal kristallisierender Minerale sind in Tabelle 20 aufgeführt.

Tabelle 20. *Hauptwerte der thermischen Leitfähigkeit tetragonal kristallisierender Minerale bei Zimmertemperatur*

Mineral	Symbol	k_{11} W/m·gd	k_{33} W/m·gd
Ammondihydrogenphosphat	$NH_3 \cdot H_3PO_4$	1,3	0,7
Kaliumhydrophosphat	KH_2PO_4	1,4	1,2
Kalomel	HgCl	0,8	1,4
Rutil	TiO_2	9,3	12,9
Zirkon	$ZrO_2 \cdot SiO_2$	3,9	4,8

Bei den in Tabelle 21 mitgeteilten Wärmeleitfähigkeitswerten hexagonaler Minerale bzw. Metalle fällt die starke Anisotropie des Graphits auf. In Schichtrichtung ist gegenüber der dazu senkrechten Richtung der etwa vierfache Leitfähigkeitswert festzustellen.

Tabelle 21. *Hauptwerte der thermischen Leitfähigkeit hexagonal kristallisierender Minerale bzw. Metalle bei Zimmertemperatur*

Mineral	Symbol	k_{11} W/m·gd	k_{33} W/m·gd
Beryll	$3BeO \cdot Al_2O_3 \cdot 6SiO_2$	7,8	9,4
Cadmium	Cd	103,6	84,0
Graphit	C	355,0	89,4
Tellur	Te	20,2	39,4
Zink	Zn	120,4	124,2

Bei $0^{o}C$ wurde die Leitfähigkeit von Eiskristallen untersucht. Die Wärmeleitfähigkeiten betragen:

$$k_{11} = 1{,}9 \text{ W/m} \cdot \text{gd} \tag{1248}$$

$$k_{33} = 2{,}3 \text{ W/m} \cdot \text{gd} \tag{1249}$$

Die Anisotropie des Eises ist vergleichsweise gering.

5.6. Wärmeleitungskoeffizienten kubischer Minerale

Für kubisch kristallisierende Minerale bzw. Metalle liegen sehr viele Messungen vor, da die Wärmeleitfähigkeit von der Meßrichtung unabhängig ist. Die Meßwerte sind in Tabelle 22 in alphabetischer Reihenfolge der Mineral- bzw. Kristallnamen zusammengestellt. Mit 545,3 W/m·gd hat Diamant *C* die höchste Leitfähigkeit, die bisher an Mineralen bei Zimmertemperatur gemessen worden ist.

Tabelle 22. *Wärmeleitfähigkeitswerte kubisch kristallisierender Minerale bzw. Metalle bei Zimmertemperatur*

Mineral	Symbol	k_{11} W/m·gd
Almandin	$3FeO \cdot Al_2O_3 \cdot 3SiO_2$	3,6
Altait	$PbTe$	2,3
Aluminium	Al	237,5
Analcim	$Na_2O \cdot Al_2O_3 \cdot 4SiO_2 \cdot 2H_2O$	3,4
Bariumfluorid	BaF_2	11,3
Blei	Pb	34,9
Bromammonium	$NH_3 \cdot HBr$	2,5
Bromargyrit	$AgBe$	1,2
Calcium	Ca	98,4
Cäsium	Cs	18,4
Cäsiumbromid	$CsBr$	9,1
Cäsiumjodid	CsJ	1,1
Cerium	Ce	10,9
Chlorargyrit	$AgCl$	0,9
Chrom	Cr	88,6
Clausthalit	$PbSe$	2,4
Diamant	C	545,3
Eisen	Fe	73,3
Fluorit	CaF_2	10,1
Germanium	Ge	60,7
Gold	Au	310,8
Hawleyit	CdS	16,0
Indiumantimonid	$InSb$	17,1
Indiumarsenid	$InAs$	6,7
Iridium	Ir	147,9
Kalium	K	97,2
Kaliumbromid	KBr	4,8
Kaliumchromalaun	$K_2SO_4 \cdot Cr_2(SO_4)_3 \cdot 24H_2O$	1,9

Tabelle 22. *Fortsetzung*

Mineral	Symbol	k_{11} W/m·gd
Kaliumfluorid	KF	2,9
Kobalt	Co	69,5
Kupfer	Cu	406,1
Lanthan	La	13,8
Lithium	Li	71,2
Lithiumfluorid	LiF	16,0
Magnetit	$FeO \cdot Fe_2O_3$	9,7
Mangan	Mn	175,0
Manganosit	MnO	11,8
Moissanit	SiC	67,5
Molybdän	Mo	130,6
Natrium	Na	134,0
Natriumbromid	NaBr	2,5
Natriumchlorat	$NaClO_3$	1,1
Natriumfluorid	NaF	10,5
Natriumjodid	NaJ	9,2
Nickel	Ni	67,1
Niobium	Nb	45,2
Nitrobarit	$Ba(NO_3)_2$	1,3
Palladium	Pd	70,7
Periklas	MgO	33,5
Platin	Pt	72,6
Praseodym	Pr	13,2
Protaktinium	Pa	58,6
Pyrit	FeS_2	37,9
Radium	Ra	18,6
Rhodium	Rh	151,2
Rubidium	Rb	35,6
Rubidiumbromid	RbBr	3,8
Rubidiumchlorid	RbCl	2,0
Rubidiumjodid	RbJ	3,3
Salmiak	$NH_3 \cdot HBr$	2,5
Silber	Ag	418,1
Silizium	Si	175,1
Spinell	$MgO \cdot Al_2O_3$	13,8

Tabelle 22. *Fortsetzung*

Mineral	Symbol	k_{11} W/m·gd
Steinsalz	NaCl	6,5
Sylvin	KCl	6,4
Tantal	Ta	54,4
Tellurbromid	$TeBr_4$	0,8
Tellurbromchlorid	$TeBr_4 \cdot TeCl_4$	0,5
Tellurbromjodid	$TeBr_4 \cdot TeJ_4$	0,2
Tellurchlorid	$TeCl_4$	1,0
Thoranit	ThO_2	10,9
Thorium	Th	29,1
Uraninit	UO_2	9,6
Vanadium	V	31,1
Wolfram	W	178,7
Ytterbium	Yb	14,0
Zinkblende	ZnS	26,6
Zinn	Sn	64,9

Die Wärmeleitfähigkeit von Diamant ist stark temperaturabhängig wie Abb.75 zeigt. Bei 55°K ist die Wärmeleitfähigkeit maximal und erreicht den erstaunlich hohen Wert von nahezu 3000 W/m·gd.

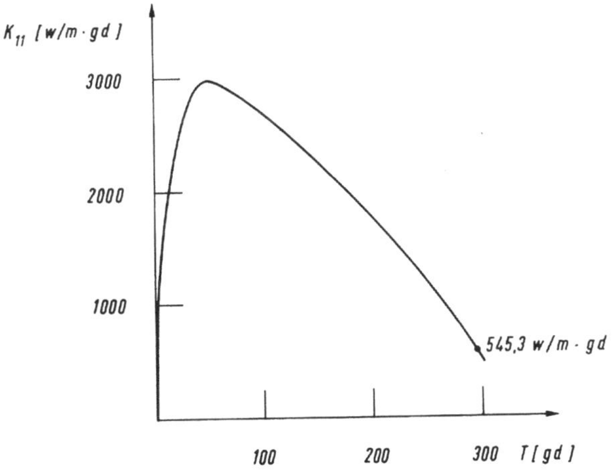

Abb.75: Temperaturabhängigkeit des Wärmeleitvermögens von Diamant

Der niedrigste Wert der Leitfähigkeit wurde an Einkristallen von Tellurbromjodid TeBr·TeJ festgestellt. Bei nur 0,2 W/m·gd ist der Einfluß von Gitterstörungen nicht auszuschließen.

5.7. Wärmeleitungskoeffizienten ungeregelter polykristalliner Monomineralgefüge

In Tabelle 23 sind die über alle Raumrichtungen gemittelten Wärmeleitfähigkeitswerte einiger kristalliner Substanzen zusammengestellt. Beim polykristallinen Graphit C wurde eine mittlere Wärmeleitfähigkeit von

$$\overline{\overline{\overline{k}}} = 12{,}8\ \mathrm{W/m \cdot gd} \tag{1250}$$

gemessen und somit ein Wert, der noch unterhalb der Transversalwärmeleitfähigkeit k_{33} von 89,4 W/m·gd als Minimalwert des Einkristalls liegt. Die nähere Untersuchung ließ ein durch Mikroporen und Rißsysteme aufgelockertes Gefüge der

Tabelle 23. *Wärmeleitfähigkeitskoeffizienten ungeregelter polykristalliner Monomineralgefüge bei Zimmertemperatur*

Kristallaggregat	Symbol	Kristallsystem	$\overline{\overline{\overline{k}}}$ W/m·gd
Andalusit	$Al_2O_3 \cdot SiO_2$	rhombisch	11,0
Arsensulfid	AsS	monoklin	0,2
Baddeleyit	ZrO_2	monoklin	20,9
Beryllium	Be	hexagonal	184,2
Bor	B	hexagonal	1,3
Bromellit	BeO	hexagonal	223,3
Chalkanthit	$CuSO_4 \cdot 5H_2O$	triklin	2,3
Chalkocyanid	$MgSO_4$	rhombisch	2,1
Chlorit	$MgO \cdot 4Mg(OH)_2 \cdot 4SiO_2$	monoklin	5,2
Chlorocuprid	$CuCl_2$	monoklin	5,4
Cotunnit	$PbCl_2$	rhombisch	5,4
Diopsid	$CaO \cdot MgO \cdot 2SiO_2$	monoklin	4,3
Disthen	$Al_2O_3 \cdot SiO_2$	triklin	17,4
Dysprosium	Dy	hexagonal	10,1
Epsomit	$MgSO_4 \cdot 7H_2O$	rhombisch	2,4
Erbium	Er	hexagonal	9,6
Gadolinium	Gd	hexagonal	8,8
Gallium	Ga	rhombisch	29,3
Graphit	C	hexagonal	12,8
Hafnium	Hf	hexagonal	22,6
Halit	NaCl	kubisch	6,1
Indium	In	tetragonal	71,3

Tabelle 23. *Fortsetzung*

Kristallaggregat	Symbol	Kristallsystem	$\overline{\overline{\overline{k}}}$ W/m·gd
Kaliumbichromat	$K_2O \cdot 2CrO_3$	triklin	2,1
Magnesium	Mg	hexagonal	172,5
Marmor	$CaCO_3$	trigonal	2,7
Mullit	$3Al_2O_3 \cdot 2SiO_2$	rhombisch	6,1
Muskovit	$K_2O \cdot 3Al_2O_3 \cdot 3SiO_2 \cdot 2H_2O$	monoklin	0,4
Neodym	Nd	hexagonal	13,0
Nitrokalit	KNO_3	rhombisch	2,1
Osmium	Os	hexagonal	87,4
Plutonium	Pu	monoklin	4,2
Polyhalit	$K_2SO_4 \cdot 2CaSO_4 \cdot MgSO_4 \cdot 2H_2O$	trinklin	1,5
Quarzit	SiO_2	trigonal	6,3
Rhenium	Re	hexagonal	54,2
Samarium	Sm	hexagonal	10,1
Scandium	Sc	hexagonal	14,7
Schwefel	S	rhombisch	0,3
Selen	Se	hexagonal	2,1
Serpentin	$MgO \cdot 2Mg(OH)_2 \cdot 2SiO_2$	monoklin	2,1
Sublimat	$HgCl_2$	rhombisch	1,0
Technetium	Tc	hexagonal	49,8
Tellur	Tl	hexagonal	38,9
Tellurwismut	Bi_2Te_3	trigonal	3,0
Titan	Ti	hexagonal	21,9
Uran	U	rhombisch	26,7
Yttrium	Y	hexagonal	14,7
Zink	Zn	hexagonal	112,7
Zinn	Sn	tetragonal	59,8
Zirkon	Zr	hexagonal	29,5

Naturprobe erkennen, wodurch die geringe Leitfähigkeit zu erklären ist. Eine unter hohem allseitigen Druck zusammengepreßte Probe von polykristallinem Graphit erbrachte eine wesentliche Steigerung der Wärmeleitfähigkeit des Kristallhaufwerks. Der Mittelwert betrug hier:

$$\overline{\overline{\overline{k}}} = 189{,}7 \text{ W/m} \cdot \text{gd} \qquad (1251)$$

Bei völlig porenfreiem Gefüge würde man bei ungeregeltem polykristallinem Graphit aus der Beziehung

$$\overline{\overline{\overline{k}}} = \frac{1}{3}(2k_{11} + k_{33}) \tag{1252}$$

den Idealwert von

$$\overline{\overline{\overline{k}}} = 266{,}5 \text{ W/m} \cdot \text{gd} \tag{1253}$$

zu erwarten haben.

Abb.76 zeigt die Temperaturabhängigkeit der Wärmeleitfähigkeit von polykristallinem Naturgraphit. Wie bei Nichtmetallen üblich, erfolgt der Wärmetransport hauptsächlich durch Gitterwellenleitung. Bei etwa 500°K ist ein scharfes Maximum der Temperaturcharakteristik erkennbar, welches auch bei der Untersuchung der Temperaturabhängigkeit der Wärmeleitfähigkeit von einkristallinem Graphit in den Hauptrichtungen festzustellen war. Ein solches Maximum ist ein typisches Kennzeichen für alle nichtmetallischen Kristalle.

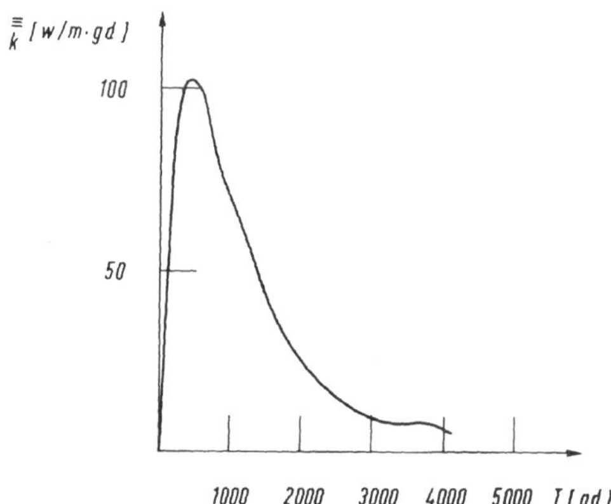

Abb.76: Temperaturabhängigkeit der Wärmeleitfähigkeit von polykristallinem Graphit

Der Porositätseinfluß ist bei den untersuchten monomineralischen Gefügen von Marmor und Quarzit ebenfalls deutlich. Der untersuchte Marmor ergab den von der Meßrichtung unabhängigen Wärmeleitfähigkeitswert:

$$\overline{\overline{\overline{k}}} = 2{,}7 \text{ W/m} \cdot \text{gd} \tag{1254}$$

Nach (1252) errechnet sich bei Annahme auch an den Kornbegrenzungen ungestörter Calcitkristalle für das porenfreie Material ein Vergleichswert von:

$$\overline{\overline{\overline{k}}} = 4{,}5 \text{ W/m} \cdot \text{gd} \tag{1255}$$

Bei Quarzit steht dem Meßwert von

$$\overline{\overline{\overline{k}}} = 6{,}3 \text{ W/m} \cdot \text{gd} \tag{1256}$$

der Vergleichwert der ungestörten Probe von

$$\overline{\overline{\overline{k}}} = 8{,}1 \text{ W/m} \cdot \text{gd} \tag{1257}$$

gegenüber. Der sehr porenarme Halit, dessen Wärmeleitfähigkeit zu

$$\overline{\overline{\overline{k}}} = 6{,}1 \text{ W/m} \cdot \text{gd} \tag{1258}$$

festgestellt wurde, weicht nur sehr wenig von dem an Steinsalz NaCl gemessenen Wert

$$k_{11} = 6{,}5 \text{ W/m} \cdot \text{gd} \tag{1259}$$

von Tabelle 22 ab. Die Porosität der Steinsalzprobe betrug nur 0,5 %.

Die Wärmeleitfähigkeit des Urans spielt für seine Verwendung im Reaktor deshalb eine wichtige Rolle, weil die Belastbarkeit der Brennstoffelemente durch die Güte der Wärmeableitung mitbestimmt wird. Untersuchungen über die Anisotropie des Wärmeleitvermögens liegen wegen der Schwierigkeit der Beschaffung geeigneter Einkristalle noch nicht vor. So bestimmt sich der in Tabelle 23 mitgeteilte Wert von

$$\overline{\overline{\overline{k}}} = 26{,}7 \text{ W/m} \cdot \text{gd} \tag{1260}$$

auf vielkristallines Material ohne erkennbare Vorzugsregelung.

5.8. Wärmeleitfähigkeit amorpher Stoffe und Mischkristallreihen

In amorphen Stoffen, in denen die Atome stark ungeordnet sind, ist die Wärmeleitfähigkeit wesentlich kleiner als in den entsprechenden kristallisierten Proben. Bei Zimmertemperatur beträgt die Wärmeleitfähigkeit von Quarzglas beispielsweise nur:

$$\overline{\overline{\overline{k}}} = 1{,}2 \text{ W/m} \cdot \text{gd} \tag{1261}$$

Demgegenüber besitzt der ungeregelte Quarzit im ungestörten Fall den bereits diskutierten Wert:

$$\overline{\overline{\overline{k}}} = 8{,}1 \text{ W/m} \cdot \text{gd} \tag{1262}$$

Das geringere Wärmeleitvermögen von Quarzglas macht sich dadurch bemerkbar, daß es sich wärmer anfühlt als ein gleich großes Stück Quarzit.

E.Sedström (1919) untersuchte die thermische Leitfähigkeit von Legierungen. Abb.77 kennzeichnet die Wärmeleitzahl einer binären Legierung aus Silber

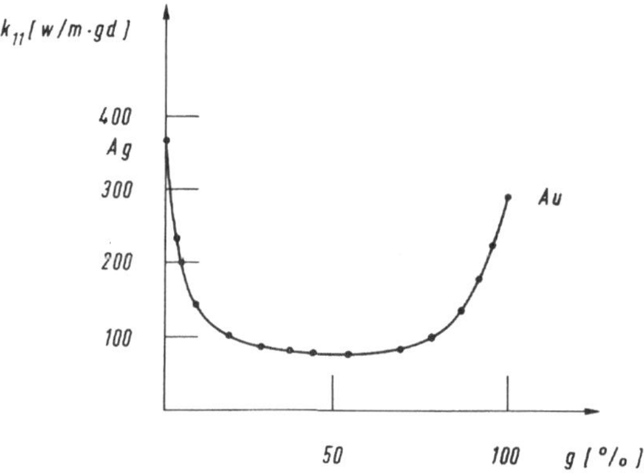

Abb.77: Wärmeleitzahl einer binären Legierung aus Silber und Gold

und Gold. Dem Dilatationsverhalten von Abb.73 entsprechend treten bei Metallverbindungen stärkere Anomalien auf. Im Tiefpunkt A von Abb.78 liegt die stöchiometrische Stoffzusammensetzung Fe_2Ni vor.

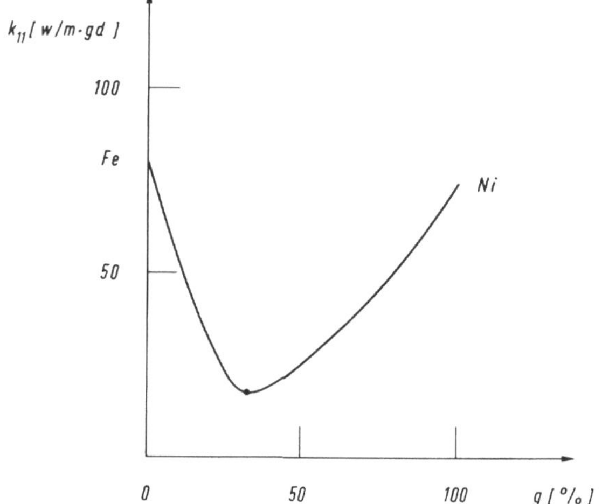

Abb.78: Leitwertverhalten einer binären Legierung aus Eisen und Nickel

Die thermische Leitfähigkeit nimmt bei den meisten Metallen beim Schmelzen sprunghaft ab. Nur Wismut macht hier eine Ausnahme, für die bis heute noch keine ausreichende Erklärung gefunden wurde. Abb.79 zeigt die sprunghafte Änderung der Wärmeleitzahl beim Schmelzen polykristalliner Proben. Leider gibt es noch keine Theorie des Schmelzens, welche die wesentlichen mit diesem Vorgang verknüpften Erscheinungen befriedigend klärt. Das Schmelzverhalten wird sowohl durch die feste als auch flüssige Phase bestimmt und kann daher nicht durch die Betrachtung einer Phase allein verstanden werden, etwa als diejenige Temperatur, bei der das Kristallgitter infolge der zu stark gewordenen Temperaturbewegungen seiner Bausteine zusammenbricht. Die Notwendigkeit, den flüssigen Zustand ebenso wie den des Kristalls zur Deutung des Schmelzvorgangs heranziehen zu müssen, bedeutet, daß dazu auch eine Theorie des flüssigen Zustandes erforderlich ist. Eine solche mit Erfolg zu entwickeln, ist bisher daran gescheitert, daß man noch kein Modell gefunden hat, das einerseits der Wirklichkeit nahe genug ist, um alle wesentlichen Fakten zu liefern, und andererseits so einfach, daß es mathematisch beherrschbar bleibt.

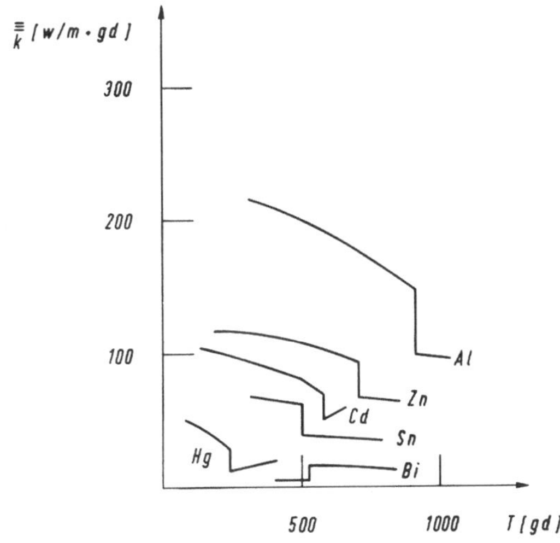

Abb. 79: Sprunghafte Änderung der Wärmeleitzahl beim Schmelzen polykristalliner Proben

5.9. Zur thermischen Leitfähigkeit des Eises

Dem anomalen Verhalten des Wismuts Bi entsprechend steigt die Wärmeleitfähigkeit des Wassers beim Erstarren sprunghaft etwa auf das Vierfache. Bei $0^{o}C$ wurde bei dem hexagonal kristallisierenden Eis das Wertepaar

$$k_{11} = 1{,}9 \text{ W/m} \cdot \text{gd} \tag{1263}$$

$$k_{33} = 2{,}3 \text{ W/m} \cdot \text{gd} \tag{1264}$$

gemessen. In Richtung der hexagonalen Achse ist die Wärmeleitfähigkeit um 0,4 W/m·gd größer als senkrecht dazu.

Nach (1252) würde polykristallines Eis bei völliger Regellosigkeit und Ungestörtheit der Kristallite einen Idealwert von

$$\overline{\overline{\overline{k}}} = 2{,}0 \text{ W/m} \cdot \text{gd} \tag{1265}$$

besitzen. Dieser Wert wurde an polykristallinem Eis von verschiedenen Autoren meßtechnisch bestätigt.

Wie für kristalline Stoffe zu erwarten ist, steigt der Wert der Wärmeleitfähigkeit mit sinkender Temperatur. Bei Erreichen der Temperatur von 148°K –– entsprechend –125°C –– hat sich der Leitfähigkeitswert des polykristallinen Eises auf

$$\overline{\overline{\overline{k}}} = 4{,}0 \text{ W/m} \cdot \text{gd} \tag{1266}$$

verdoppelt.

Zunehmender Gasgehalt bewirkt eine nahezu proportionale Erniedrigung der Wärmeleitfähigkeit.

5.10. Textur des Eises

Das auf gekühlte Glasträger aus einem feinen Nebel von destilliertem Wasser abgeschiedene Eis ist völlig regellos. Nach wiederholtem Erhitzen bis nahe an den Schmelzpunkt und langsamem Wiederabkühlen stellt sich stets eine bevorzugte Orientierung ein. Die Orientierung der Kristallite wird hierbei optisch bestimmt. Die Richtung der optischen Achse, die zugleich die hexagonale c-Achse ist, läßt sich verhältnismäßig einfach mittels polarisiertem Licht bestimmen. Die c-Achsen stehen senkrecht zur Abkühlungsfläche, d.h. parallel zum Wärmefluß.

Bei ruhigem Wasser schießen beim Gefrieren zunächst vom Rande aus Eisnadeln über die Oberfläche. Erst später bildet sich eine geschlossene Eisdecke. Die optische Achse der sich zuerst bildenden Eisnadeln liegt nach F.Klocke (1879) parallel zur Wasseroberfläche. Diese Anfangsorientierung wird von O.Mügge (1895) jedoch bestritten.

Die Nadeln setzen bei weiterem Gefrieren seitlich Eis an und werden breiter. Die Hauptachse der sich ansetzenden Nadeln steht dabei stets senkrecht zur Wasseroberfläche. Nach H.T. Barnes (1910) beruht die Orientierung der Hauptachse senkrecht zur Wasseroberfläche, d.h. in Richtung des Wärmeflusses, auf der besseren Wärmeleitung in Richtung der Hauptachse des hexagonalen Eiskristalls. Die Begrenzungsflächen der Eiskristalle werden bei Eisplatten, aber auch bei Gletschern und Eiszapfen beim langsamen Schmelzen sichtbar, da das Eis zuerst an den Korngrenzen schmilzt.

Wenngleich in der gesamten Ausdehnung einer Eistafel die optische Achse senkrecht zur gefrierenden Fläche steht, ist damit noch nicht ihre einheitliche Struktur erwiesen. Durch die Angabe der Achsenorientierung der c-Achsen nur ein Bestimmungsstück der Kristallorientierung eindeutig festgelegt. Zwar ist die

Lage der Ebene der Nebenachsen bestimmt, nicht aber die Richtung der Nebenachsen. Es bleibt offen, ob die *a*-Achsen geregelt sind oder nicht. Da sich bei einem einachsigen Kristall alle zur Hauptachse vertikalen Richtungen optisch gleich verhalten, ist mit normalen optischen Hilfsmitteln keine Entscheidungsmöglichkeit gegeben. Kristall- oder Spaltungsflächen, welche die Stellung der *a*-Achsen bestimmen, sind beim Eiskristall leider nicht vorhanden.

Nun sind beim Eis allerdings keine eigentlichen Ätzfiguren bekannt, doch hat J.Tyndall (1859) in den Wasserblumen, welche durch ein konzentrisches Strahlenbündel innerhalb der Eiskristalle entstehen, ein Analogon der Ätzfiguren aufgefunden, welches die Kristallstruktur des Eises ebenso gut kennzeichnet. Die Ebene der Wasserblumen ist senkrecht zur Hauptachse. Die sechs Arme dieser optischen Erscheinungsformen, die sich unter 60° schneiden, sind mit den Richtungen der Nebenachsen identisch. Bestünde die ganze gefrorene Oberfläche aus nur einem einzigen Individuum, dann müßten die in ihr hervorgebrachten optischen Sternfiguren nicht nur hinsichtlich der Ebene ihrer Ausdehnung parallel sein, was tatsächlich der Fall ist, sondern auch hinsichtlich der Richtung ihrer sechs Strahlenarme. Eine mit diesem optischen Effekt untersuchte Eisplatte zeigte nichtparallele Sterne der Wasserblumen; folglich ist diese Platte auch nicht ein Individuum, sondern ein Aggregat mehrerer Kristalle, die zwar ihre Hauptachsen parallel gestellt haben, sonst aber beliebig gegeneinander gedreht sind. Daß die beobachtete Nichtparallelität der Regelfall ist, ersieht man aus der Lage der vor dem gänzlichen Erstarren der Oberfläche gebildeten Nadeln. Obgleich manchmal größere Bereiche der gefrierenden Fläche von einem einheitlichen Gitterwerk überzogen werden und diese Stellen dann zu einem kristallographischen Einkristallbereich sich ausbilden können, so ist bei den Eiskristallen doch keineswegs etwa ein Parallelismus entsprechender Richtungen über die ganze Fläche hin zu verfolgen. Fast immer sieht man verschiedene Kristallite unabhängig voneinander entstehen und unter zufälligen Winkeln aneinander stoßen.

Die Möglichkeit, daß bei besonders langsamem und ungestörtem Verlauf der Kristallisation eine überall parallele Struktur der *a*-Achsen zustande kommt, ist nicht auszuschließen. Doch ist unter den gewöhnlichen Umständen der Akt des Gefrierens ein so rasch verlaufender Vorgang, welcher an vielen Stellen gleichzeitig zu beginnen pflegt, daß der Fall der Bildung eines einzigen Riesenkristalls über die gesamte gefrierende Fläche höchst selten sein wird. Nach P. Eskola (1946) kann in Sonderfällen die Eisdecke eines ganzen Sees aus einem einzigen Kristall bestehen. Derartige, als Blaueis bezeichnete Eisdecken bilden sich in der Arktis unter hohem Luftdruck, bei völliger Windstille und wolkenlosem Himmel. Der Wärmeentzug erfolgt dann hauptsächlich durch Strahlung. Die Blaueisschicht ist nur etwa 3 bis 5 cm stark, durchsichtig wie Wasser und daher kaum erkennbar. Sie hat große Elastizität und Tragfähigkeit. Einer leichten Dünung folgt die Eisdecke, ohne zu zerbrechen.

Nach F. Leydolt (1851) ist bei Eiszapfen die optische Achse stets senkrecht zur Längsachse der Zapfen gerichtet.

Das Gletschereis ist ein körniges Aggregat von Einkristallen; es entspricht in seinem Gefüge einem Marmor, d.h. einem Aggregat von Calcitkristallen. Eine regelmäßige Begrenzung der Kristallite ist in beiden Fällen nicht gegeben. F. Klocke (1881) schnitt aus dem Gletschereis Platten verschiedener Orientierung und untersuchte mit Hilfe des Universaldrehtisches die Gefügestruktur. Die optische Untersuchung des Eises von vier großen Gletschern zeigte das Ergebnis, daß dieses Eis ein regelloses Aggregat kristalliner Eisindividuen ist.

5.11. Wärmeleitung von Gesteinen

In Tabelle 24 sind die über viele Proben gemittelten Werte der Wärmeleitfähigkeit derjenigen Gesteine aufgeführt, welche keine thermische Anisotropie ihrer

Tabelle 24. *Mittlere Wärmeleitfähigkeit magmatischer und sedimentärer Gesteine bei Zimmertemperatur*

Gestein	Wärmeleitfähigkeit $\overline{\overline{\overline{k}}}$ W/m·gd
Anorthosit	2,1
Basalt	1,8
Bronzit	4,6
Diabas	2,3
Dolerit	2,0
Dolomit	4,9
Dunit	4,3
Feldspat	2,4
Gabbro	2,3
Granit	2,8
Granodiorit	2,9
Hornblendefels	2,8
Kalkstein	2,6
Muschelkalk	2,4
Norit	2,7
Pyrophyllit	5,0
Pyroxenit	4,1
Rhyolit	3,4
Schichtgips	1,3
Schieferton	1,6
Speckstein	3,3
Syenit	2,7
Tonalit	2,6

lagenweise angeordneten Gemengteile zeigen. Hierzu gehören die Gesteine der magmatischen und sedimentären Abfolge. Bei ihnen weichen die in Schichtrichtung und senkrecht dazu gemessenen Werte der thermischen Leitfähigkeit kaum voneinander ab; die Leitfähigkeitsisotherme ist eine Kugel.

Bei Gesteinen, deren Gemengteile lagenweise angeordnet sind, gestatten die Untersuchungsergebnisse von E. Jannettaz (1873) zwischen Gesteinen mit Schichtung und solchen mit Schieferung zu unterscheiden. Bei Gesteinen mit Schichtung ist die lagenweise Anordnung der Gemengteile eine Folge der Sedimentation, bei den echt schiefrigen Gesteinen ist sie durch Druck hervorgerufen. Es mag an dieser Stelle darauf aufmerksam gemacht werden, daß der in Tabelle 24 aufgeführte Schieferton zwar geschichtet, nicht aber geschiefert ist. Hier erscheint die bergmännische Bezeichnung „Schieferton" oder auch „Tonschiefer" vom rein petrographischen Standpunkt nicht gerechtfertigt. Von den echten Tonschiefern unterscheidet sich das Sedimentgestein vornehmlich durch geringe Härte, Fehlen der Transversalschieferung, spärliches Auftreten von Rutilnädelchen, geringeres geologisches Alter und die Fähigkeit, beim Zermahlen und Befeuchten plastisch zu werden. Die Isotherme ist eine Kugel.

Bei den in Tabelle 25 zusammengestellten Gesteinen der metamorphen Abfolge weichen die in und senkrecht zur Lagenabsonderung gemessenen Werte der thermischen Leitfähigkeit mehr oder minder voneinander ab. Diese echt schiefrigen Gesteine zeigen auf einer Ebene, die senkrecht zur Schieferungsebene verläuft, eine elliptische Isotherme, deren große Achse der Schieferungsebene parallel ist. Der Wärmeleitungskoeffizient k'_{33} ist somit stets kleiner als derjenige von k'_{11}.

Tabelle 25. *Mittlere Wärmeleitfähigkeit metamorpher Gesteine bei Zimmertemperatur*

Gestein	Wärmeleitung in der Schieferungsfläche k'_{11} W/m·gd	Wärmeleitung senkrecht zur Schieferungsfläche k'_{33} W/m·gd
Albit	2,1	1,9
Amphibolit	3,0	2,4
Chlorit	5,4	5,1
Gneis	3,7	2,7
Marmor	2,8	2,5
Quarzsandstein	5,7	5,4
Schiefer	3,1	2,4
Serpentin	2,6	2,3
Talk	3,1	2,9

Mit zunehmender Porosität sinkt die Wärmeleitfähigkeit herab, wie an Sandsteinen gleicher petrographischer Beschaffenheit aber unterschiedlicher Porosität festgestellt wurde. Das Meßergebnis ist in Tabelle 26 mitgeteilt. Die wärmeisolierende Wirkung der in der Bauindustrie verwendeten Kunstgesteine beruht auf ihrer hohen Porosität bei dennoch ausreichender Standfestigkeit des verbleibenden Korngerüstes.

Tabelle 26. *Mittlere Wärmeleitfähigkeit von Sandstein in Abhängigkeit von der Porosität*

Porosität P %	Wärmeleitfähigkeit $\bar{\bar{k}}$ W/m·gd
3	2,9
11	2,5
16	2,6
22	1,7
29	1,1
59	0,2

6. Elektrische Leitung

6.1. *Übersicht*

Als weiteres Transportphänomen sei nunmehr die elektrische Leitung in ein- und polykristallinen Stoffen behandelt. Da es einen homogenen Leiter nicht gibt, ist die Frage von Bedeutung, wie sich die Anisotropie der Einkristalle auf die elektrische Leitfähigkeit auswirkt.

6.2. *Einkristallverhalten*

Die Analysis der elektrischen Leitfähigkeit in Kristallen ist derjenigen der Wärmeleitung analog. Die fundamentelle Beziehung ist das verallgemeinerte Gesetz:

$$j_i = -\kappa_{ij}\,\mathrm{grad}_i V \tag{1267}$$

Hierbei bedeutet j_i die Stromdichte, V das elektrische Potential und κ_{ij} der Tensor der elektrischen Leitfähigkeit, der mit

$$\kappa_{ij} = \kappa_{ji} \tag{1268}$$

die symmetrische Form

$$\kappa_{ij} = \begin{pmatrix} \kappa_{11} & \kappa_{12} & \kappa_{13} \\ \kappa_{12} & \kappa_{22} & \kappa_{23} \\ \kappa_{13} & \kappa_{23} & \kappa_{33} \end{pmatrix} \tag{1269}$$

annimmt. Der Vektor j_i läßt sich in einem bestimmten Koordinatensystem x_j auch als

$$j_i = -\kappa_{ij} \frac{\partial V}{\partial x_j} \tag{1270}$$

schreiben oder bei Einführung der elektrischen Feldstärke E_j:

$$j_i = \kappa_{ij} E_j \tag{1271}$$

In der Umkehrrelation

$$E_i = \varrho_{ij} j_j \tag{1272}$$

bedeutet ϱ_{ij} der Tensor des spezifischen Widerstandes:

$$\varrho_{ij} = \begin{pmatrix} \varrho_{11} & \varrho_{12} & \varrho_{13} \\ \varrho_{12} & \varrho_{22} & \varrho_{23} \\ \varrho_{13} & \varrho_{23} & \varrho_{33} \end{pmatrix} \tag{1273}$$

6.3. Spezifischer Widerstand rhombischer Kristalle

Bei Zimmertemperatur wurde für einen Galliumkristall Ga das Wertetripel

$$\varrho_{11} = 54{,}3 \cdot 10^{-8}\ \Omega m \tag{1274}$$

$$\varrho_{22} = 17{,}4 \cdot 10^{-8}\ \Omega m \tag{1275}$$

$$\varrho_{33} = 8{,}1 \cdot 10^{-8}\ \Omega m \tag{1276}$$

und für Uran U das Wertetripel

$$\varrho_{11} = 39{,}4 \cdot 10^{-8}\ \Omega m \tag{1277}$$

$$\varrho_{22} = 25{,}5 \cdot 10^{-8}\ \Omega m \tag{1278}$$

$$\varrho_{33} = 26{,}2 \cdot 10^{-8}\ \Omega m \tag{1279}$$

gefunden.

6.4. Spezifischer Widerstand trigonaler Kristalle

Bei Zimmertemperatur betragen die spezifischen Widerstände für Antimon Sb:

$$\varrho_{11} = 42{,}6 \cdot 10^{-8}\ \Omega m \tag{1280}$$

$$\varrho_{33} = 35{,}6 \cdot 10^{-8}\ \Omega m \tag{1281}$$

Arsen As liefert die Werte:

$$\varrho_{11} = 25{,}5 \cdot 10^{-8}\ \Omega m \tag{1282}$$

$$\varrho_{33} = 35{,}6 \cdot 10^{-8}\ \Omega m \tag{1283}$$

Wismut Bi ergab:

$$\varrho_{11} = 109{,}2 \cdot 10^{-8}\ \Omega m \tag{1284}$$

$$\varrho_{33} = 138{,}1 \cdot 10^{-8}\ \Omega m \tag{1285}$$

6.5. Spezifischer Widerstand tetragonaler Kristalle

Bei Zimmertemperatur wurde bei Indium In ein spezifischer Widerstand von

$$\varrho_{11} = 8{,}3 \cdot 10^{-8}\ \Omega m \tag{1286}$$

$$\varrho_{33} = 8{,}0 \cdot 10^{-8}\ \Omega m \tag{1287}$$

gemessen und bei Zinn Sn:

$$\varrho_{11} = 9{,}9 \cdot 10^{-8}\ \Omega m \tag{1288}$$

$$\varrho_{33} = 14{,}3 \cdot 10^{-8}\ \Omega m \tag{1289}$$

6.6. Spezifischer Widerstand hexagonaler Kristalle

Die bei Zimmertemperatur gewonnenen Meßwerte sind in Tabelle 27 aufgelistet.

Tabelle 27. *Spezifischer Widerstand hexagonaler Kristalle bei Zimmertemperatur*

Kristall	Symbol	Spezifischer Widerstand ϱ_{11} Ωm	Spezifischer Widerstand ϱ_{33} Ωm
Beryllium	Be	$3{,}8 \cdot 10^{-8}$	$4{,}3 \cdot 10^{-8}$
Cadmium	Cd	6,8	8,3
Dysprosium	Dy	100,3	77,4
Erbium	Er	75,1	43,7
Gadolinium	Gd	131,0	117,9
Hafnium	Hf	32,0	32,7
Holmium	Ho	90,8	54,2
Magnesium	Mg	4,5	3,8
Ruthenium	Ru	7,3	5,7
Tellur	Te	$6{,}13 \cdot 10^{-4}$	$2{,}83 \cdot 10^{-4}$
Thallium	Tl	$13{,}8 \cdot 10^{-8}$	$17{,}9 \cdot 10^{-8}$
Titan	Ti	45,4	48,0
Yttrium	Y	71,6	34,6
Zink	Zn	5,9	6,1

6.7. Spezifischer Widerstand bzw. Leitfähigkeit kubischer Kristalle

Bei den in Tabelle 28 aufgeführten Werten fällt der geringe spezifische Widerstand von Silber Ag, Kupfer Cu und Gold Au auf. Die Leitfähigkeit

$$\kappa_{11} = 67{,}8 \cdot 10^6 \; \Omega^{-1} m^{-1} \tag{1290}$$

von Silber wird von keinem anderen Metall übertroffen, auch von dem bestleitenden Alkalimetall Natrium Na nicht.

Tabelle 28. *Spezifischer Widerstand kubischer Kristalle bei Zimmertemperatur*

Kristall	Symbol	Spezifischer Widerstand ϱ_{11} Ωm
Aluminium	Al	$2{,}7 \cdot 10^{-8}$
Aluminiummagnesium	Al_2Mg_3	92,3
Aluminiumsilber	$AlAg_2$	29,7
Antimongold	Sb_2Au	29,0
Antimontellur	Sb_2Tl_7	88,5
Antimonzinn	SbSn	28,4
Barium	Ba	39,0
Blei	Pb	21,0
Cadmiumkupfer	$4CdCu \cdot CuCd_4$	17,3
Cadmiumsilber	CdAg	6,6
Cadmiumsilberderivat	$4CdAg \cdot AgCd_4$	13,1
Cäsium	Cs	20,0
Calcium	Ca	3,6
Cerium	Ce	81,1
Chrom	Cr	12,9
Eisen	Fe	9,8
Europium	Eu	88,9
Germanium	Ge	$4{,}6 \cdot 10^{-1}$
Gold	Au	$2{,}2 \cdot 10^{-8}$
Iridium	Ir	5,1
Kalium	K	7,2
Kobalt	Co	5,6
Kupfer	Cu	1,6
Lithium	Li	9,3
Magnesiumblei	Mg_2Pb	201,7
Magnesiumkupfer	$MgCu_2$	4,8
Mangan	Mn	139,2

Tabelle 28. *Fortsetzung*

Kristall	Symbol	Spezifischer Widerstand ϱ_{11} Ωm
Molybdän	Mo	$5{,}3 \cdot 10^{-8}$
Natrium	Na	4,8
Nickel	Ni	7,0
Niobium	Nb	15,2
Palladium	Pd	10,6
Platin	Pt	10,4
Polonium	Po	45,8
Praseodym	Pr	68,0
Rhodium	Rh	4,8
Rubidium	Rb	12,5
Samarium	Sm	88,3
Silber	Ag	1,5
Silizium	Si	$2{,}3 \cdot 10^{3}$
Strontium	Sr	$21{,}5 \cdot 10^{-8}$
Tantal	Ta	13,1
Thorium	Th	15,2
Vanadium	V	19,9
Wolfram	W	5,3
Ytterbium	Yb	27,0
Zinkgold	ZnAu	7,9
Zinkkupfer	ZnCu	6,0
Zinkkupferderivat	$4ZnCu \cdot CuZn_4$	10,7
Zinkmagnesium	Zn_2Mg	26,6
Zinksilber	ZnAg	6,2
Zinksilberderivat	$4ZnAg \cdot AgZn_4$	21,5
Zinngold	SnAu	8,0
Zinnmagnesium	Sn_2Mg	$7{,}1 \cdot 10^{-4}$
Zinnkupfer	SnCu	$4{,}7 \cdot 10^{-8}$
Zinnkupferderivat	$SnCu_5$	27,5
Zinnkupferkombination	$15Cu_4Sn \cdot Cu_2Sn$	49,4
Zinnsilber	SnAg	6,0

Bemerkenswert ist ferner der ungewöhnlich hohe spezifische Widerstand der Elemente Germanium Ge und Silizium Si. Entsprechend gering sind die Leitfähigkeitswerte

$$\kappa_{11} = 2{,}17\ \Omega^{-1} m^{-1} \tag{1291}$$

von Germanium und

$$\kappa_{11} = 0{,}000435\ \Omega^{-1} m^{-1} \tag{1292}$$

von Silizium. Diese Elemente sind Halbleiterelemente, die dadurch gekennzeichnet sind, daß ihre Leitfähigkeit um Zehnerpotenzen geringer ist als diejenige der gewöhnlichen Metalle. Ein typisches Halbleiterverhalten ist im weiteren die Zunahme der elektrischen Leitfähigkeit mit der Temperatur, die gewöhnlichen Metallen nicht eigen ist.

Über die elektrische Leitfähigkeit von intermetallischen Verbindungen ist verhältnismäßig wenig bekannt. Zum Teil werden Werte erreicht, wie sie bei metallischen Elementen auftreten, bei denen die Leitfähigkeit durch die Höhe der Gitterschwingungen bestimmt wird. Zum anderen können aber auch sehr viel geringere Leitfähigkeitswerte auftreten. Beim Magnesiumblei Mg_2Pb sind noch die Kennzeichen metallischer Leitfähigkeit ausgeprägt; der spezifische Widerstand beträgt hier

$$\varrho_{11} = 201{,}7 \cdot 10^{-8}\ \Omega m \tag{1293}$$

und der reziproke Wert bei Zimmertemperatur:

$$\kappa_{11} = 0{,}50 \cdot 10^{6}\ \Omega m \tag{1294}$$

Bei einer Temperatur von 500°C nimmt die Leitfähigkeit des Magnesiumbleis ab; sie sinkt auf:

$$\kappa_{11} = 0{,}29 \cdot 10^{6}\ \Omega m \tag{1295}$$

Demgegenüber verhält sich das Zinnmagnesium Sn_2Mg völlig anders. Die Leitfähigkeit dieser intermetallischen Verbindung berechnet sich aus dem bei Zimmertemperatur ermittelten spezifischen Widerstand

$$\varrho_{11} = 7{,}1 \cdot 10^{-4}\ \Omega m \tag{1296}$$

zu nur:

$$\kappa_{11} = 1408\ \Omega^{-1} m^{-1} \tag{1297}$$

Bei 500°C steigt die Leitfähigkeit des Zinnmagnesiums, welches den gleichen Gittertyp wie das zuvor besprochene Magnesiumblei besitzt, auf:

$$\kappa_{11} = 11\,100\ \Omega^{-1} m^{-1} \tag{1298}$$

Die Leitfähigkeit dieser intermetallischen Halbleiterverbindung hat sich hier nahezu verachtfacht.

In Abb.80 ist die relativ starke Abnahme der Leitfähigkeit einiger gewöhnlicher kubischer Kristalle mit der Temperatur dargestellt.

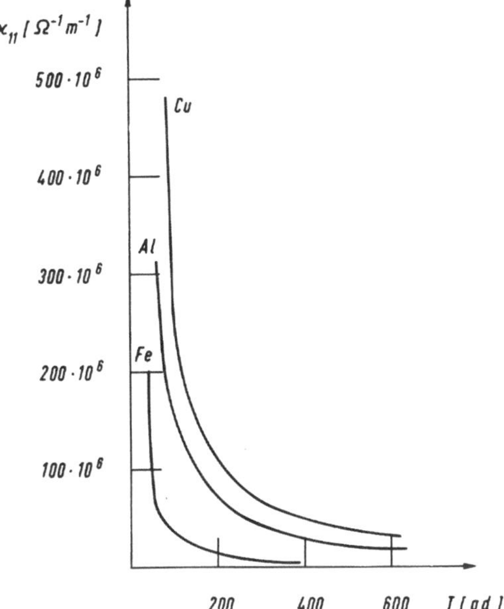

Abb. 80: Temperaturcharakteristik einiger kubischer Metallkristalle

6.8. *Richtungsabhängigkeit des spezifischen Widerstandes*

Bezugnehmend auf Abb.81 betrage in Richtung x_3' der spezifische Widerstand ϱ_{33}'. Analog (719) gilt für rhombische Kristalle die Beziehung:

$$\varrho_{33}' = a_{31}^2 \varrho_{11} + a_{32}^2 \varrho_{22} + a_{33}^2 \varrho_{33} \tag{1299}$$

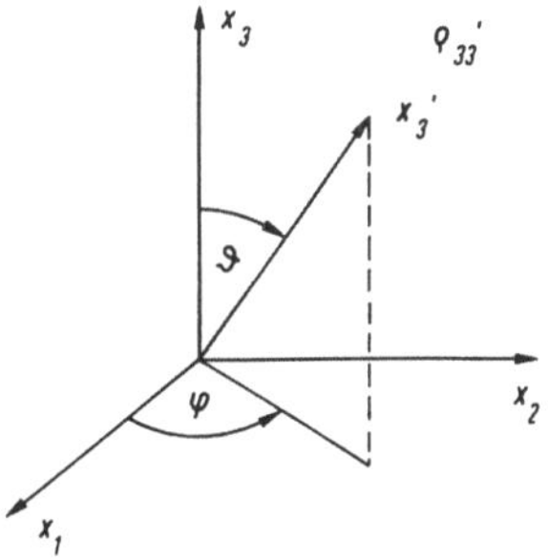

Abb. 81: Kristallfestes Bezugssystem

Mit (48), (49) und (50) folgt:

$$\varrho_{33}' = (\varrho_{11} \sin^2\varphi + \varrho_{22} \cos^2\varphi) \sin^2\vartheta + \varrho_{33} \cos^2\vartheta \tag{1300}$$

Bei wirteligen Kristallen resultiert mit

$$\varrho_{22} = \varrho_{11} \tag{1301}$$

vereinfacht:

$$\varrho'_{33} = \varrho_{11} + (\varrho_{33} - \varrho_{11}) \cos^2 \vartheta \tag{1302}$$

Mit der Abkürzung

$$R = \cos^2 \vartheta \tag{1303}$$

folgt:

$$\varrho'_{33} = \varrho_{11} + (\varrho_{33} - \varrho_{11}) R \tag{1304}$$

Zwischen ϱ'_{33} und R herrscht Linearität, die experimentell nachweisbar ist, wie Abb. 82 zeigt.

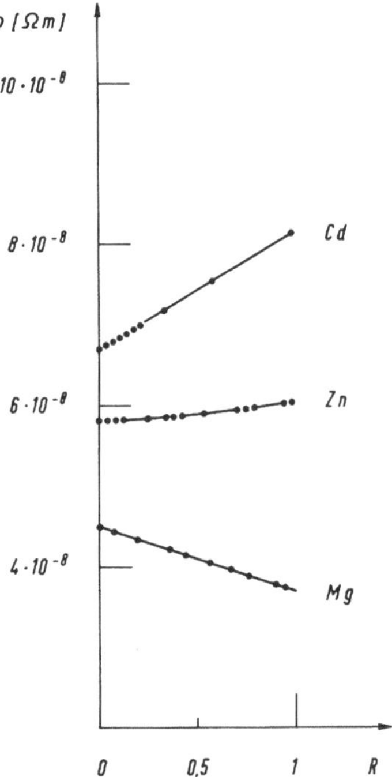

Abb. 82: Richtungsabhängigkeit des spezifischen Widerstandes einiger hexagonaler Kristalle

Aus einem Kristall wurden sowohl in Richtung als auch senkrecht zur c-Achse Stäbchen geschnitten und die Werte

$$\varrho_{11} = 20{,}44 \cdot 10^{-8}\ \Omega m \tag{1305}$$

$$\varrho_{22} = 25{,}48 \cdot 10^{-8}\ \Omega m \tag{1306}$$

$$\varrho_{33} = 10{,}08 \cdot 10^{-8}\ \Omega m \tag{1307}$$

$$\varrho_{12} = -4{,}37 \cdot 10^{-8}\ \Omega m \tag{1308}$$

gefunden. Die Werte ϱ_{ij} beziehen sich auf die Achsen x_1, x_2, x_3 des in Abb. 83 gezeigten Koordinatensystems. Die kristallfesten Achsen x_1 und x_2 sind, da wegen der unregelmäßigen Gestalt des Kristalls äußerlich keine Nebenachsenrichtungen feststellbar waren, vollkommen willkürlich. In diesem willkürlichen Koordinatensystem hat der Kristall den zugeordneten Tensor monokliner Symmetrie:

$$\varrho_{ij} = \begin{pmatrix} 20{,}44 & -4{,}37 & 0{,}00 \\ -4{,}37 & 25{,}48 & 0{,}00 \\ 0{,}00 & 0{,}00 & 10{,}08 \end{pmatrix} \cdot 10^{-8}\ \Omega m \tag{1309}$$

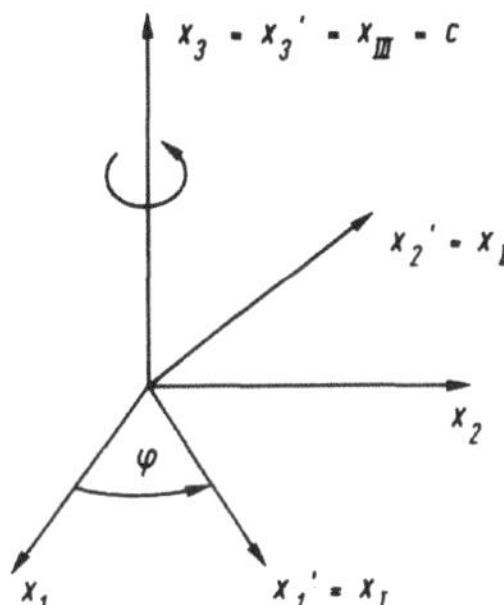

Abb. 83: Hauptachsensystem bei Rotation um die c-Achse

Durch Drehung

$$\varphi = 60^{\circ}$$

um die Achse x_3, was der Drehmatrix

$$a_{ij} = \begin{pmatrix} 0{,}5 & -\frac{\sqrt{3}}{2} & 0 \\ \frac{\sqrt{3}}{2} & 0{,}5 & 0 \\ 0 & 0 & 1 \end{pmatrix} \tag{1310}$$

entspricht, resultiert der Tensor des Hauptachsensystems:

$$\varrho_{ij} = \begin{pmatrix} 28{,}00 & 0{,}00 & 0{,}00 \\ 0{,}00 & 17{,}92 & 0{,}00 \\ 0{,}00 & 0{,}00 & 10{,}08 \end{pmatrix} \cdot 10^{-8}\ \Omega m \tag{1311}$$

Die Hauptwerte sind somit:

$$\varrho_{\rm I} = 28{,}00 \cdot 10^{-8}\,\Omega m \tag{1312}$$

$$\varrho_{\rm II} = 17{,}92 \cdot 10^{-8}\,\Omega m \tag{1313}$$

$$\varrho_{\rm III} = 10{,}08 \cdot 10^{-8}\,\Omega m \tag{1314}$$

Der untersuchte Kristall hat in Wirklichkeit rhombische Symmetrie.

6.9. Das polykristalline Haufwerk

Die Berechnung der physikalischen und technologischen Eigenschaften von Vielkristallen anhand der Einkristall- und Texturdaten ist besonders bei den elektrischen Phänomenen immer wieder versucht worden. Die Untersuchung erfolgte vornehmlich an Ein- und polykristallinen Proben von Tellur Te, da nach Tabelle 27 Tellur unter allen bisher untersuchten Metallen die größte Anisotropie des spezifischen Widerstandes aufweist.

Voraussetzung aller Ansätze zur Berechnung des polykristallinen Verhaltens sind Kleinheit der Körner gegenüber dem betrachteten Volumen, Regellosigkeit der Orientierung und lückenloser Zusammenschluß der Kristalle ohne Zwischensubstanz. Die Kristalle brauchen nicht gleich groß zu sein; aber in Gruppen, die gleiche Größe haben, sollen auch die Richtungen der Kristallachsen völlig gleichmäßig verteilt sein, so daß man die Mittelwerte über die einzelnen Gruppen bilden kann. Es werde weiterhin die Annahme gemacht, daß die Trennungsflächen zwischen zwei verschieden gerichteten Kristallen gewisse Stetigkeitsbedingungen erfüllen, von denen im folgenden Abschnitt näher die Rede sein wird.

6.10. Die Äquipotentialhypothese

Die erste, von W. Voigt (1910) gebildete Hypothese geht davon aus, daß die Trennflächen zwischen zwei verschieden orientierten Kristallen dem Strom keinen Übergangswiderstand bieten, so daß kein Potentialsprung auftritt. Fließt der Strom parallel zur Trennfläche, so muß das Potentialgefälle in beiden Kristallen parallel zur Trennfläche gleich groß sein. Dagegen kann der Strom in beiden Kristallen verschieden sein, da wegen der verschiedenen Richtung der aneinander grenzenden Kristalle der spezifische Widerstand und damit auch die Leitfähigkeit verschieden sein kann. Dies bedeutet eine Mittelung über den Leitfähigkeitstensor. Die Mittelung sei für den Fall wirteliger Kristalle durchgeführt. Ausgehend von der dreifachen räumlichen Mittelung

$$\overline{\overline{\overline{\kappa}}} = \frac{1}{8\pi^2} \int_0^{2\pi} \int_0^{\pi} \int_0^{2\pi} \kappa'_{33}(\varphi, \vartheta, \psi) \sin\vartheta \, d\varphi \, d\vartheta \, d\psi \tag{1315}$$

folgt für wirtelige Kristalle mit nur einer Leitfähigkeitsvariablen ϑ:

$$\overline{\overline{\overline{\kappa}}} = \frac{1}{2} \int_0^{\pi} \kappa'_{33}(\vartheta) \sin\vartheta \, d\vartheta \tag{1316}$$

Analog (1293) gilt die Orientierungsabhängigkeit:

$$\kappa'_{33} = \kappa_{11} + (\kappa_{33} - \kappa_{11}) \cos^2\vartheta \tag{1317}$$

Setzt man (1308) in (1307) ein, folgt:

$$\overline{\overline{\overline{\kappa}}} = \frac{1}{3}(2\kappa_{11} + \kappa_{33}) \tag{1318}$$

Diese so gewonnene Beziehung (1318) ist (1048) analog, die bei der Mittelung des Tensors der thermischen Dilatation gewonnen wurde.

Mit den Definitionsgleichungen

$$\overline{\overline{\overline{\varrho}}} = \frac{1}{\overline{\overline{\overline{\kappa}}}} \tag{1319}$$

$$\varrho_{11} = \frac{1}{\kappa_{11}} \tag{1320}$$

$$\varrho_{33} = \frac{1}{\kappa_{33}} \tag{1321}$$

folgt schließlich:

$$\overline{\overline{\overline{\varrho}}} = \frac{3\varrho_{11}\varrho_{33}}{\varrho_{11} + 2\varrho_{33}} \tag{1322}$$

Bei rhombischen Kristallen tritt anstelle (1318) der allgemeinere Ausdruck:

$$\overline{\overline{\overline{\kappa}}} = \frac{1}{3}(\kappa_{11} + \kappa_{22} + \kappa_{33}) \tag{1323}$$

Mit (1319), (1320),

$$\varrho_{22} = \frac{1}{\kappa_{22}} \tag{1324}$$

und (1321) resultiert:

$$\overline{\overline{\overline{\varrho}}} = \frac{3\varrho_{11}\varrho_{22}\varrho_{33}}{\varrho_{11}\varrho_{22} + \varrho_{22}\varrho_{33} + \varrho_{33}\varrho_{11}} \tag{1325}$$

Für monokline und trikline Kristalle tritt anstelle (1323):

$$\overline{\overline{\overline{\kappa}}} = \frac{1}{3}\,(\kappa_{\mathrm{I}} + \kappa_{\mathrm{II}} + \kappa_{\mathrm{III}}) \tag{1326}$$

Im monoklinen Fall bestimmen sich die Hauptwerte der elektrischen Leitfähigkeit zu:

$$\varrho_{\mathrm{I}} = \frac{1}{2}\,[\varrho_{11} + \varrho_{33} + \sqrt{(\varrho_{11} - \varrho_{33})^2 + 4\varrho_{13}^2}\,] \tag{1327}$$

$$\varrho_{\mathrm{II}} = \varrho_{22} \tag{1328}$$

$$\varrho_{\mathrm{III}} = \frac{1}{2}\,[\varrho_{11} + \varrho_{33} - \sqrt{(\varrho_{11} - \varrho_{33})^2 + 4\varrho_{13}^2}\,] \tag{1329}$$

Setzt man diese Beziehungen (1327) bis (1329) in

$$\overline{\overline{\overline{\varrho}}} = \frac{3\varrho_{\mathrm{I}}\varrho_{\mathrm{II}}\varrho_{\mathrm{III}}}{\varrho_{\mathrm{I}}\varrho_{\mathrm{II}} + \varrho_{\mathrm{II}}\varrho_{\mathrm{III}} + \varrho_{\mathrm{III}}\varrho_{\mathrm{I}}} \tag{1330}$$

ein, resultiert anstelle (1325) der allgemeinere, jedoch auf monokline Kristalle beschränkte Ausdruck:

$$\overline{\overline{\overline{\varrho}}} = \frac{3\varrho_{22}(\varrho_{11}\varrho_{33} - \varrho_{13}^2)}{\varrho_{22}(\varrho_{11} + \varrho_{33}) + \varrho_{11}\varrho_{33} - \varrho_{13}^2} \tag{1331}$$

Da trikline Metallkristalle bisher nicht beobachtet worden sind, entfalle die Erörterung dieses allgemeinsten Falles.

6.11. Die Äquistromhypothese

W.Boas und E.Schmid (1934) nahmen den anderen Grenzfall an, daß der Strom in allen Kristalliten gleich groß ist. Da die Trennflächen zwischen zwei verschieden orientierten Kriställchen dem Strom nunmehr einen Übergangswiderstand bieten, tritt ein Potentialsprung auf. Hier muß über den Tensor des spezifischen Widerstandes gemittelt werden:

$$\overline{\overline{\overline{\varrho}}} = \frac{1}{8\pi^2} \int_0^{2\pi} \int_0^{\pi} \int_0^{2\pi} \varrho'_{33}\,(\varphi, \vartheta, \psi) \sin\vartheta \,d\varphi\, d\vartheta\, d\psi \tag{1332}$$

Im Fall wirteliger Kristalle, bei dem der spezifische Widerstand nur von einer Variablen ϑ abhängt, vereinfacht sich der obige Ausdruck (1332) zu:

$$\overline{\overline{\overline{\varrho}}} = \frac{1}{2} \int_0^{\pi} \varrho'_{33}(\vartheta) \sin\vartheta \,d\vartheta \tag{1333}$$

Analog (1317) gilt für wirtelige Kristalle die Orientierungsabhängigkeit:

$$\varrho'_{33} = \varrho_{11} + (\varrho_{33} - \varrho_{11}) \cos^2 \vartheta \tag{1334}$$

Setzt man (1334) in (1333) ein, folgt:

$$\overset{\equiv}{\varrho} = \tfrac{1}{3}(2\varrho_{11} + \varrho_{33}) \tag{1335}$$

Bei rhombischen Kristallen tritt anstelle (1335) die allgemeinere Beziehung:

$$\overset{\equiv}{\varrho} = \tfrac{1}{3}(\varrho_{11} + \varrho_{22} + \varrho_{33}) \tag{1336}$$

Für monokline und trikline Kristalle erhält man schließlich:

$$\overset{\equiv}{\varrho} = \tfrac{1}{3}(\varrho_{\mathrm{I}} + \varrho_{\mathrm{II}} + \varrho_{\mathrm{III}}) \tag{1337}$$

Mit (1327) bis (1329) resultiert für monokline Kristalle die Beziehung (1337), die auch für trikline Kristalle Gültigkeit hat. Während nach der Äquipotentialhypothese bei den niedriger symmetrischen monoklinen Kristallen der über alle Raumrichtungen gemittelte Wert des spezifischen Widerstandes $\overset{\equiv}{\varrho}$ von der Größe ϱ_{13} abhängig ist –– im triklinen Fall von ϱ_{12}, ϱ_{13} und ϱ_{23} ––, ist nach der Äquistromhypothese der Mittelwert $\overset{\equiv}{\varrho}$ von diesen Größen unabhängig. Da für das einzig bekannte monokline Metall Plutonium Pu der Satz der Werte ϱ_{ij} bisher noch nicht bestimmt worden ist, kann eine Entscheidung, welche Hypothese besser erfüllt wird, auf der ϱ_{13}-Basis nicht gefällt werden.

Wie leicht nachzuweisen ist, liefert die Äquipotentialhypothese den niedrigsten Grenzwert des spezifischen Widerstandes und die Stromhypothese den Größtwert.

6.12. Mischhypothesen

D.A.G.Bruggemann (1936) machte darauf aufmerksam, daß in Wahrheit weder die eine noch die andere Grenzhypothese gültig sein kann, da die Stetigkeit der Normalkomponente des Potentials gegen die der Stromkomponente verstößt. Der von ihm berechnete, von der Kornform jedoch etwas abhängige Wert des spezifischen Widerstandes beträgt im Fall der Quasiisotropie eines Kristallhaufwerks wirteliger Kristalle:

$$\overset{\equiv}{\varrho} = \frac{4\varrho_{11}}{1 + \sqrt{\dfrac{8\varrho_{11} + \varrho_{33}}{\varrho_{33}}}} \tag{1338}$$

Das von E.N.C. Andrade und B. Chalmers (1932) angegebene Verfahren besteht in einer Mittelung des Reziprokwertes des spezifischen Widerstandes:

$$\overline{\overline{\kappa}} = \frac{1}{2} \int_0^{\pi} \frac{\sin \vartheta \, d\vartheta}{\varrho_{11} + (\varrho_{33} - \varrho_{11}) \cos^2 \vartheta} \tag{1339}$$

Diese Mittelung bezieht sich auf ein regelloses Haufwerk wirteliger Kristalle. Mit dem Zwischenintegral

$$\overline{\overline{\kappa}} = \frac{1}{2\sqrt{\varrho_{11}(\varrho_{33} - \varrho_{11})}} \left| - arctg \left(\sqrt{\frac{\varrho_{33} - \varrho_{11}}{\varrho_{11}}} \cos \vartheta \right) \right|_0^{\pi} \tag{1340}$$

resultiert:

$$\overline{\overline{\kappa}} = \frac{1}{\sqrt{\varrho_{11}(\varrho_{33} - \varrho_{11})}} \, arctg \sqrt{\frac{\varrho_{33} - \varrho_{11}}{\varrho_{11}}} \tag{1341}$$

Mit (1310) folgt:

$$\overline{\overline{\varrho}} = \frac{\sqrt{\varrho_{11}(\varrho_{33} - \varrho_{11})}}{arctg \sqrt{\dfrac{\varrho_{33} - \varrho_{11}}{\varrho_{11}}}} \qquad \varrho_{33} > \varrho_{11} \tag{1342}$$

Ist der spezifische Widerstand ϱ_{33} kleiner als ϱ_{11}, resultiert:

$$\overline{\overline{\varrho}} = \frac{2\sqrt{\varrho_{11}(\varrho_{11} - \varrho_{33})}}{\ln \dfrac{\sqrt{\varrho_{11}} + \sqrt{\varrho_{11} - \varrho_{33}}}{\sqrt{\varrho_{11}} - \sqrt{\varrho_{11} - \varrho_{33}}}} \qquad \varrho_{33} < \varrho_{11} \tag{1343}$$

6.13. Vergleich der verschiedenen Hypothesen am Beispiel des Tellurs

Das hexagonale Tellur Te, dessen spezifischer Widerstand ϱ_{11} gemäß Tabelle 27 senkrecht zur Hauptachse $6{,}13 \cdot 10^{-4}\ \Omega m$ und dessen spezifischer Widerstand ϱ_{33} parallel zur Hauptachse $2{,}83 \cdot 10^{-4}\ \Omega m$ beträgt, sollte zu einer experimentellen Bewertung der verschiedenen Mittelungsverfahren durchaus geeignet sein. Die Herstellung eines feinkörnigen, regellos orientierten Vielkristalls erwies sich als außerordentlich langwierig. Bei dem von E. Schmid und F. Staffelbach (1937) angewandten Verfahren wurde das Metall zunächst in einem Glasrohr eingeschmolzen und entgast. Hierauf wurde die etwa 12 cm lange Metallsäule in die Mitte des etwa 50 cm langen Rohres und dort zur Erstarrung gebracht. Das Rohr wurde nunmehr vertikal gestellt und von außen beheizt. Das geschmolzene Tellur ergoß sich in einem dünnen Strahl in eine unterhalb des Rohres stehende Kupferkokille. Feinkörnigkeit und Regellosigkeit der Gitterlagen wurden röntgenographisch geprüft und erwiesen sich als recht zufriedenstellend. Weniger zufriedenstellend war hingegen das Vorhandensein einer Rest-Porosität, die nicht völlig beseitigt werden konnte. Der an dem quasiisotropen Vielkristall gemessene spezifische Widerstand betrug:

$$\overline{\overline{\overline{\varrho}}} = 5{,}30 \cdot 10^{-4}\ \Omega m \tag{1344}$$

Demgegenüber liefert der nach der Äquipotentialhypothese gemäß Formel (1322) berechnete Wert des spezifischen Widerstandes:

$$\overline{\overline{\overline{\varrho}}} = 4{,}41 \cdot 10^{-4}\ \Omega m \tag{1345}$$

Bei Annahme der Äquistromhypothese (1326) resultiert der Maximalwert:

$$\overline{\overline{\overline{\varrho}}} = 5{,}03 \cdot 10^{-4}\ \Omega m \tag{1346}$$

Nach der Mischhypothese von D.A.G.Bruggemann (1936) resultiert

$$\overline{\overline{\overline{\varrho}}} = 4{,}64 \cdot 10^{-4}\ \Omega m \tag{1347}$$

und nach derjenigen von E.N.C.Andrade und B.Chalmers (1932):

$$\overline{\overline{\overline{\varrho}}} = 4{,}80 \cdot 10^{-4}\ \Omega m \tag{1348}$$

Sämtliche berechneten Werte liegen unterhalb des beobachteten Wertes, so daß die erhoffte experimentelle Entscheidung nicht gefällt werden kann. Der Grund für dieses Mißlingen ist zweifellos vor allem in der Unvollkommenheit der vielkristallinen Probe zu suchen. Wenngleich auch durch das angewandte Herstellungsverfahren hinreichende Feinkörnigkeit und Quasiisotropie gegeben war, so gelang es doch nicht, die widerstandserhöhende Lunkerung unter das erforderliche Maß herabzusetzen.

6.14. Vergleich der verschiedenen Hypothesen am Beispiel des Yttriums

Definiert man als Anisotropieziffer das Verhältnis

$$A = \frac{\varrho_{11}}{\varrho_{33}} \tag{1349}$$

so resultiert für das zuvor behandelte Tellur Te die Anisotropieziffer:

$$A = 2{,}17 \tag{1350}$$

Für das Metall Yttrium Y, welches gemäß Tabelle 27 einen spezifischen Widerstand ϱ_{11} von $71{,}6 \cdot 10^{-8}\ \Omega m$ und in Richtung der Hauptachse einen spezifischen Widerstand ϱ_{33} von $34{,}6 \cdot 10^{-8}\ \Omega m$ besitzt, beträgt die Anisotropieziffer:

$$A = 2{,}07 \tag{1351}$$

Bei den von P.M. Hall, S. Legvold und F.H. Spedding (1959) durchgeführten Untersuchungen wurden aus einem Einkristall zwei Proben geschnitten; eine längs der c-Achse des Yttriumkristalls und die andere senkrecht dazu. Die Proben besaßen rechteckigen Querschnitt von $1{,}8 \times 2{,}1$ mm Abmessung und eine Länge von 16,3 mm. Die polykristalline Probe war zylinderförmig mit einem Durchmesser von 4,8 mm und einer Länge von 50,8 mm. Der bei Zimmertemperatur an dem polykristallinen Yttriumdraht gemessene spezifische Widerstand betrug näherungsweise:

$$\overline{\overline{\overline{\varrho}}} = 58{,}9 \cdot 10^{-8}\ \Omega m \tag{1352}$$

Die Messungen wurden von J.K. Alstad, R. V. Colvin und S. Legvold (1961) an drei polykristallinen Proben hoher Reinheit wiederholt und die Werte

$$\overline{\overline{\overline{\varrho}}} = 60{,}0 \cdot 10^{-8}\ \Omega m \tag{1353}$$

$$\overline{\overline{\overline{\varrho}}} = 59{,}5 \cdot 10^{-8}\ \Omega m \tag{1354}$$

$$\overline{\overline{\overline{\varrho}}} = 59{,}6 \cdot 10^{-8}\ \Omega m \tag{1355}$$

gefunden. Der Mittelwert über alle vier Werte (1352), (1353), (1354) und (1355) ergibt:

$$\overline{\overline{\overline{\varrho}}} = 59{,}5 \cdot 10^{-8}\ \Omega m \tag{1356}$$

Dieser Mittelwert heiße der experimentelle Vergleichswert. Leider wurde über den Grad der erzielten Quasiisotropie keine Texturuntersuchung durchgeführt. Erfahrungsgemäß ist die Bedingung der völlig ungeordneten Orientierung der Einzelkristallite kaum jemals erfüllt, da bei der Herstellung polykristalliner Proben fast immer durch äußere Einflüsse gewisse Kristallrichtungen bevorzugt auftreten. Daher sind die Berechnungsformeln für den über alle Raumrichtungen gemittelten spezifischen Widerstand eines quasiisotropen Mediums streng fast nie anwendbar. Abweichungen dieser Art –– wie die bereits diskutierte Lunkerung –– sind für die Streuung der vier Meßwerte (1352) bis (1355) verantwortlich zu machen.

Wie im vorherigen Abschnitt, so seien auch hier die Ergebnisse der verschiedenen Mittelungsverfahren mitgeteilt. Nach der Äquipotentialhypothese (1313) resultiert:

$$\overline{\overline{\overline{\varrho}}} = 52{,}8 \cdot 10^{-8}\ \Omega m \tag{1357}$$

Diesem minimalen Grenzwert steht der nach der Äquistromhypothese (1335) errechnete Maximalwert

$$\overline{\overline{\overline{\varrho}}} = 59{,}3 \cdot 10^{-8}\ \Omega m \tag{1358}$$

gegenüber. Nach der Mischhypothese von D.A.G.Bruggemann (1936) ergibt sich ein Wert von

$$\overline{\overline{\overline{\varrho}}} = 55{,}2 \cdot 10^{-8}\ \Omega m \tag{1359}$$

und nach der von E.G.C. Andrade und B.Chalmers (1932) eingeführten Hypothese:

$$\overline{\overline{\overline{\varrho}}} = 56{,}8 \cdot 10^{-8}\ \Omega m \tag{1360}$$

Ein Vergleich aller Werte (1357) bis (1360) zeigt, daß die Äquistromhypothese mit dem errechneten Wert von $59{,}3 \cdot 10^{-8}\ \Omega m$ dem Meßwert (1356) von $59{,}5 \cdot 10^{-8}\,\Omega m$ am nächsten kommt.

Abb. 84 zeigt die Abhängigkeit des spezifischen Widerstandes von ein- und polykristallinem Yttrium von der Temperatur. Die oberste Kurve gibt den Temperaturverlauf der Einkristallprobe senkrecht zur c-Achse wieder, die unterste Kurve denjenigen der Einkristallprobe parallel zur c-Achse. Neben dem Verlauf der

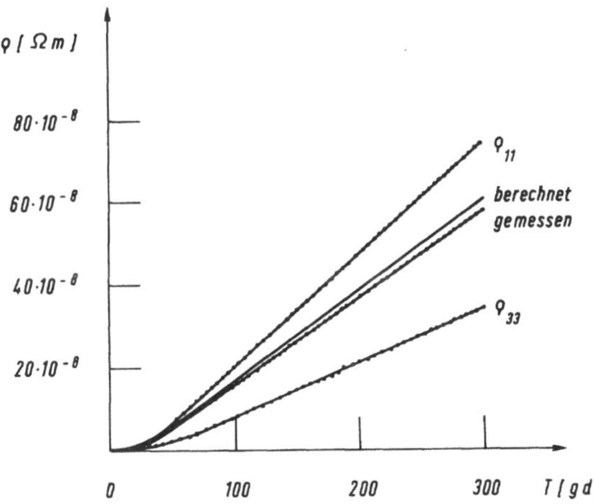

Abb. 84: Spezifischer Widerstand von ein- und polykristallinem Yttrium in Abhängigkeit von der Temperatur

tatsächlich gemessenen Werte der polykristallinen Probe (gemessen) ist der Verlauf nach (1335) angegeben und mit dem entsprechenden Vermerk (berechnet) versehen worden. Die Äquistromhypothese gibt die gemessenen Verhältnisse gut wieder. Die zu niedrigen Meßwerte deuten auf eine geringe Lunkerung der polykristallinen Yttriumprobe.

6.15. Elektrische Leitfähigkeit von polykristallinen Gemengen und Mischkristallreihen

Abb. 85 zeigt einige Beispiele für mechanische Gemenge. Die Abweichung von der Additivität ist deutlich, aber noch nicht allzu stark. Die Konzentrationskurven weichen von der Geraden stets nach unten ab. Dies ist verständlich, da in den Proben die Kristallkörner der beiden Arten auch nebeneinander zu liegen kommen und als Parallelschaltung fungieren. Parallelschaltung liefert immer einen niedrigeren Widerstand als derjenige, welcher sich aus dem Mittelwert der Zweigwiderstände ergibt.

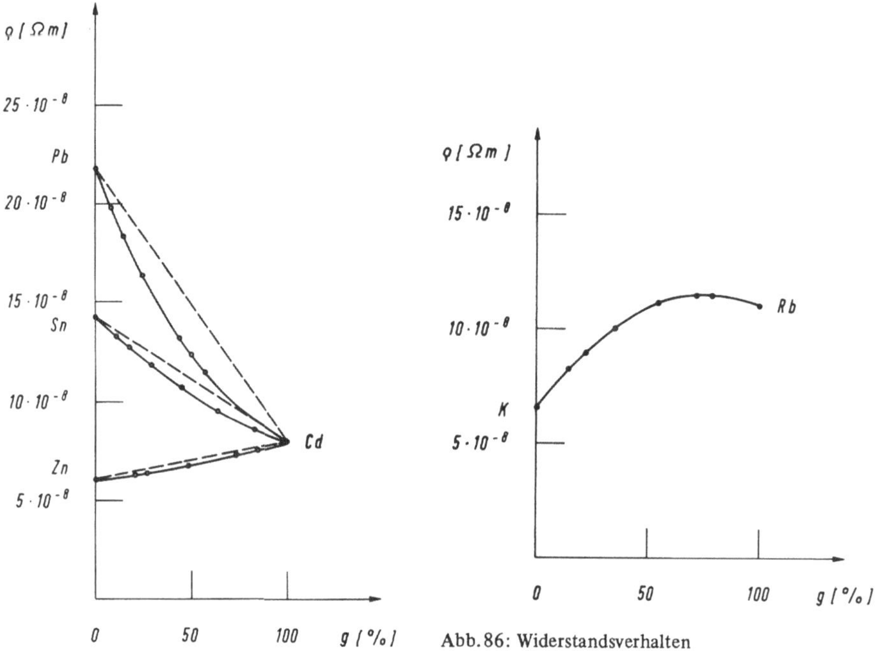

Abb. 85: Spezifischer Widerstand in einem binären System in Abhängigkeit von dessen Zusammensetzung

Abb. 86: Widerstandsverhalten einer binären Legierung aus Kalium und Rubidium mit lückenloser Mischbarkeit der Komponenten

Im Falle lückenloser Mischbarkeit erhält man bei völlig ungeordneten Substitutionsmischkristallen Verhältnisse, wie sie in Abb. 86 dargestellt sind. Die Abweichung vom linearen Verhalten ist gegenüber einem polykristallinen Gemenge genau umgekehrt, d.h. die Konzentrationskurven weichen nach oben ab. Wie die binäre Legierung aus Kalium und Rubidium, so zeigt auch diejenige aus Silber und Gold dieses Verhalten. Wie aus Abb. 87 hervorgeht, ist die Abweichung hier noch stärker.

Tritt dagegen geordnete Atomverteilung auf (Überstruktur), so ist damit meist eine sehr erhebliche Verringerung des spezifischen Widerstandes verbunden.

Abb. 88 zeigt die Konzentrationsabhängigkeit des spezifischen Widerstandes einer binären Legierung aus Kupfer und Gold. Im Punkt A liegt stöchiometrisch die

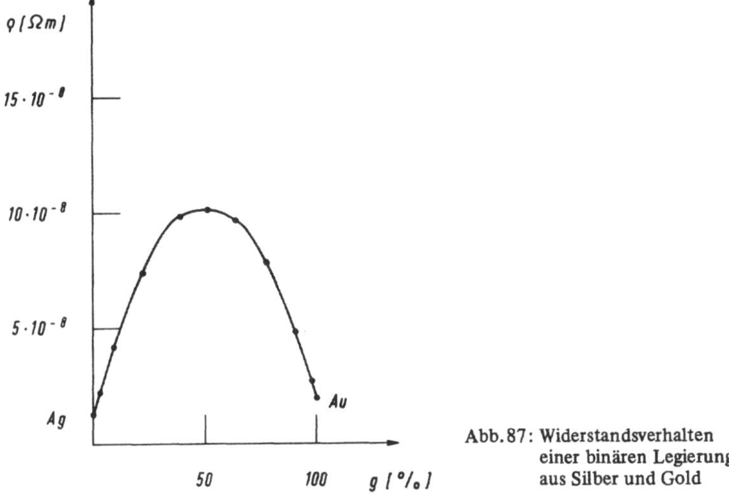

Abb. 87: Widerstandsverhalten einer binären Legierung aus Silber und Gold

Metallverbindung Cu_3Au und in Punkt B die Verbindung CuAu vor. Diesbezügliche röntgenographische Untersuchungen wurden von C.H. Johansson und J.O. Linde (1925) durchgeführt.

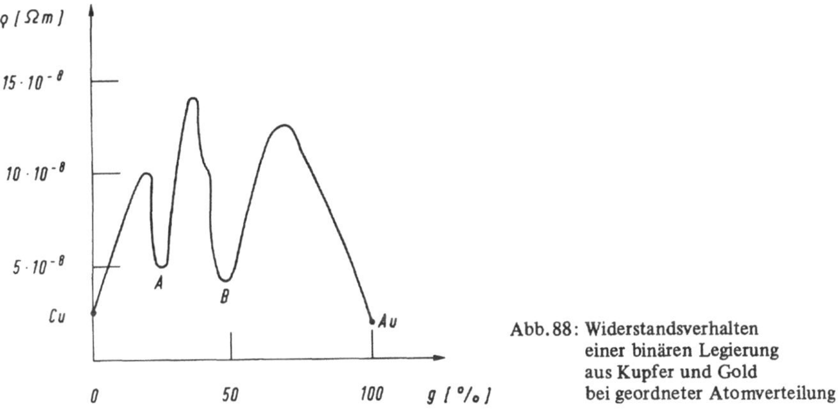

Abb. 88: Widerstandsverhalten einer binären Legierung aus Kupfer und Gold bei geordneter Atomverteilung

6.16. Sprunghafte Änderung des spezifischen Widerstandes beim Schmelzen

Widerstandsmessungen an reinen Metallen zeigen, daß der spezifische Widerstand der meisten Metalle beim Schmelzen etwa verdoppelt wird. Quecksilber Hg zeigt mit einer etwa vierfachen Widerstandserhöhung anomales Verhalten. Gallium Ga, das zum Unterschied zu den anderen Metallen beim Schmelzen eine Volumenkontraktion erfährt, stellt auch betreff der Änderung des spezifischen Widerstandes eine Ausnahme von der Regel dar und zeigt beim Schmelzen eine Widerstandsabnahme. Ähnliches Verhalten wurde auch bei Antimon Sb und Wismut Bi festgestellt. Um Abb. 89 nicht zu überlasten, wurde die Temperaturcharakteristik dieser Metalle nicht mit eingetragen.

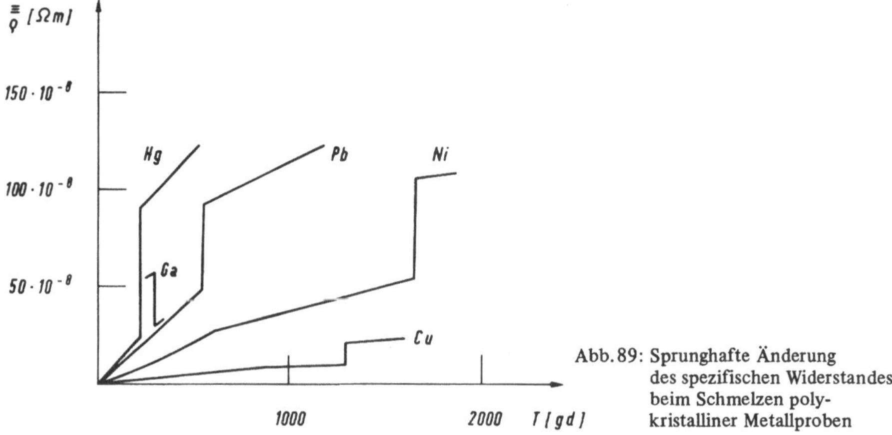

Abb. 89: Sprunghafte Änderung des spezifischen Widerstandes beim Schmelzen polykristalliner Metallproben

6.17. Druckabhängigkeit des spezifischen Widerstandes polykristalliner Proben

Übt man einen hohen allseitigen Druck p auf die zu untersuchende Probe aus, so ändert sich der spezifische Widerstand, obwohl keine Gefügeregelung nachzuweisen ist und es sich bei den in Abb. 90 aufgeführten polykristallinen Proben

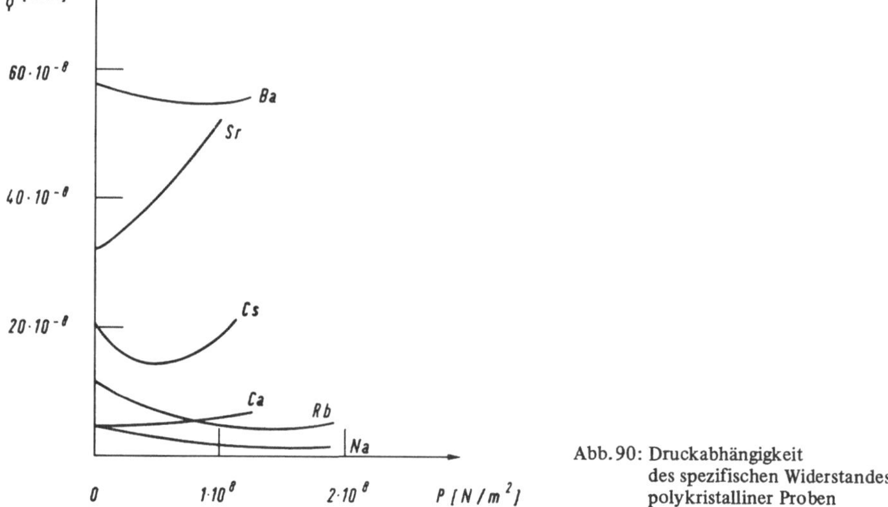

Abb. 90: Druckabhängigkeit des spezifischen Widerstandes polykristalliner Proben

um solche handelt, die sich aus kubischen Kristalliten zusammensetzen. Eine befriedigende Erklärung dieses Effektes steht noch aus. Im Rahmen der Zielsetzung dieses Buches ist eine weitergehende Besprechung der von P. W. Bridgman (1925) untersuchten Hochdruckeffekte nicht notwendig.

7. Dielektrische Suszeptibilität

7.1. Die dielektrische Suszeptibilität eines Anisotrops

Das Studium der unter definierten Spannungsverhältnissen durchgeführten Gefügeregelung setzt weitgehend ungeregeltes Ausgangsmaterial voraus, dessen Auffindung in situ durch Polarisationsmessungen erleichtert werden kann.

Im elektrischen Feld treten an der Oberfläche von dielektrischen Körpern –– sowohl bei Einkristallen als auch bei Kristallaggregaten –– Polarisationsladungen auf, deren spezifisches elektrisches Moment als Polarisation bezeichnet wird. Hierbei erfolgt die Bezugnahme des elektrischen Momentes in der Regel auf die Größe des polarisierten Volumens. Zwischen der Polarisation P_i und der elektrischen Feldstärke E_j besteht im allgemeinen anisotropen Fall der vektorielle Zusammenhang:

$$P_i = \epsilon_0 \chi_{ij} E_j \qquad (1361)$$

Im internationalen Maßsystem besitzt die Influenzkonstante ϵ_0 den Wert:

$$\epsilon_0 = 8{,}854 \cdot 10^{-12} \text{ As/Vm} \qquad (1362)$$

Der zweistufige Tensor χ_{ij} kennzeichnet die dielektrische Suszeptibilität des anisotropen Mediums und ist wegen Vorhandenseins eines Potentials stets symmetrisch:

$$\chi_{ij} = \chi_{ji} \qquad (1363)$$

Wie in einer früheren Arbeit von W. Dreyer (1967) näher erläutert wird, hat der Vektor P_i der Polarisation im allgemeinen eine andere Richtung als der Vektor E_j der elektrischen Feldstärke.

Bei Einführung der Verschiebungsdichte

$$D_i = \epsilon_0 E_i + P_i \qquad (1364)$$

folgt mit (1361):

$$D_i = \epsilon_0 (E_i + \chi_{ij} E_j) \tag{1365}$$

Die Identität

$$E_i = \delta_{ij} E_j \tag{1366}$$

liefert:

$$D_i = \epsilon_0 (\delta_{ij} + \chi_{ij}) E_j \tag{1367}$$

In Komponentenschreibweise resultiert:

$$D_i = \epsilon_0 \begin{pmatrix} (1+\chi_{11}) E_1 + \chi_{12} E_2 + \chi_{13} E_3 \\ \chi_{12} E_1 + (1+\chi_{22}) E_2 + \chi_{23} E_3 \\ \chi_{13} E_1 + \chi_{23} E_2 + (1+\chi_{33}) E_3 \end{pmatrix} \tag{1368}$$

Die Definition der Dielektrizitätskonstanten

$$\epsilon_{11} = \epsilon_0 (1 + \chi_{11}) \tag{1369}$$

$$\epsilon_{22} = \epsilon_0 (1 + \chi_{22}) \tag{1370}$$

$$\epsilon_{33} = \epsilon_0 (1 + \chi_{33}) \tag{1371}$$

$$\epsilon_{12} = \epsilon_0 \chi_{12} \tag{1372}$$

$$\epsilon_{13} = \epsilon_0 \chi_{13} \tag{1373}$$

$$\epsilon_{23} = \epsilon_0 \chi_{23} \tag{1374}$$

führt auf:

$$D_i = \begin{pmatrix} \epsilon_{11} E_1 + \epsilon_{12} E_2 + \epsilon_{13} E_3 \\ \epsilon_{12} E_1 + \epsilon_{22} E_2 + \epsilon_{23} E_3 \\ \epsilon_{13} E_1 + \epsilon_{23} E_2 + \epsilon_{33} E_3 \end{pmatrix} \tag{1375}$$

In Tensorschreibweise läßt sich die Substitution in einer einzigen Zeile

$$\epsilon_{ij} = \epsilon_0 (\delta_{ij} + \chi_{ij}) \tag{1376}$$

ausdrücken und (1375) in:

$$D_i = \epsilon_{ij} E_j \tag{1377}$$

In Matrixschreibweise hat der Dielektrizitätstensor die Form:

$$\epsilon_{ij} = \begin{pmatrix} \epsilon_{11} & \epsilon_{12} & \epsilon_{13} \\ \epsilon_{12} & \epsilon_{22} & \epsilon_{23} \\ \epsilon_{13} & \epsilon_{23} & \epsilon_{33} \end{pmatrix} \tag{1378}$$

7.2. Messung der dielektrischen Suszeptibilität

Die Messung der dielektrischen Suszeptibilität erfolgte stets anhand der Bestimmung der Dielektrizitätskonstanten. Die Meßfrequenz der nach dem Prinzip einer halbabgeglichenen Brückendiagonale arbeitenden Meßbrücke betrug konstant 50 Hz. Bis zu dieser Frequenz ist der Frequenzgang so gering, daß die gemessenen Dielektrizitätskonstanten als „statische" Meßwerte angesprochen werden können.

An die Form der Proben wurden keine besonderen Anforderungen gestellt. Sie müssen nur planparallel sein und eine im Verhältnis der Dicke ausreichend ebene Oberfläche aufweisen. Luftspalte müssen wegen der dann recht hohen Meßfehler stets vermieden werden. Die Dicke der angefertigten Mineral- bzw. Gesteinsplatten variierte zwischen 0,5 und 5,0 *mm*; sie richtete sich bei den Gesteinsplatten insbesondere nach der Korngröße. Der Meßelektrodendurchmesser der Schutzringkondensatoren wurde zu 2 bis 4 cm gewählt, wobei darauf geachtet wurde, daß der gesamte Meß- und Schutzraum ausgefüllt ist. Dies war stets gewährleistet, da die Gesteinsplatten die Schutzringe meist um 5 *mm* überragten. Als Dielektrikum wurden bei den Meßkondensatoren Araldit, Polystyrol und Teflon verwandt, also Stoffe mit höchster elektrischer Güte. Eine Beheizungsvorrichtung erlaubte die Messung der Dielektrizitätskonstanten bis zu Temperaturen von 200°C.

7.3. Dielektrische Suszeptibilität trikliner Kristalle

Beim untersuchten Albit-Kristall $Na_2O \cdot Al_2O_3 \cdot 6SiO_2$, dessen Tracht Abb. 33 zeigt, sind die Flächen *b, c, e, m, n, p, t, v, x, y* gut entwickelt. Die Stellung dieser Flächen ist in Tabelle 29 durch die Winkel φ und ϑ wiedergegeben, wobei φ von der Achse x_1 und ϑ von der Achse x_3 aus zählt.

Tabelle 29. *Stellung einiger Ebenen des Albitkristalls*

Flächenbezeichnung	Indizierung	Azimut φ Altgrad	Neigung ϑ Altgrad
b	(010)	90,00	90,00
c	(001)	8,07	26,98
e	(021)	67,46	52,19
m	(110)	29,65	90,00
n	$(0\bar{2}1)$	295,83	49,20
p	$(\bar{1}\bar{1}1)$	314,77	34,09
t	$(1\bar{1}0)$	330,43	90,00
v	$(\bar{1}11)$	129,50	38,33
x	$(\bar{1}01)$	170,55	64,12
y	$(\bar{2}01)$	176,47	55,36
b'	$(0\bar{1}0)$	270,00	90,00
c'	$(00\bar{1})$	188,07	153,02
e'	$(0\bar{2}\bar{1})$	247,46	127,81
m'	$(\bar{1}\bar{1}0)$	209,65	90,00
n'	$(02\bar{1})$	115,83	130,80
p'	$(11\bar{1})$	134,77	145,91
t'	$(\bar{1}10)$	150,43	90,00
v'	$(1\bar{1}\bar{1})$	209,50	141,67
x'	$(10\bar{1})$	350,55	115,88
y'	$(20\bar{1})$	256,47	124,64

Beim Albittypus sind die Kristalle in Richtung der *c*-Achse gestreckt und plattig ausgebildet, wobei die Plattennormale die *b*-Achse ist. Diese Kristalle, die auch verzwillingt sein dürfen, eignen sich besonders zur Bestimmung von χ_{22}. Für die Bestimmung der Suszeptibilität senkrecht zur (001)-Ebene eignet sich dagegen besser der alpine Periklintypus, bei welchem die Kristalle nach der *b*-Achse gestreckt und in Bezug auf die (001)-Spaltebene plattig ausgebildet sind.

Die Kristallgröße liegt meist über 2 cm; einfache Kristalle sind selten. Die Spaltbarkeit parallel zur Basis (001) ist sehr gut, parallel zum Brachypinakoid (010) auch noch ganz gut. Das Makropinakoid (100) wurde beim Albit nicht beobachtet. Abb. 91 gibt das stereographische Projektionsbild des Albits wieder.

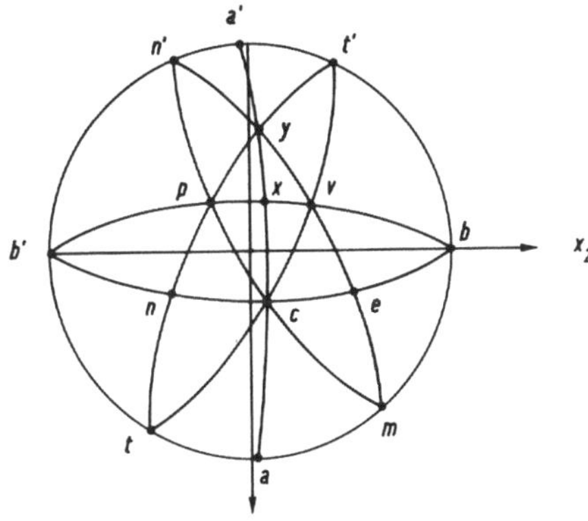

Abb. 91: Stereographisches Projektionsbild des Albits

Für paraelektrische Medien sind die sechs Komponenten χ_{ij} des Suszeptibilitätstensors

$$\chi_{ij} = \begin{pmatrix} \chi_{11} & \chi_{12} & \chi_{13} \\ \chi_{12} & \chi_{22} & \chi_{23} \\ \chi_{13} & \chi_{23} & \chi_{33} \end{pmatrix} \tag{1379}$$

konstante Größen, wenn Temperatur und Meßfrequenz konstant gehalten werden.

Schneidet man aus dem Albitkristall einen nach den Koordinaten x_1, x_2 und x_3 orientierten Würfel und legt man in Richtung x_1 die Feldstärke E_1 an, so resultieren gemäß Abb. 92 in allen drei Koordinatenrichtungen durch Polarisation hervorgerufene Ladungsdichten spezifischen Vorzeichens. So konnte nachgewiesen werden, daß der Albit eine negative Polarisationsladung auf derjenigen Fläche trägt, deren Normale die positive x_3-Achse ist. Im mittleren Teil von Abb. 91 ist der Fall demonstriert, der bei Feldeinwirkung von E_2 zu beobachten ist. Die positiven Flächen tragen insgesamt positive, die in der Abb. 92 nicht sichtbaren negativen Flächen negative Polarisationsladung. Ist das Feld parallel x_3 gerichtet, trägt die Fläche der Normalen x_1 negative, die Fläche der Normalen x_2 positive Ladung.

Bei Feldeinwirkung E_1 gelten die aus (1361) fließenden Beziehungen:

$$\chi_{11} = \frac{P_1}{\epsilon_0 E_1} \tag{1380}$$

$$\chi_{12} = \frac{P_2}{\epsilon_0 E_1} \tag{1381}$$

$$\chi_{13} = \frac{P_3}{\epsilon_0 E_1} \tag{1382}$$

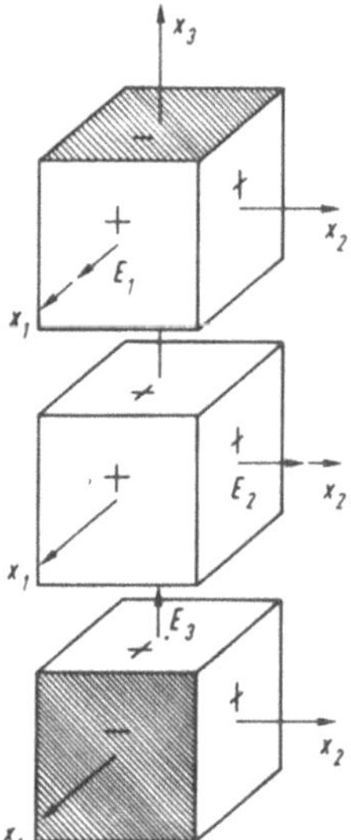

Abb. 92: Polarisation eines Albitwürfels in verschiedenen Achsenrichtungen

Bedingt durch die gute Spaltbarkeit parallel zur Basis (001) gelang die Herstellung geeigneter Würfel nur in sehr unvollkommener Weise. Ein Probeversuch ergab bei Anlegung einer elektrischen Feldstärke E_1 von 10^5 V/m die Polarisationsladung:

$$P_1 = (4{,}0 \pm 0{,}6) \cdot 10^{-6} \text{ As/m}^2 \tag{1383}$$

Aus (1380) resultiert:

$$\chi_{11} = 4{,}5 \pm 0{,}7 \tag{1384}$$

Bei Feldeinwirkung E_2 folgt:

$$\chi_{12} = \frac{P_1}{\epsilon_0 E_2} \tag{1385}$$

$$\chi_{22} = \frac{P_2}{\epsilon_0 E_2} \tag{1386}$$

$$\chi_{23} = \frac{P_3}{\epsilon_0 E_2} \tag{1387}$$

Bei Feldeinwirkung E_3 gilt schließlich:

$$\chi_{13} = \frac{P_1}{\epsilon_0 E_3} \tag{1388}$$

$$\chi_{23} = \frac{P_2}{\epsilon_0 E_3} \tag{1389}$$

$$\chi_{33} = \frac{P_3}{\epsilon_0 E_3} \tag{1390}$$

Wegen der Symmetrie des Suszeptibilitätstensors sind neun Bestimmungsgleichungen für nur sechs Unbekannte verfügbar. Die überzähligen drei Gleichungen dienen der Kontrolle.

Da der Satz der Tensorkomponenten anhand geeigneter Würfel nicht bestimmt werden konnte, wurden parallel vorhandener Kristallebenen Kristallplatten hergestellt. Hat die Richtung des elektrischen Feldes eine beliebige Orientierung zum Kristall, so gilt:

$$P'_i = \epsilon_0 \chi'_{ij} E'_j \tag{1391}$$

Mit

$$\chi'_{ij} = a_{ik} a_{jl} \chi_{kl} \tag{1392}$$

resultiert:

$$P'_i = \epsilon_0 a_{ik} a_{jl} \chi_{kl} E'_j \tag{1393}$$

In Abb. 93 ist die Stellung des schräg aus dem Kristall herausgeschnittenen Plättchens durch den Stellungsvektor x'_3 repräsentiert. Wirkt nur die Feldstärke E'_3 senkrecht zum Kristallplättchen, vereinfacht sich die Beziehung (1393) und ergibt:

$$P'_i = \epsilon_0 E'_3 a_{ik} a_{31} \chi_{kl} \tag{1394}$$

Da nur die Polarisation P'_3 interessiert, die das Plättchen in Richtung x'_3 aufweist, vereinfacht sich die obige Beziehung weiter zu:

$$P'_3 = \epsilon_0 E'_3 a_{3k} a_{31} \chi_{kl} \tag{1395}$$

Die Entwicklung von (1395) liefert dann:

$$P'_3 = \epsilon_0 E'_3 [a_{31}(a_{31}\chi_{11} + a_{32}\chi_{12} + a_{33}\chi_{13}) + a_{32}(a_{31}\chi_{12} + a_{32}\chi_{22} + a_{33}\chi_{23}) +$$
$$+ a_{33}(a_{31}\chi_{13} + a_{32}\chi_{23} + a_{33}\chi_{33})] \tag{1396}$$

Die Einführung der auf das raumfeste Koordinatensystem bezogenen Standardkoordinaten (59), (60), (61) führt auf:

$$P_3' = \epsilon_0 E_3' [\sin^2 \delta \, (\cos^2 \varphi \chi_{11} + \sin^2 \varphi \chi_{22}) + \cos^2 \delta \, \chi_{33} + \sin 2 \delta \, (\sin \varphi \chi_{23} + \cos \varphi \chi_{13}) + \sin^2 \delta \sin 2 \varphi \chi_{12}] \quad (1397)$$

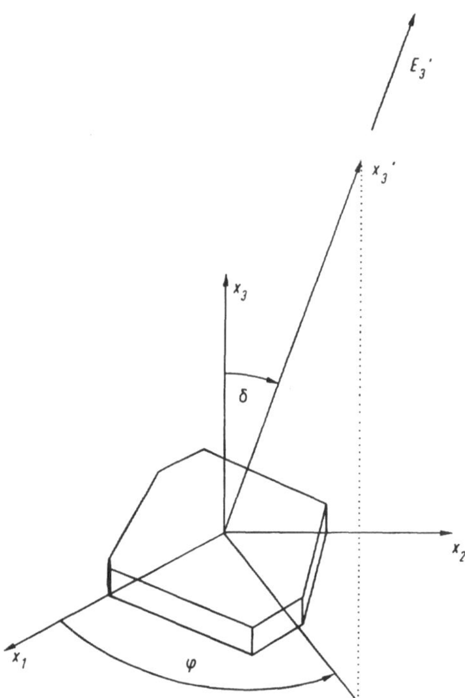

Abb. 93: Koordinaten des Schnittplättchens

Mit

$$\chi_{33}' = \frac{P_3'}{\epsilon_0 E_3'} \quad (1398)$$

folgt die Endbeziehung:

$$\chi_{33}' = \sin^2 \delta \, (\cos^2 \varphi \chi_{11} + \sin^2 \varphi \chi_{22}) + \cos^2 \delta \, \chi_{33} + \sin 2 \delta \, (\sin \varphi \chi_{23} + \cos \varphi \chi_{13}) + \sin^2 \delta \sin 2 \varphi \chi_{12} \quad (1399)$$

Mit den nach den Flächen *b*, *c*, *m*, *v*, *t* und *x* orientierten Mineralplättchen ergeben sich aus (1399) sechs Gleichungen mit den sechs Unbekannten χ_{ij} und aus ihnen die Lösung:

$$\chi_{ij} = \begin{pmatrix} 4{,}61 & 0{,}26 & -0{,}06 \\ 0{,}26 & 4{,}21 & 0{,}11 \\ -0{,}06 & 0{,}11 & 5{,}18 \end{pmatrix} \tag{1400}$$

Ausgeschrieben folgt:

$$\chi_{11} = 4{,}61 \pm 0{,}13 \tag{1401}$$

$$\chi_{22} = 4{,}21 \quad 0{,}19 \tag{1402}$$

$$\chi_{33} = 5{,}18 \quad 0{,}18 \tag{1403}$$

$$\chi_{23} = 0{,}11 \quad 0{,}04 \tag{1404}$$

$$\chi_{13} = -0{,}06 \quad 0{,}02 \tag{1405}$$

$$\chi_{12} = 0{,}26 \quad 0{,}09 \tag{1406}$$

Nach Kenntnis des Verfassers ist dies der erste vollständige Tensorsatz aller Komponenten, die für einen triklinen Kristall je gemessen worden sind. Leider sind die angegebenen Fehlergrenzen sehr groß, doch ließen Meßapparatur und Zustand der Albitkristalle keine genauere Bestimmung der Suszeptibilitätswerte zu.

7.4. Dielektrische Suszeptibilität monokliner Kristalle

Für den Spezialfall

$$\chi_{ij} = \begin{pmatrix} \chi_{11} & 0 & \chi_{13} \\ 0 & \chi_{22} & 0 \\ \chi_{13} & 0 & \chi_{33} \end{pmatrix} \tag{1407}$$

vereinfacht sich (1399) zu:

$$\chi'_{33} = \sin^2\vartheta\,(\cos^2\varphi\,\chi_{11} + \sin^2\varphi\,\chi_{22}) + \cos^2\vartheta\,\chi_{33} + \sin 2\vartheta\cos\varphi\,\chi_{13} \tag{1408}$$

Für den Schnitt durch die Achsen x_1 und x_3, der die Kristallebene (010) kennzeichnet, vereinfacht sich mit

$$\varphi = 0 \tag{1409}$$

die für monokline Kristalle gültige Beziehung (1408) weiterhin:

$$\chi'_{33} = \sin^2\vartheta\,\chi_{11} + \cos^2\vartheta\,\chi_{33} + \sin 2\vartheta\,\chi_{13} \tag{1410}$$

Umgeformt lautet (1410):

$$\chi'_{33} = \chi_{33} + \sin^2 \vartheta \, (\chi_{11} - \chi_{33}) + \sin 2\vartheta \, \chi_{13} \tag{1411}$$

Gemäß (793), (794) und (795) resultieren:

$$\chi_{11} = \tfrac{1}{2} \, [\chi_{\mathrm{I}} + \chi_{\mathrm{III}} + (\chi_{\mathrm{I}} - \chi_{\mathrm{III}}) \cos 2\vartheta_{\mathrm{III}}] \tag{1412}$$

$$\chi_{33} = \tfrac{1}{2} \, [\chi_{\mathrm{I}} + \chi_{\mathrm{III}} - (\chi_{\mathrm{I}} - \chi_{\mathrm{III}}) \cos 2\vartheta_{\mathrm{III}}] \tag{1413}$$

$$\chi_{13} = -\tfrac{1}{2} \, (\chi_{\mathrm{I}} - \chi_{\mathrm{III}}) \sin 2\vartheta_{\mathrm{III}} \tag{1414}$$

W. Voigt (1910) fand für Augit $3\,CaO \cdot 8\,MgO \cdot 3\,Al_2O_3 \cdot 7\,SiO_2$ die Hauptwerte:

$$\chi_{\mathrm{I}} = 7{,}57 \tag{1415}$$

$$\chi_{\mathrm{II}} = 5{,}90 \tag{1416}$$

$$\chi_{\mathrm{III}} = 6{,}07 \tag{1417}$$

$$\vartheta_{\mathrm{III}} = 34{,}4^\circ \tag{1418}$$

Das Schnittbild ist in Abb. 94 wiedergegeben. Nach (1412) bis (1414) berechnen sich für Augit:

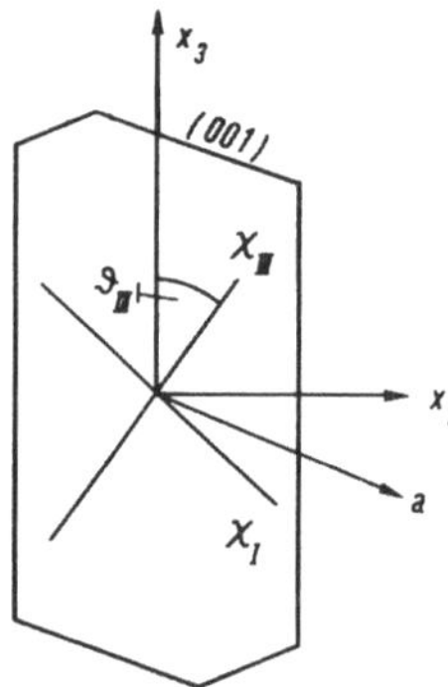

Abb. 94: Schnittbild von Augit

$$\chi_{11} = 7{,}10 \tag{1419}$$

$$\chi_{22} = 5{,}90 \tag{1420}$$

$$\chi_{33} = 6{,}54 \tag{1421}$$

$$\chi_{13} = -0{,}26 \tag{1422}$$

Für Biotit $K_2O \cdot 2Fe_2O_3 \cdot FeOF \cdot Fe(OH)_3 \cdot 6SiO_2$ fand der Verfasser den Tensorsatz:

$$\chi_{11} = 5{,}22 \pm 0{,}12 \tag{1423}$$

$$\chi_{22} = 6{,}99 \quad 0{,}15 \tag{1424}$$

$$\chi_{33} = 6{,}37 \quad 0{,}17 \tag{1425}$$

$$\chi_{13} = 0{,}17 \quad 0{,}02 \tag{1426}$$

Die Kleinheit von χ_{13} weist auf nahezu rhombisches Verhalten dieses monoklinen Minerals hin.

Der Verfasser untersuchte Gips $CaSO_4 \cdot 2H_2O$ und fand:

$$\chi_{11} = 8{,}78 \pm 0{,}16 \tag{1427}$$

$$\chi_{22} = 4{,}23 \quad 0{,}09 \tag{1428}$$

$$\chi_{33} = 4{,}45 \quad 0{,}11 \tag{1429}$$

$$\chi_{13} = -1{,}12 \; 0{,}04 \tag{1430}$$

Diese Werte sind auf Zimmertemperatur bezogen. Die halbperspektivische Darstellung des untersuchten Gipskristalls ist in Abb. 95 und das Schnittbild in

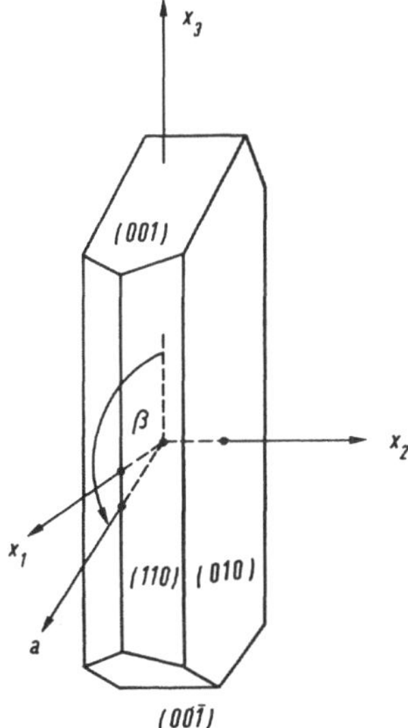

Abb. 95: Untersuchter Gipskristall

Abb. 96 dargestellt. Für die Bestimmung des Wertes χ_{22} wurden teilweise auch Zwillinge nach (100) verwendet, deren Suszeptibilität unabhängig davon war, welcher Teil des Zwillings zur Untersuchung herangezogen wurde. Abb. 97 zeigt die Form eines solchen Zwillings.

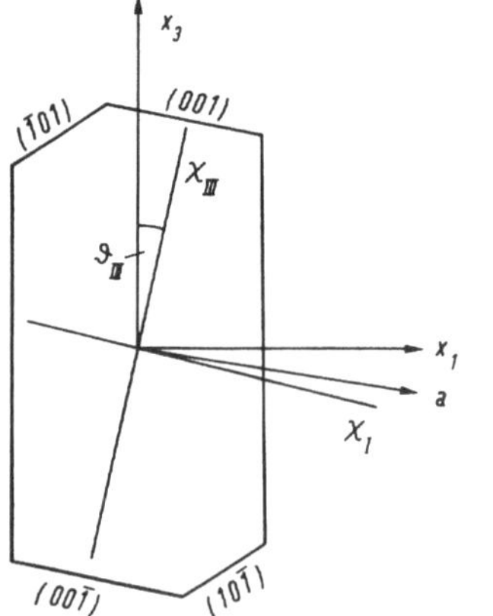

Abb. 96: Schnittbild des Gipskristalls

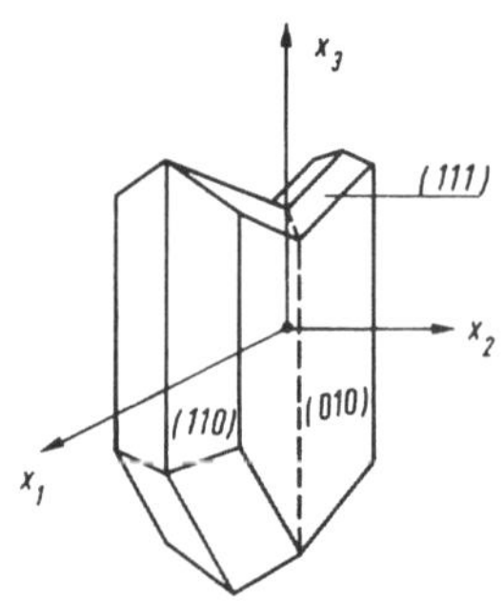

Abb. 97: Gipszwilling

Für die Berechnung der Hauptwerte wurden die Formeln

$$\chi_{\mathrm{I}} = \tfrac{1}{2}\left[\chi_{11} + \chi_{33} + \sqrt{(\chi_{11} - \chi_{33})^2 + 4\chi_{13}^2}\right] \qquad (1431)$$

$$\chi_{\mathrm{II}} = \chi_{22} \qquad (1432)$$

$$\chi_{\mathrm{III}} = \tfrac{1}{2}\left[\chi_{11} + \chi_{33} - \sqrt{(\chi_{11} - \chi_{33})^2 + 4\chi_{13}^2}\right] \qquad (1433)$$

$$\vartheta_{\mathrm{III}} = -\tfrac{1}{2}\,\mathrm{arctg}\,\frac{2\chi_{13}}{\chi_{11} - \chi_{33}} \qquad (1434)$$

herangezogen und die Werte

$$\chi_{\mathrm{I}} = 9{,}05 \qquad (1435)$$

$$\chi_{\mathrm{II}} = 4{,}23 \qquad (1436)$$

$$\chi_{\mathrm{III}} = 4{,}18 \qquad (1437)$$

$$\vartheta_{\mathrm{III}} = 13{,}6^{\circ} \qquad (1438)$$

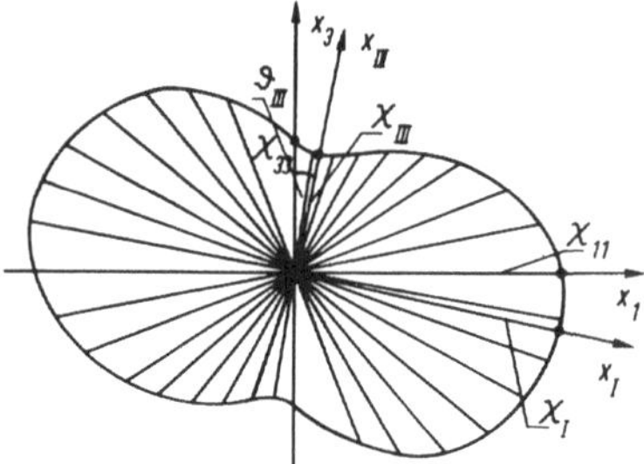

Abb. 98: Polare Verteilung der Suszeptibilität von Gips in der Spaltbarkeitsebene

bestimmt. Abb. 98 zeigt die polare Verteilung der Suszeptibilität in der Schnittebene (010) des Gipskristalls.

Die von W. Voigt (1910) mitgeteilten und von W. Dreyer (1967) zitierten Hauptwerte der dielektrischen Suszeptibilität von Gips

$$\chi_{I} = 8{,}92 \tag{1439}$$

$$\chi_{II} = 4{,}15 \tag{1440}$$

$$\chi_{III} = 4{,}04 \tag{1441}$$

liegen systematisch zu niedrig; vermutlich aufgrund systematischer Fehler infolge Lustspalt- bzw. Porositätseinflüssen.

Die von D. Berlincourt und W.R. Cook (1961) untersuchte Lithiumhydroselenigsäure $LiHSeO_3 \cdot H_2SeO_3$ erbrachte die Komponenten:

$$\chi_{11} = 28{,}6 \tag{1442}$$

$$\chi_{22} = 11{,}9 \tag{1443}$$

$$\chi_{33} = 28{,}4 \tag{1444}$$

$$\chi_{13} = -16{,}5 \tag{1445}$$

Die Suszeptibilität von Lithiumsulfatmonohydrat $Li_2SO_4 \cdot H_2O$ beträgt nach W.P. Mason (1950) :

$$\chi_{11} = 4{,}6 \tag{1446}$$

$$\chi_{22} = 9{,}3 \tag{1447}$$

$$\chi_{33} = 5{,}5 \tag{1448}$$

$$\chi_{13} = 0{,}07 \tag{1449}$$

Die von W. Voigt (1910) angegebenen Werte von Orthoklas $K_2O \cdot Al_2O_3 \cdot 6SiO_2$ sind:

$$\chi_{I} = 3{,}54 \tag{1450}$$

$$\chi_{II} = 4{,}50 \tag{1451}$$

$$\chi_{III} = 4{,}33 \tag{1452}$$

$$\vartheta_{III} = 42{,}5^{\circ} \tag{1453}$$

In Abb. 99 ist das Schnittbild von Orthoklas mit dem Hauptachsenkreuz dargestellt. Anhand der Formeln (1412) bis (1414) resultiert:

$$\chi_{11} = 3{,}97 \tag{1454}$$

$$\chi_{22} = 4{,}50 \tag{1455}$$

$$\chi_{33} = 3{,}90 \quad (1456)$$

$$\chi_{13} = 0{,}39 \quad (1457)$$

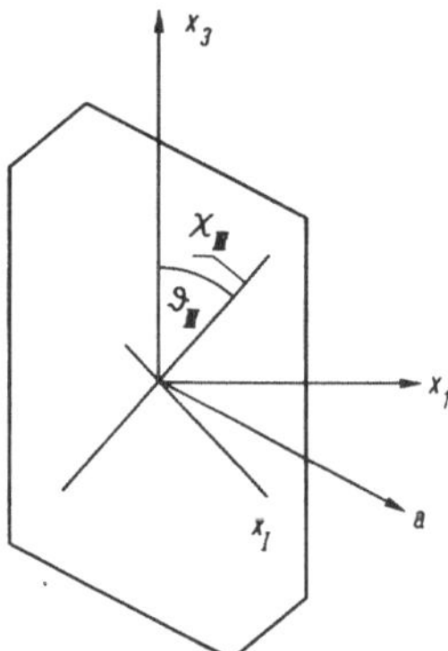

Abb. 99: Schnittbild von Orthoklas

In Tabelle 30 sind die bisher bekannten Suszeptibilitätswerte aller monoklinen Kristalle zusammengefaßt.

Tabelle 30. *Suszeptibilitätswerte monokliner Kristalle*

Kristall	Symbol	χ_{11}	χ_{22}	χ_{33}	χ_{13}
Augit	$3CaO \cdot 8MgO \cdot 3Al_2O_3 \cdot 7SiO_2$	7,1	5,9	6,5	– 0,3
Biotit	$K_2O \cdot 2Fe_2O_3 \cdot FeOF \cdot Fe(OH)_3 \cdot 6SiO_2$	5,2	7,0	6,4	0,2
Gips	$CaSO_4 \cdot 2H_2O$	8,8	4,2	4,5	– 1,1
Lithiumselenigsäure	$LiHSeO_3 \cdot H_2SeO_3$	28,6	11,9	28,4	–16,5
Lithiumsulfatmono-hydrat	$Li_2SO_4 \cdot H_2O$	4,6	9,3	5,5	0,1
Orthoklas	$K_2O \cdot Al_2O_3 \cdot 6SiO_2$	4,0	4,5	3,9	0,4

7.5. Dielektrische Suszeptibilität rhombischer Kristalle

An Anglesit $PbSO_4$ bestimmten J. Errera und H. Brasseur (1933):

$$\chi_{11} = 26{,}5 \quad (1458)$$

$$\chi_{22} = 53{,}6 \quad (1459)$$

$$\chi_{33} = 26{,}3 \quad (1460)$$

Der vom Verfasser untersuchte Anhydrit $CaSO_4$ erbrachte den Satz:

$$\chi_{11} = 4{,}69 \pm 0{,}09 \quad (1461)$$

$$\chi_{22} = 4{,}82 \quad 0{,}12 \quad (1462)$$

$$\chi_{33} = 4{,}98 \quad 0{,}07 \quad (1463)$$

Wie bei allen Angaben, so bezieht sich auch dieser Tensorsatz auf Zimmertemperatur und niedrige Meßfrequenz. Im vorliegenden Fall betrug die Meßfrequenz 50 Hz.

W. Schmidt (1902) fand an zwei Aragonitkristallen $CaCO_3$ aus Herrngrund in Ungarn die gemittelten Werte:

$$\chi_{11} = 8{,}85 \quad (1464)$$

$$\chi_{22} = 6{,}69 \quad (1465)$$

$$\chi_{33} = 5{,}62 \quad (1466)$$

Für Arcanit K_2SO_4 gibt C. Borel (1893) die Werte

$$\chi_{11} = 5{,}09 \quad (1467)$$

$$\chi_{22} = 4{,}69 \quad (1468)$$

$$\chi_{33} = 3{,}48 \quad (1469)$$

an.

W.R. Cook und H. Jaffe (1957) untersuchten Ammoniumpentaborat $NH_3 \cdot HBO_2 \cdot 2B_2O_3 \cdot 4H_2O$ und erhielten:

$$\chi_{11} = 4{,}6 \quad (1470)$$

$$\chi_{22} = 5{,}5 \quad (1471)$$

$$\chi_{33} = 3{,}6 \quad (1472)$$

Das von J.E. Geusic, H.J. Levinstein, J.J. Rubin, S. Singh und L.G. Vanuitert (1967) untersuchte Bariumnatriumniobiat $Na_2O \cdot 4BaO \cdot 5Nb_2O_3$ ergab:

$$\chi_{11} = 245 \quad (1473)$$

$$\chi_{22} = 241 \quad (1474)$$

$$\chi_{33} = 50 \quad (1475)$$

An Barytkristallen $BaSO_4$ wurden mehrere Messungen von verschiedenen Autoren durchgeführt. Die erste Messung stammt von W. Schmidt (1902):

$$\chi_{11} = 6{,}62 \tag{1476}$$

$$\chi_{22} = 11{,}25 \tag{1477}$$

$$\chi_{33} = 6{,}63 \tag{1478}$$

Diese Werte stellen ein Mittel über zwei Messungen dar. Messungen von R.Fellinger (1902) ergaben:

$$\chi_{11} = 5{,}13 \tag{1479}$$

$$\chi_{22} = 10{,}91 \tag{1480}$$

$$\chi_{33} = 5{,}99 \tag{1481}$$

In neuerer Zeit wurde die Messung von N. Rao (1949) wiederholt. Gegenüber den älteren Messungen enthält die Neubestimmung geringere systematische Fehler:

$$\chi_{11} = 7{,}1 \tag{1482}$$

$$\chi_{22} = 12{,}2 \tag{1483}$$

$$\chi_{33} = 7{,}2 \tag{1484}$$

Da diese Bestimmung bei einer Frequenz von $1{,}6 \cdot 10^6$ Hz erfolgte, und die Suszeptibilitätswerte mit höherer Frequenz bei Baryt systematisch zunehmen, erfolgte durch den Verfasser eine Reduktion der Meßdaten. Bei Berücksichtigung des bekannten Frequenzganges ist mit dem Tensorsatz

$$\chi_{11} = 6{,}73 \tag{1485}$$

$$\chi_{22} = 11{,}32 \tag{1486}$$

$$\chi_{33} = 6{,}76 \tag{1487}$$

zu rechnen. Dieser Satz wurde in Tabelle 31 als vermutlich beste quasistatische Wertfolge eingetragen.

Calciumplatincyanid $CaPt(CN)_4 \cdot 5H_2O$ liefert nach J. Errera und H.Brasseur (1933):

$$\chi_{11} = 6{,}11 \tag{1488}$$

$$\chi_{22} = 4{,}17 \tag{1489}$$

$$\chi_{33} = 5{,}49 \tag{1490}$$

Tabelle 31. *Suszeptibilitätswerte rhombischer Kristalle*

Kristall	Symbol	χ_{11}	χ_{22}	χ_{33}
Anglesit	$PbSO_4$	26,5	53,6	26,3
Anhydrit	$CaSO_4$	4,7	4,8	5,0
Aragonit	$CaSO_3$	8,9	6,7	5,6
Arcanit	K_2SO_4	5,1	4,7	3,5
Ammoniumpentaborat	$NH_3 \cdot HBO_2 \cdot 2B_2O_3 \cdot 4H_2O$	4,6	5,5	3,6
Bariumnatriumniobiat	$Na_2O \cdot 4BaO \cdot 5Nb_2O_3$	245	241	50
Baryt	$BaSO_4$	6,7	11,3	6,8
Calciumplatincyanid	$CaPt(CN)_4 \cdot 5H_2O$	6,1	4,2	5,5
Cerussit	$PbCO_3$	23,2	24,0	25,3
Coelestin	$SrSO_4$	6,7	17,5	7,3
Diaspor	$Al_2O_3 \cdot H_2O$	6,7	7,4	6,4
Epsomit	$MgSO_4 \cdot 7H_2O$	4,4	4,2	4,8
Jodsäure	HJO_3	6,5	11,4	7,1
Kaliumpentaborat	$K_2O \cdot 5B_2O_3 \cdot 8H_2O$	4,5	3,6	3,5
Lithiumgalliumoxyd	$Li_2O \cdot Ga_2O_3$	6,1	5,1	8,2
Natriumniobiat	$Na_2O \cdot Nb_2O_5$	76,1	76,3	670,4
Natriumnitrit	$NaNO_2$	2,6	2,8	3,6
Schwefel	S	2,7	3,0	3,5
Strontianit	$SrCO_3$	6,7	6,6	5,6
Topas	$2AlF_3 \cdot 2Al_2O_3 \cdot 3SiO_2$	5,7	5,7	5,3
Witherit	$BaCO_3$	6,8	6,4	5,5

Die von W. Schmidt (1902) an Cerussit $PbCO_3$ durchgeführte Messung

$$\chi_{11} = 24{,}4 \tag{1491}$$

$$\chi_{22} = 22{,}2 \tag{1492}$$

$$\chi_{33} = 18{,}2 \tag{1493}$$

wurde von T. Liebisch und H. Rubens (1919) wiederholt:

$$\chi_{11} = 23{,}2 \tag{1494}$$

$$\chi_{22} = 24{,}0 \tag{1495}$$

$$\chi_{33} = 25{,}3 \tag{1496}$$

Am Coelestin $SrSO_4$ fand W. Schmidt (1902):

$$\chi_{11} = 6{,}7 \tag{1497}$$

$$\chi_{22} = 17{,}5 \tag{1498}$$

$$\chi_{33} = 7{,}3 \tag{1499}$$

Dieser Tensorsatz ist ein Mittelwert aus mehreren Bestimmungen.

Der vom Verfasser untersuchte Diaspor $Al_2O_3 \cdot H_2O$ ergab das Wertetripel:

$$\chi_{11} = 6{,}67 \pm 0{,}15 \tag{1500}$$

$$\chi_{22} = 7{,}41 \quad 0{,}26 \tag{1501}$$

$$\chi_{33} = 6{,}35 \quad 0{,}21 \tag{1502}$$

Epsomit $MgSO_4 \cdot 7H_2O$ wurde von M.J. Blandin (1950) untersucht:

$$\chi_{11} = 4{,}26 \tag{1503}$$

$$\chi_{22} = 5{,}05 \tag{1504}$$

$$\chi_{33} = 7{,}28 \tag{1505}$$

Die Messung wurde von A.A. Voronkov (1958) wiederholt und lieferte den Satz:

$$\chi_{11} = 4{,}40 \tag{1506}$$

$$\chi_{22} = 4{,}23 \tag{1507}$$

$$\chi_{33} = 4{,}79 \tag{1508}$$

Diese Messung wird als die genauere erachtet und wurde in die Auflistung von Tabelle 31 übernommen.

Die von W.P. Mason (1950) untersuchte Jodsäure HJO_3 ergab:

$$\chi_{11} = 6{,}5 \tag{1509}$$

$$\chi_{22} = 11{,}4 \tag{1510}$$

$$\chi_{33} = 7{,}1 \tag{1511}$$

Für Kaliumpentaborat $K_2O \cdot 5B_2O_3 \cdot 8H_2O$ gibt H. Jaffe (1948) den Satz

$$\chi_{11} = 4{,}5 \tag{1512}$$

$$\chi_{22} = 3{,}6 \tag{1513}$$

$$\chi_{33} = 3{,}5 \tag{1514}$$

bekannt.

Lithiumgalliumoxyd $Li_2O \cdot Ga_2O_3$ hat nach D. Berlincourt (1965) die Suszeptibilitätswerte:

$$\chi_{11} = 6{,}18 \tag{1515}$$

$$\chi_{22} = 5{,}18 \tag{1516}$$

$$\chi_{33} = 7{,}78 \tag{1517}$$

Zur gleichen Zeit teilte A.W.Warner (1965) das Wertetripel

$$\chi_{11} = 6{,}0 \tag{1518}$$

$$\chi_{22} = 5{,}0 \tag{1519}$$

$$\chi_{33} = 8{,}5 \tag{1520}$$

mit. Da in beiden Fällen keine Genauigkeitsangaben vorliegen, empfiehlt der Verfasser die Mittelwertsbildung:

$$\chi_{11} = 6{,}09 \tag{1521}$$

$$\chi_{22} = 5{,}09 \tag{1522}$$

$$\chi_{33} = 8{,}19 \tag{1523}$$

Natriumniobiat $NaNbO_3$ besitzt nach G. Shirane, R. Newnham und R. Pepinsky (1954) die Suszeptibilitätswerte:

$$\chi_{11} = 76{,}1 \tag{1524}$$

$$\chi_{22} = 76{,}3 \tag{1525}$$

$$\chi_{33} = 670{,}4 \tag{1526}$$

Der hohe Wert der bei Zimmertemperatur ermittelten Suszeptibilität χ_{33} deutet auf ferroelektrisches Verhalten dieses Kristalls hin. Bei der Tieftemperatur von $73^{\circ}K$ erreicht die Suszeptibilität χ_{33} nahezu 2000.

K. Hamano, K. Negishi, M. Marutake und S. Nomura (1963) haben an Natriumnitrit $NaNO_2$ bei Zimmertemperatur das Wertetripel

$$\chi_{11} = 6{,}4 \tag{1527}$$

$$\chi_{22} = 4{,}5 \tag{1528}$$

$$\chi_{33} = 4{,}0 \tag{1529}$$

gefunden.

Schwefel S wurde von W. Schmidt (1902) untersucht und der Satz

$$\chi_{11} = 2{,}59 \tag{1530}$$

$$\chi_{22} = 2{,}82 \tag{1531}$$

$$\chi_{33} = 3{,}61 \tag{1532}$$

angegeben. Die Untersuchung wurde vom Verfasser wiederholt. Bei Zimmertemperatur wurde der Satz

$$\chi_{11} = 2{,}71 \pm 0{,}18 \tag{1533}$$

$$\chi_{22} = 2{,}97 \quad 0{,}21 \tag{1534}$$

$$\chi_{33} = 3{,}52 \quad 0{,}16 \tag{1535}$$

ermittelt. Innerhalb der Fehlergrenzen wurde die Messung von W. Schmidt (1902) bestätigt.

Der von J. Errera und H. Brasseur (1933) untersuchte Strontianit $SrCO_3$ ergab:

$$\chi_{11} = 6{,}69 \tag{1536}$$

$$\chi_{22} = 6{,}56 \tag{1537}$$

$$\chi_{33} = 5{,}58 \tag{1538}$$

W. Schmidt (1902) untersuchte einen Topaskristall $2AlF_3 \cdot 2Al_2O_3 \cdot 3SiO_2$ bei Zimmertemperatur und erhielt:

$$\chi_{11} = 5{,}68 \tag{1539}$$

$$\chi_{22} = 5{,}71 \tag{1540}$$

$$\chi_{33} = 5{,}28 \tag{1541}$$

Die Suszeptibilitätswerte liegen hier nahe beieinander.

Abschließend sei die Messung von W.Schmidt (1902) an Witherit $BaCO_3$ mitgeteilt. Der Mittelwert über mehrere Messungen ergab:

$$\chi_{11} = 6{,}78 \tag{1542}$$

$$\chi_{22} = 6{,}44 \tag{1543}$$

$$\chi_{33} = 5{,}47 \tag{1544}$$

7.6. Dielektrische Suszeptibilität trigonaler Kristalle

An Calcitkristallen $CaCO_3$ wurden von verschiedenen Autoren Messungen durchgeführt. Die allererste Messung stammt von J. Curie (1889) und lieferte:

$$\chi_{11} = 7{,}48 \tag{1545}$$

$$\chi_{33} = 7{,}03 \tag{1546}$$

H. Starke (1897) fand:

$$\chi_{11} = 7{,}54 \tag{1547}$$

$$\chi_{33} = 7{,}28 \tag{1548}$$

R. Fellinger (1902) :

$$\chi_{11} = 7{,}56 \tag{1549}$$

$$\chi_{33} = 7{,}49 \tag{1550}$$

W. Schmidt (1902):

$$\chi_{11} = 7{,}58 \tag{1551}$$

$$\chi_{33} = 7{,}02 \tag{1552}$$

M. Pisani (1903):

$$\chi_{11} = 7{,}78 \tag{1553}$$

$$\chi_{33} = 7{,}29 \tag{1554}$$

C. Schäfer und M.Schubert (1916):

$$\chi_{11} = 7{,}5 \quad (1555)$$

$$\chi_{33} = 6{,}56 \quad (1556)$$

N. Rao (1949):

$$\chi_{11} = 7{,}7 \quad (1557)$$

$$\chi_{33} = 7{,}2 \quad (1558)$$

W. Dreyer (1967):

$$\chi_{11} = 7{,}54 \pm 0{,}05 \quad (1559)$$

$$\chi_{33} = 7{,}03 \quad 0{,}06 \quad (1560)$$

Dolomit $CaCO_3 \cdot MgCO_3$ besitzt nach W. Schmidt (1902) das Wertepaar:

$$\chi_{11} = 6{,}78 \quad (1561)$$

$$\chi_{33} = 5{,}70 \quad (1562)$$

Vom Verfasser wurde Dravit $Na_2O \cdot 6MgO \cdot 3B_2O_3 \cdot 6Al_2O_3 \cdot 12SiO_2 \cdot 4H_2O$ untersucht und senkrecht zur bzw. in Richtung Kristallachse

$$\chi_{11} = 5{,}81 \pm 0{,}15 \quad (1563)$$

$$\chi_{33} = 4{,}62 \quad 0{,}09 \quad (1564)$$

gefunden.

Weiterhin untersuchte der Verfasser Glaserit $3K_2(SO_4) \cdot Na_2SO_4$:

$$\chi_{11} = 6{,}31 \pm 0{,}18 \quad (1565)$$

$$\chi_{33} = 4{,}87 \quad 0{,}11 \quad (1566)$$

Kaliumcuprocyanid $K_3Cu(CN)_4$ besitzt nach S. Haussühl (1967) die Suszeptibilitätswerte:

$$\chi_{11} = 7{,}17 \quad (1567)$$

$$\chi_{33} = 5{,}20 \quad (1568)$$

Nach R. Fellinger (1902) betragen die Suszeptibilitätswerte für Korund Al_2O_3:

$$\chi_{11} = 12{,}2 \tag{1569}$$

$$\chi_{33} = 10{,}2 \tag{1570}$$

Lithiumnatriumsulfat $LiNaSO_4$ besitzt nach H. Jaffe (1948) die Suszeptibilitätswerte:

$$\chi_{11} = 5{,}5 \tag{1571}$$

$$\chi_{33} = 6{,}5 \tag{1572}$$

A.W. Warner (1965) ermittelte an Lithiumniobat $LiNbO_3$:

$$\chi_{11} = 98{,}5 \tag{1573}$$

$$\chi_{33} = 37{,}5 \tag{1574}$$

Lithiumtantalat $LiTaO_3$ hat die von R.T. Smith (1967) bestimmten Werte:

$$\chi_{11} = 51 \tag{1575}$$

$$\chi_{33} = 45 \tag{1576}$$

Lithiumtrinatriummolybdat $LiNa_3(MoO_4)_2 \cdot 6H_2O$ wurde von W.P. Mason (1950) untersucht und das Wertepaar

$$\chi_{11} = 5{,}7 \tag{1577}$$

$$\chi_{33} = 4{,}3 \tag{1578}$$

gefunden.

J. Errera und H.Brasseur (1933) untersuchten Magnesit $MgCO_3$ und fanden:

$$\chi_{11} = 5{,}91 \tag{1579}$$

$$\chi_{33} = 7{,}10 \tag{1580}$$

Natronsalpeter $NaNO_3$ liefert nach T.Liebisch und H.Rubens (1919) die Werte:

$$\chi_{11} = 5{,}5 \tag{1581}$$

$$\chi_{33} = 16{,}8 \tag{1582}$$

Sehr viele Messungen erfolgten am Quarz SiO_2. Die erste von J. Curie (1889) durchgeführte Messung lieferte das Wertepaar:

$$\chi_{11} = 3{,}49 \quad (1583)$$

$$\chi_{33} = 3{,}55 \quad (1584)$$

H. Starke (1897) fand:

$$\chi_{11} = 3{,}85 \quad (1585)$$

$$\chi_{33} = 3{,}98 \quad (1586)$$

R. Fellinger (1902) wiederholte diese älteren Messungen und erhielt:

$$\chi_{11} = 3{,}69 \quad (1587)$$

$$\chi_{33} = 4{,}06 \quad (1588)$$

An völlig klarsichtigen Quarzkristallen fand W. Schmidt (1902):

$$\chi_{11} = 3{,}34 \quad (1589)$$

$$\chi_{33} = 3{,}60 \quad (1590)$$

M. Pisani (1903) erhielt Werte, die denen von H.Starke (1897) glichen. R.B.Sosman (1927) bestimmte die Suszeptibilität zu:

$$\chi_{11} = 3{,}5 \quad (1591)$$

$$\chi_{33} = 3{,}6 \quad (1592)$$

Zehn Jahre danach untersuchte D. Doborzynski (1937) Quarzkristalle mit dem Ergebnis:

$$\chi_{11} = 3{,}55 \quad (1593)$$

$$\chi_{33} = 3{,}66 \quad (1594)$$

G.N. Ramachandran und W.A.Wooster (1949) erhielten:

$$\chi_{11} = 3{,}58 \quad (1595)$$

$$\chi_{33} = 3{,}70 \quad (1596)$$

Gleichzeitig veröffentlichte N. Rao (1949) die Werte:

$$\chi_{11} = 3{,}45 \quad (1597)$$

$$\chi_{33} = 3{,}6 \quad (1598)$$

R. Bechman (1958) erhielt:

$$\chi_{11} = 3{,}52 \tag{1599}$$

$$\chi_{33} = 3{,}64 \tag{1600}$$

Neueren Datums sind die Messungen von C.A. Adams (1961):

$$\chi_{11} = 3{,}58 \tag{1601}$$

$$\chi_{33} = 3{,}71 \tag{1602}$$

Die genaueste Messung stammt von V.G. Zubov und A.P.Grishina (1962) mit:

$$\chi_{11} = 3{,}51 \pm 0{,}01 \tag{1603}$$

$$\chi_{33} = 3{,}62 \quad 0{,}01 \tag{1604}$$

Wie A. Paolovic und R. Pepinski (1954) nachgewiesen haben, ist bei Zimmertemperatur die Suszeptibilität des Quarzes innerhalb des Prüfbereichs bis herauf zu $5 \cdot 10^9$ Hz frequenzunabhängig.

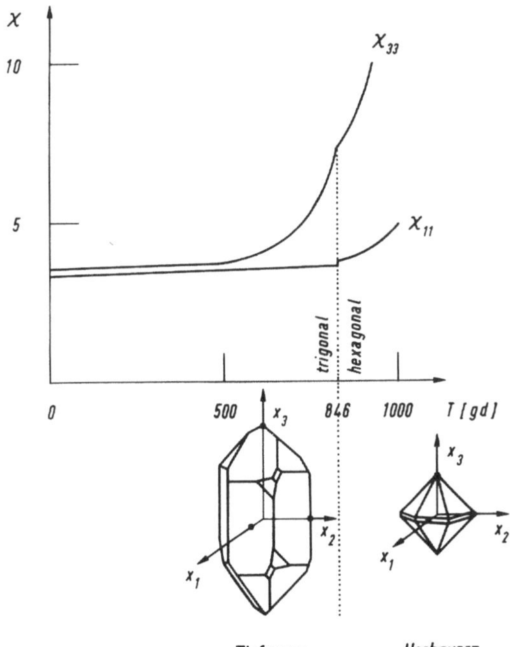

Abb.100: Temperaturabhängigkeit der Suszeptibilitätswerte von Quarz

Die Temperaturabhängigkeit der Suszeptibilität ist für die konstante Meßfrequenz von 50 Hz in Abb.100 dargestellt. Bei 5°K hat die Suszeptibilität χ_{11} den Wert von 3,51. Bis zu der Temperatur von 846°K wächst χ_{11} linear an, wobei der Anstieg jedoch sehr gering ist. Bei der Umwandlungstemperatur von 846°K geht die trigonale Modifikation des Quarzes in die hexagonale über. Die Kristallumwandlung macht sich in einer geringen spontanen Erhöhung der Suszeptibilität χ_{11} bemerkbar.

Eine abweichende Charakteristik zeigt der Temperaturverlauf der Suszeptibilität χ_{33}. Ab etwa 400°K steigt die Kennlinie bereits im trigonalen Bereich stärker an und erleidet am Umwandlungspunkt eine Abknickung. Die dielektrische Anisotropie des Quarzes steigt somit mit zunehmender Temperatur stark an. Dieser Befund wird bei der später zu behandelnden Gefügeregelung des Quarzits von Bedeutung sein.

Der von J. Errera und H. Brasseur (1933) untersuchte Rhodochrosit $MnCO_3$ zeigt eine Suszeptibilität:

$$\chi_{11} = 7{,}22 \qquad (1605)$$

$$\chi_{33} = 6{,}09 \qquad (1606)$$

Siderit $FeCO_3$ als weiteres Karbonat, welches von W. Schmidt (1902) untersucht wurde, hat eine etwas geringere Suszeptibilität:

$$\chi_{11} = 6{,}86 \qquad (1607)$$

$$\chi_{33} = 5{,}85 \qquad (1608)$$

T. Liebisch und H.Rubens (1921) geben die Suszeptibilitätswerte von Smithsonit $ZnCO_3$ zu

$$\chi_{11} = 8{,}4 \qquad (1609)$$

$$\chi_{33} = 8{,}3 \qquad (1610)$$

an.

An Turmalin $12MgO \cdot 3B_2O_3 \cdot 5Al_2O_3 \cdot 12SiO_2 \cdot 3H_2O$ ermittelte J. Curie (1889) die Suszeptibilitätswerte:

$$\chi_{11} = 6{,}10 \qquad (1611)$$

$$\chi_{33} = 5{,}05 \qquad (1612)$$

R. Fellinger (1902) erhielt:

$$\chi_{11} = 6{,}13 \tag{1613}$$

$$\chi_{33} = 5{,}54 \tag{1614}$$

W.Schmidt (1902) wiederholte diese Messung und publizierte die Werte:

$$\chi_{11} = 5{,}78 \tag{1615}$$

$$\chi_{33} = 4{,}58 \tag{1616}$$

Aus neuerer Zeit stammt die Bestimmung der dielektrischen Suszeptibilität von W.P. Mason (1950):

$$\chi_{11} = 7{,}2 \tag{1617}$$

$$\chi_{33} = 6{,}5 \tag{1618}$$

Dieses Wertepaar, welches von den älteren Messungen merklich abweicht, wurde als verläßlichste Bestimmung in Tabelle 32 aufgenommen.

Tabelle 32. *Suszeptibilitätswerte trigonaler Kristalle*

Kristall	Symbol	χ_{11}	χ_{33}
Calcit	$CaCO_3$	7,5	7,0
Dolomit	$CaCO_3 \cdot MgCO_3$	6,8	5,7
Dravit	$Na_2O \cdot 6MgO \cdot 3B_2O_3 \cdot 6Al_2O_3 \cdot 12SiO_2 \cdot 4H_2O$	5,8	4,6
Glaserit	$3K_2(SO_4) \cdot Na_2SO_4$	6,3	4,9
Kaliumcuprocyanid	$3KCN \cdot CuCN$	7,2	5,2
Korund	Al_2O_3	12,2	10,2
Lithiumnatriumsulfat	$LiNaSO_4$	5,5	6,5
Lithiumniobat	$Li_2O \cdot Nb_2O_5$	98,5	37,5
Lithiumnatriummolybdat	$LiNa_3(MoO_4)_2 \cdot 6H_2O$	5,7	4,3
Magnesit	$MgCO_3$	5,9	7,1
Natronsalpeter	$NaNO_3$	5,5	16,8
Quarz	SiO_2	3,5	3,6
Rhodochrosit	$MnCO_3$	7,2	6,1
Siderit	$FeCO_3$	6,9	5,9
Smithsonit	$ZnCO_3$	8,4	8,3
Turmalin	$12MgO \cdot 3B_2O_3 \cdot 5Al_2O_3 \cdot 12SiO_2 \cdot 3H_2O$	7,2	6,5

7.7. Dielektrische Suszeptibilität tetragonaler Kristalle

H. Jaffe (1948) untersuchte Ammoniumhydroarsenat $NH_3 \cdot H_3AsO_4$ und erhielt den Tensorsatz:

$$\chi_{11} = 74 \tag{1619}$$

$$\chi_{33} = 11 \tag{1620}$$

W.P. Mason (1946) berichtet über Messungen an Ammoniumhydrophosphat $NH_3 \cdot H_3PO_4$:

$$\chi_{11} = 56{,}4 \tag{1621}$$

$$\chi_{33} = 13{,}1 \tag{1622}$$

Eigene Messungen an Anatas TiO_2 ergaben bei Zimmertemperatur:

$$\chi_{11} = 96{,}3 \pm 1{,}4 \tag{1623}$$

$$\chi_{33} = 422{,}8 \quad 6{,}1 \tag{1624}$$

Das ferroelektrische Bariumpriderit $BaTiO_3$ lieferte nach D. Berlincourt (1964):

$$\chi_{11} = 2919 \tag{1625}$$

$$\chi_{33} = \ 167 \tag{1626}$$

Messungen an Kaliumhydroarsenat KH_2AsO_4, welche K.S. Vandyke und G.D. Gordon (1950) durchführten, ergaben:

$$\chi_{11} = 31{,}8 \tag{1627}$$

$$\chi_{33} = 23{,}9 \tag{1628}$$

W.P. Mason (1946) ermittelte an Kaliumhydrophosphat KH_2PO_4 den Satz:

$$\chi_{11} = 47{,}1 \tag{1629}$$

$$\chi_{33} = 20{,}8 \tag{1630}$$

Messungen des Verfassers an Leucit $K_2O \cdot Al_2O_3 \cdot 4SiO_2$ erbrachten:

$$\chi_{11} = 6{,}21 \pm 0{,}27 \tag{1631}$$

$$\chi_{33} = 5{,}42 \quad 0{,}19 \tag{1632}$$

Nickelsulfathexahydrat $NiSO_4 \cdot 6H_2O$ lieferte nach W.P. Mason (1946) die Suszeptibilitätswerte:

$$\chi_{11} = 5{,}2 \qquad (1633)$$

$$\chi_{33} = 5{,}8 \qquad (1634)$$

Rutil TiO_2 wurde von W. Schmidt (1902) zu

$$\chi_{11} = 88 \qquad (1635)$$

$$\chi_{33} = 172 \qquad (1636)$$

bestimmt, wohingegen der Verfasser die Werte

$$\chi_{11} = 86{,}5 \pm 0{,}6 \qquad (1637)$$

$$\chi_{33} = 179{,}0 \quad 2{,}1 \qquad (1638)$$

aus der früheren Veröffentlichung W. Dreyer (1967) zur Diskussion stellt.

Silbersulfattetraammoniakat $Ag_2SO_4 \cdot 4NH_3$ besitzt nach S. Haussühl (1960) die Werte:

$$\chi_{11} = 5{,}85 \qquad (1639)$$

$$\chi_{33} = 4{,}29 \qquad (1640)$$

Vesuvian $10CaO \cdot MgO \cdot FeO \cdot 2Al_2O_3 \cdot 9SiO_2 \cdot 2H_2O$ wurde von W. Schmidt (1902) untersucht:

$$\chi_{11} = 7{,}37 \qquad (1641)$$

$$\chi_{33} = 7{,}95 \qquad (1642)$$

Der vom Verfasser untersuchte Wulfenit $PbMoO_4$ ergab:

$$\chi_{11} = 22{,}0 \pm 0{,}7 \qquad (1643)$$

$$\chi_{33} = 26{,}3 \quad 0{,}9 \qquad (1644)$$

Das von T. Liebisch und H. Rubens (1921) mitgeteilte Wertepaar für Zinnstein SnO_2

$$\chi_{11} = 22{,}4 \qquad (1645)$$

$$\chi_{33} = 23{,}0 \qquad (1646)$$

wurde bei Frequenzen von 10^{12} Hz bestimmt. Eine vom Verfasser bei 50 Hz wiederholte Messung ergab:

$$\chi_{11} = 24{,}8 \pm 0{,}6 \qquad (1647)$$

$$\chi_{33} = 23{,}3 \quad 0{,}7 \qquad (1648)$$

Gegenüber der älteren Messung war der Meßwert χ_{33} geringer als χ_{11}.

Zirkon $ZrSiO_4$ lieferte nach W. Schmidt (1902):

$$\chi_{11} = 11{,}8 \qquad (1649)$$

$$\chi_{33} = 11{,}6 \qquad (1650)$$

Die auf eine Stelle hinter dem Komma abgerundeten Werte sind in Tabelle 33 zusammengestellt.

Tabelle 33. *Suszeptibilitätswerte tetragonaler Kristalle*

Kristall	Symbol	χ_{11}	χ_{33}
Ammoniumhydroarsenat	$NH_3 \cdot H_3AsO_4$	74	11
Ammoniumhydrophosphat	$NH_3 \cdot H_3PO_4$	56,4	13,1
Anatas	TiO_2	96,3	422,8
Bariumpriderit	$BaO \cdot TiO_2$	2919	167
Kaliumhydroarsenat	KH_2AsO_4	31,8	23,9
Kaliumhydrophosphat	KH_2PO_4	47,1	20,8
Leucit	$K_2O \cdot Al_2O_3 \cdot 4SiO_2$	6,2	5,4
Nickelsulfathexahydrat	$NiSO_4 \cdot 6H_2O$	5,2	5,8
Rutil	TiO_2	86,5	179,0
Silbersulfattetraammoniakat	$Ag_2SO_4 \cdot 4NH_3$	5,9	4,3
Vesuvian	$10CaO \cdot MgO \cdot FeO \cdot 2Al_2O_3 \cdot 9SiO_2 \cdot 2H_2O$	7,4	8,0
Wulfenit	$PbO \cdot MoO_3$	22,0	26,3
Zinnstein	SnO_2	24,8	23,3
Zirkon	$ZrO_2 \cdot SiO_2$	11,8	11,6

7.8. Dielektrische Suszeptibilität hexagonaler Kristalle

W. Schmidt (1902) untersuchte Apatit $9CaO \cdot 3P_2O_5 \cdot CaF_2$ und erhielt:

$$\chi_{11} = 8{,}50 \qquad (1651)$$

$$\chi_{33} = 6{,}41 \qquad (1652)$$

Beryll $3BeO \cdot Al_2O_3 \cdot 12SiO_2$ war Gegenstand der Untersuchung von J. Curie (1889):

$$\chi_{11} = 6{,}58 \tag{1653}$$

$$\chi_{33} = 5{,}24 \tag{1654}$$

H. Starke (1897) wiederholte die Messung und erhielt:

$$\chi_{11} = 6{,}85 \tag{1655}$$

$$\chi_{33} = 6{,}44 \tag{1656}$$

Die von W. Schmidt (1902) gefundenen Werte der Suszeptibilität des Berylls liegen merklich niedriger:

$$\chi_{11} = 5{,}05 \tag{1657}$$

$$\chi_{33} = 4{,}51 \tag{1658}$$

Tabelle 34. *Suszeptibilitätswerte hexagonaler Kristalle*

Kristall	Symbol	χ_{11}	χ_{33}
Apatit	$9CaO \cdot 3P_2O_5 \cdot CaF_2$	8,5	6,4
Beryll	$3BeO \cdot Al_2O_3 \cdot 12SiO_2$	6,2	5,4
Bromelit	BeO	6,5	6,7
Cadmoselit	$CdSe$	8,7	9,7
Cancrinit	$3Na_2O \cdot 2CaCO_3 \cdot 3Al_2O_3 \cdot 6SiO_2$	8,5	10,2
Greenockit	CdS	9,6	6,8
Lithiumjodat	$Li_2O \cdot J_2O_5$	7,5	5,5
Lithiumkaliumsulfat	$LiKSO_4$	4,4	4,7
Paratellurit	TeO_2	20,4	23,9
Pyromorphit	$Pb_5Cl(PO_4)_3$	25,0	149
Tellur	Te	2,2	5,0
Wurtzit	ZnS	7,6	7,4
Zinkit	ZnO	7,5	9,9

In Tabelle 34 ist der Mittelwert über die drei Messungen

$$\chi_{11} = 6{,}2 \tag{1659}$$

$$\chi_{33} = 5{,}4 \tag{1660}$$

eingetragen worden.

Der vom Verfasser untersuchte Bromelit BeO ergab den Satz:

$$\chi_{11} = 6{,}53 \pm 0{,}23 \tag{1661}$$

$$\chi_{33} = 6{,}69 \quad 0{,}19 \tag{1662}$$

D. Berlincourt, H. Jaffe und L.R. Shiozawa (1963) geben für Cadmoselit CdSe das Wertepaar

$$\chi_{11} = 8{,}70 \tag{1663}$$

$$\chi_{33} = 9{,}65 \tag{1664}$$

an.

Cancrinit $3Na_2O \cdot 2CaCO_3 \cdot 3Al_2O_3 \cdot 6SiO_2$ wurde von V.A. Koptsik und I.B. Kobyakov (1959) untersucht und die Suszeptibilitätswerte

$$\chi_{11} = 8{,}5 \tag{1665}$$

$$\chi_{33} = 10{,}2 \tag{1666}$$

erhalten.

Bei Zimmertemperatur und einer Frequenz von 50 Hz erhielten S.J. Czyzak, H. Payne, W.M. Baker, J.C. Manthuruthil und T.M. Bieniewski (1960) an Greenockit CdS:

$$\chi_{11} = 9{,}55 \tag{1667}$$

$$\chi_{33} = 6{,}80 \tag{1668}$$

Die Autoren untersuchten auch die Frequenzabhängigkeit der dielektrischen Suszeptibilität, welche in Tabelle 35 mitgeteilt ist. Mit zunehmender Frequenz nehmen die Suszeptibilitätswerte merklich ab.

S. Haussühl (1968) bestimmte an Lithiumjodat $LiJO_3$ die Werte:

$$\chi_{11} = 7{,}52 \tag{1669}$$

$$\chi_{33} = 5{,}53 \tag{1670}$$

T. Liebisch und H. Rubens (1919) bestimmten die dielektrische Suszeptibilität von Lithiumkaliumsulfat $LiKSO_4$ zu:

$$\chi_{11} = 4{,}4 \tag{1671}$$

$$\chi_{33} = 4{,}7 \tag{1672}$$

Paratellurit TeO_2 besitzt nach G.Alt und H. Schweppe (1968) die Suszeptibilitätswerte:

$$\chi_{11} = 20{,}4 \tag{1673}$$

$$\chi_{22} = 23{,}9 \tag{1674}$$

Tabelle 35. *Frequenzabhängigkeit der bei Zimmertemperatur gemessenen Suszeptibilität von Greenockit*

Frequenz ν Hz	χ_{11}	χ_{33}
50	9,55	6,80
100	9,68	6,54
200	9,18	6,57
500	8,75	6,54
1000	8,74	6,48
2000	8,63	6,57
5000	8,39	6,47
10000	8,43	6,77
20000	8,56	6,63
50000	8,29	6,18
100000	8,25	6,68
200000	8,29	6,02
300000	8,18	6,58
500000	7,66	7,29
1000000	7,82	6,96
2000000	7,20	6,49
4000000	7,72	7,23
8000000	6,82	6,87
16000000	6,94	6,71
20000000	7,30	6,12
24000000	7,28	6,97
32000000	6,78	6,48
40000000	6,96	6,67

Der von W. Schmidt (1902) untersuchte Pyromorphit $Pb_5Cl(PO_4)_3$ hat die Werte:

$$\chi_{11} = 25{,}0 \tag{1675}$$

$$\chi_{33} = 149 \tag{1676}$$

V.A. Johnson (1948) bestimmte an Tellurkristallen Te:

$$\chi_{11} = 2{,}2 \tag{1677}$$

$$\chi_{33} = 5{,}0 \tag{1678}$$

S.J. Czyzak, H. Payne, W.M. Baker, J.C. Manthuruthil und T.M. Bieniewski (1960) ermittelten an Wurtzit ZnS bei Zimmertemperatur und einer Meßfrequenz von 50 Hz:

$$\chi_{11} = 7{,}64 \qquad (1679)$$

$$\chi_{33} = 7{,}39 \qquad (1680)$$

Die Frequenzabhängigkeit ist in Tabelle 36 wiedergegeben. Bei diesem Mineral macht sich mit zunehmender Meßfrequenz eine geringe Abnahme der Suszeptibilitätswerte bemerkbar. Die Meßtemperatur betrug konstant 25°C.

Tabelle 36. *Frequenzabhängigkeit der bei Zimmertemperatur gemessenen Suszeptibilität von Wurtzit*

Frequenz ν Hz	χ_{11}	χ_{33}
50	7,64	7,39
100	7,40	7,24
200	8,02	7,22
500	7,61	7,25
1000	7,54	7,17
2000	7,07	7,15
5000	7,58	7,06
10000	7,58	7,00
20000	7,55	7,05
50000	7,30	6,99
100000	7,48	6,88
200000	7,44	7,03
300000	7,58	7,04

Zinkit ZnO wurde von H. Jaffe (1964) untersucht und das Wertepaar bei Raumtemperatur zu

$$\chi_{11} = 8{,}26 \qquad (1681)$$

$$\chi_{33} = 10{,}0 \qquad (1682)$$

ermittelt. In neuester Zeit wurde die Messung wiederholt. D.F. Crisler, J.J. Cupal und A.R. Moore (1968) fanden:

$$\chi_{11} = 7{,}5 \pm 0{,}2 \qquad (1683)$$

$$\chi_{33} = 9{,}9 \pm 0{,}2 \qquad (1684)$$

7.9. Dielektrische Suszeptibilität kubischer Kristalle

Tabelle 37 enthält die Suszeptibilitätswerte einiger kubischer Substanzen. Die Angabe erfolgte ohne Nennung der Quellen und auf eine Stelle hinter dem Komma abgerundet. Älteren Messungen gereicht zum Nachteil, daß sie fast stets ohne Fehlerangabe publiziert wurden. Eine diesbezügliche Besprechung dieses Sachverhalts sei jedoch einer speziellen Veröffentlichung vorbehalten. Soweit Messungen vom Verfasser vorgelegen haben, wurden sie in Tabelle 37 mit eingearbeitet, wie beispielsweise die Vermessung eines Steinsalz-Einkristalls NaCl, dessen Suszeptibilität

$$\chi_{11} = 4{,}87 \pm 0{,}03 \qquad (1685)$$

betrug. Nähere Details sind der Veröffentlichung W. Dreyer (1967) zu entnehmen. Alle Messungen erfolgten quasistatisch bei 50 Hz und Zimmertemperatur.

Tabelle 37. *Suszeptibilitätswerte kubischer Kristalle*

Kristall	Symbol	χ_{11}
Aluminiumantimonid	$AlSb$	10,5
Alunit	$3K_2O \cdot 4Al_2(SO_4)_3 \cdot 5Al_2O_3 \cdot 18H_2O$	5,4
Ammoniakalaun	$NH_3 \cdot AlH(SO_4)_2 \cdot 12H_2O$	5,0
Ammoniumbromid	$NH_3 \cdot HBr$	6,3
Ammoniumchlorid	$NH_3 \cdot HCl$	5,8
Ammoniummangansulfat	$NH_3 \cdot H_2SO_4 \cdot MnSO_4$	8,5
Analcim	$Na_2O \cdot Al_2O_3 \cdot 4SiO_2 \cdot 2H_2O$	4,9
Arsentrijodid	AsJ_3	4,5
Bariumfluorid	BaF_2	6,3
Bariumoxyd	BaO	13,4
Bleiglanz	PbS	16,9
Bleinitrat	$Pb(NO_3)_2$	15,8
Bromargyrit	$AgBr$	12,1
Bromkalit	KBr	3,8
Cäsiumalaun	$CsAl(SO_4)_2 \cdot 12H_2O$	4,0
Cäsiumbromid	$CsBr$	5,5
Cäsiumchlorid	$CsCl$	5,3
Cäsiumjodid	CsJ	4,7
Calciumnitrat	$Ca(NO_3)_2$	5,5
Calciumoxyd	CaO	10,8
Carobbiit	KF	5,1

Tabelle 37. *Fortsetzung*

Kristall	Symbol	χ_{11}
Ceriumoxyd	Ce_2O	6,0
Chlorargyrit	$AgCl$	11,3
Chromrubidiumalaun	$CrSO_4 \cdot RbSO_4 \cdot 12H_2O$	4,0
Cuprit	Cu_2O	11,0
Diamant	C	4,5
Fluorit	CaF_2	5,8
Galliumantimonid	GaSb	14,0
Galliumphosphid	GaP	11,0
Germanium	Ge	14,8
Indiumantimonid	InSb	16,0
Indiumarsenid	InAs	13,5
Indiumphosphid	InP	13,0
Jodargyrit	AgJ	8,1
Kaliumalaun	$KAl(SO_4)_2 \cdot 12H_2O$	4,7
Kaliumjodat	KJO_3	18,9
Kaliumjodid	KJ	4,6
Kaliummangansulfat	$K_2SO_4 \cdot 2MnSO_4$	7,4
Kaliumnickelsulfat	$K_2SO_4 \cdot 2NiSO_4$	6,0
Kaliumtantalat	$K_2O \cdot Ta_2O_5$	242,2
Kaliumtantalatniobat	$3K_2O \cdot 2Ta_2O_5 \cdot Nb_2O_5$	497
Kupferbromid	CuBr	7,0
Kupferjodid	CuJ	14,0
Lithiumbromid	LiBr	11,1
Lithiumchlorid	LiCl	10,1
Lithiumfluorid	LiF	8,0
Lithiumjodid	LiJ	7,2
Nantokit	CuCl	9,0
Natriumbromat	$Na_2O \cdot Br_2O_5$	4,7
Natriumbromid	NaBr	5,1
Natriumchlorat	$Na_2O \cdot Cl_2O_5$	4,3
Natriumjodid	NaJ	5,6
Natriumoxyd	Na_2O	3,7
Nitrobarit	$Ba(NO_3)_2$	4,7
Nitroplumbit	$Pb(NO_3)_2$	15,8
Periklas	MgO	8,1
Rubidiumalaun	$RbAl(SO_4)_2 \cdot 12H_2O$	4,1
Rubidiumbromid	RbBr	3,9
Rubidiumchlorid	RbCl	4,0
Rubidiumchromsulfat	$RbCr(SO_4)_2 \cdot 12H_2O$	4,2

Tabelle 37. *Fortsetzung*

Kristall	Symbol	χ_{11}
Rubidiumfluorid	RbF	4,9
Rubidiumjodid	RbJ	3,6
Rubidiummangansulfat	$Rb_2SO_4 \cdot 2MnSO_4$	7,1
Rubidiumoxyd	Rb_2O	5,2
Silizium	Si	10,7
Sillenit	Bi_2O_3	17,2
Spinell	$MgO \cdot Al_2O_3$	7,6
Steinsalz	NaCl	4,9
Strontiumchlorid	$SrCl_2$	8,2
Strontiumfluorid	SrF_2	6,7
Strontiumnitrat	$Sr(NO_3)_2$	4,3
Strontiumoxyd	SrO	12,3
Strontiumtitanat	$SrO \cdot TiO_2$	331,0
Sylvin	KCl	3,7
Thalliumbromid	TlBr	29,3
Thalliumchlorid	TlCl	30,9
Thalliumjodid	TlJ	20,8
Thalliummangansulfat	$Tl_2SO_4 \cdot 2MnSO_4$	13,7
Thalliumnitrat	$TlNO_3$	15,5
Thoriumoxyd	ThO_2	9,6
Villaumit	NaF	3,9
Wismutgermanat	$2Bi_2O_3 \cdot 3GeO_2$	25,0
Wismutgermaniumoxyd	$6Bi_2O_3 \cdot GeO_2$	37,0
Wüstit	FeO	13,2
Zinkblende	ZnS	9,7
Zinkselenid	ZnSe	8,1
Zinktellurid	ZnTe	9,1

Zinkblende ZnS lieferte bei 50 Hz und Zimmertemperatur:

$$\chi_{11} = 9{,}69 \pm 0{,}07 \qquad (1686)$$

Größere Meßfehler deuten stets auf Gitterfehler im Kristall bzw. Mineral. S.J. Czyzak, H. Payne, W.M. Baker, J.C. Manthuruthil und T.M. Bieniewski (1960) haben bei Zimmertemperatur die Frequenzabhängigkeit dieses Minerals bestimmt und die in Tabelle 38 mitgeteilten Werte erhalten. Die Abnahme der

Suszeptibilität mit steigender Frequenz ist verständlich, weil die Ionen wegen ihrer Masse und der damit verbundenen Trägheit dem schnellen Wechsel des

Tabelle 38. *Frequenzabhängigkeit der bei Zimmertemperatur gemessenen Suszeptibilität von Zinkblende*

Frequenz	χ_{11}
100	9,49
200	9,37
500	8,66
1000	8,41
2000	8,10
5000	7,61
10000	7,34
20000	7,12
50000	6,92
100000	7,12
200000	6,75
500000	6,75
1000000	6,29
2000000	6,06
4000000	6,29
8000000	6,29
16000000	6,12
20000000	5,72
24000000	6,58
32000000	7,04
40000000	6,92

Feldes nicht mehr folgen können. Im optischen Bereich ist deshalb die Polarisation rein elektronischer Natur.

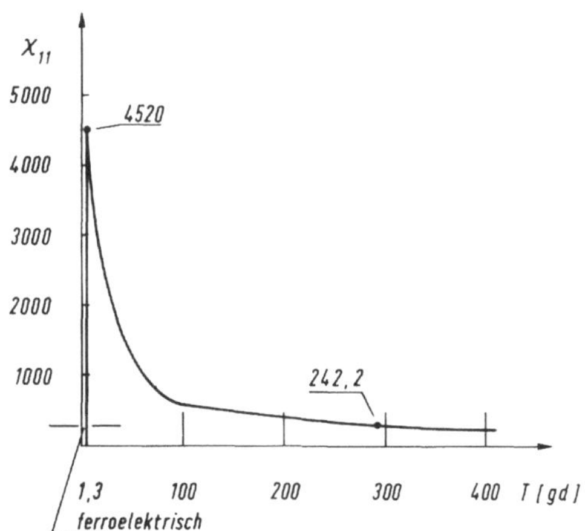

Abb. 101: Temperaturabhängigkeit des Suszeptibilitätswertes von Kaliumtantalat

Die sehr hohen Werte von Kaliumtantalat $KTaO_3$ und Kaliumtantalatniobat $2KTaO_3 \cdot KNbO_3$ deuten auf ferroelektrisches Verhalten. Wie aus Abb. 101 hervorgeht, erreicht die hyperbolische Kurve bei etwa 1,3°K den maximalen Wert von:

$$\chi_{11} = 4520 \tag{1687}$$

Im ferroelektrischen Gebiet unterhalb 1,3°K fällt –– wie in Abb.101 nicht dargestellt werden konnte –– die Suszeptibilität steil ab. In welchem kristallographischen Zustand sich der Kristall nahe des absoluten Nullpunkts befindet, ist z. Zt. noch unbekannt.

Die in Abb.102 gezeigte Frequenzabhängigkeit der Suszeptibilität weist nach, daß bis herauf zu Frequenzen von $5 \cdot 10^{14}$ Hz die bei Zimmertemperatur aufgenommene Kennlinie konstant ist. Der im infraroten Resonanzgebiet sich vollziehende Abfall der Suszeptibilität auf den Wert

$$\chi_{11} = 3{,}8 \tag{1688}$$

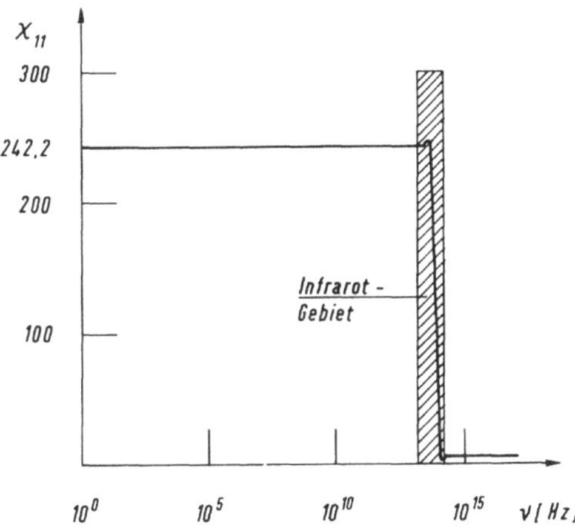

Abb.102: Frequenzabhängigkeit des Suszeptibilitätswertes von Kaliumtantalat bei Zimmertemperatur

liefert eine optische Konstante, welche mit dem Brechungsindex n durch die Beziehung

$$n = \sqrt{\chi_{11} + 1} \tag{1689}$$

verknüpft ist. Der hieraus bestimmte Brechungsindex n von 2,2 stimmt gut mit dem optisch ermittelten Wert überein.

7.10. Zur dielektrischen Suszeptibilität des Eises

Die dielektrische Suszeptibilität des Eises erreicht im niedrigen Frequenzbereich auffallend hohe Werte. Die Frequenzabhängigkeit wurde von F. Humbel, F. Jona und P. Scherrer (1953) untersucht und ist für die konstante Meßtemperatur von 268°K in Abb. 103 wiedergegeben. Aus der graphischen Darstellung lassen sich die Werte

$$\chi_{11} = 102 \tag{1690}$$

$$\chi_{33} = 118 \tag{1691}$$

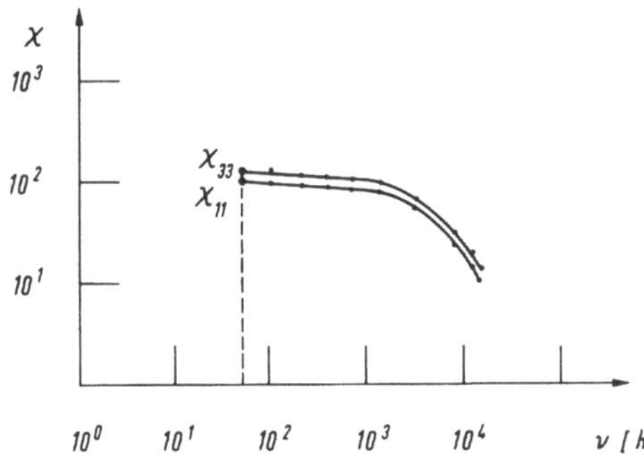

Abb.103: Frequenzabhängigkeit der Suszeptibilitätswerte des Eises

roh ablesen, die senkrecht zur hexagonalen Achse von Eiseinkristallen bzw. in Richtung der Hauptachse bei obiger Meßtemperatur und der Frequenz von 50 Hz gemessen wurden. Eine vom Verfasser durchgeführte Wiederholungsmessung ergab indes das Wertepaar:

$$\chi_{11} = 77{,}6 \pm 1{,}3 \tag{1692}$$

$$\chi_{33} = 110{,}1 \quad 2{,}8 \tag{1693}$$

Die Differenz zwischen den unter gleichen Meßbedingungen erhaltenen Ergebnissen dürfte einmal durch den starken Einfluß leitender Verunreinigungen bedingt sein, welche bereits in sehr geringen Mengen die Suszeptibilitätswerte verfälschen, zum anderen sind Gitterinhomogenitäten und Mikrorisse im Eiseinkristall Störfaktoren.

Bei der Meßtemperatur von 273°K –– entsprechend –0,2°C –– wurde bei 50 Hz das Wertepaar

$$\chi_{11} = 72{,}7 \pm 1{,}1 \tag{1694}$$

$$\chi_{33} = 110{,}0 \quad 2{,}7 \tag{1695}$$

ermittelt. Insgesamt ergab sich für die Meßfrequenz von 50 Hz der in Abb.104 dargestellte Kurvenverlauf. Mit abnehmender Temperatur wird der Unterschied

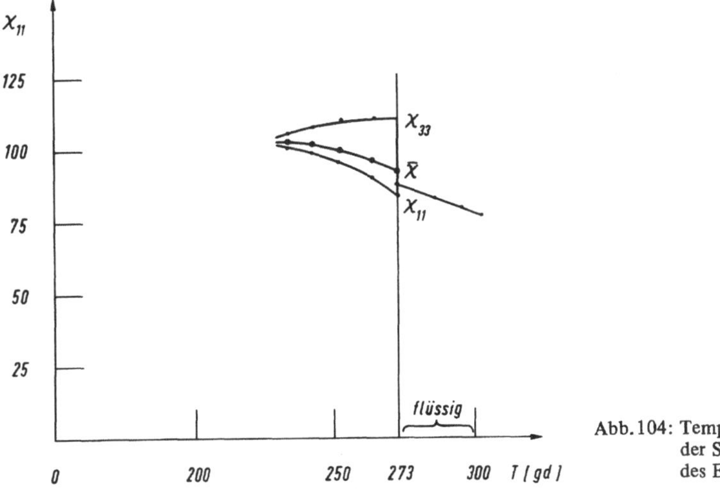

Abb.104: Temperaturabhängigkeit der Suszeptibilitätswerte des Eises bzw. Wassers

zwischen den Hauptwerten χ_{33} und χ_{11} geringer. Die mittlere Kurve $\bar{\chi}$ wurde nach

$$\bar{\chi} = \frac{2\chi_{11} + \chi_{33}}{3} \qquad (1696)$$

berechnet, unter der Voraussetzung, daß völlige Regellosigkeit des polykristallinen Eises vorliegt. Es ist bemerkenswert, daß die Kennlinie für das ideale polykristalline Eis nicht an die Kennlinie des flüssigen Wassers anschließt.

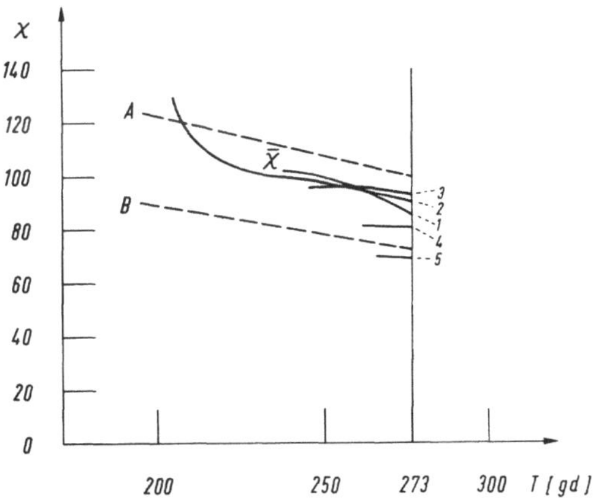

Abb.105: Suszeptibilitätsmessungen an polykristallinem Eis

In Abb.105 ist der Kurvenverlauf (Kurve 1) der Idealkurve $\bar{\chi}$ mit Messungen verglichen worden, die an polykristallinem Eis durchgeführt wurden. Kurve 2 entspricht den Messungen von R.P. Auty und R.H. Cole (1952), die bis herab zu

Temperaturen von 207°K reichen. Nach J.G. Powles (1952) sollten sich alle Messungen im Bereich zwischen den Grenzen A und B bewegen.

Kurve 3 stellt die Messungen von E.J. Murphy (1934) dar, die ebenfalls in guter Übereinstimmung mit der Kurve $\overline{\chi}$ sind. Die Kurve 4, welche C.P. Smyth und C.S. Hitchcock (1932) bestimmt haben, weicht nach unten bereits merklich ab. Die Erniedrigung der Suszeptibilität des Eises ist durch Korngrenzeneffekte und Mikrorisse erklärbar. Da keine Texturmessungen durchgeführt worden sind, könnten auch Abweichungen von der statistisch regellosen Orientierung der Kristallite vorliegen.

Die von H. Wintsch (1932) aufgenommene Kurve 4 liegt außerhalb des Vertrauensbereichs. Möglicherweise war das von diesem Autor untersuchte Eis nicht völlig gasfrei. In einem solchen Fall treten beim Anlegen eines Feldes Raumladungen auf, die bei niedrigen Meßfrequenzen die Suszeptibilität sehr stark abfälschen können.

7.11. Die dielektrische Polarisation von ungeregelten Kristallaggregaten

Bei statistisch regelloser Verteilung der Kristallite im monomineralischen Gefüge ergibt sich die dielektrische Suszeptibilität durch einen alle möglichen Kristallagen erfassenden Mittelungsprozess, wobei zwei Grenzannahmen denkbar sind. Die erste Annahme geht von der Vorstellung aus, daß bei allen Kristalliten die elektrische Feldstärke gleich der des gesamten Kristallaggregats ist, wobei dann die dielektrische Polarisation von Kristallit zu Kristallit variiert. In diesem Fall erfolgt die Mittelung über die Werte der dielektrischen Suszeptibilität:

$$\overline{\overline{\overline{\chi}}} = \frac{1}{8\pi^2} \int_0^{2\pi} \int_0^{\pi} \int_0^{2\pi} \chi'_{33}(\varphi, \vartheta, \psi) \sin\vartheta \, d\varphi \, d\vartheta \, d\psi \qquad (1697)$$

Für trikline und monokline Kristalle gilt gemäß (1337):

$$\overline{\overline{\overline{\chi}}} = \frac{1}{3} (\chi_{I} + \chi_{II} + \chi_{III}) \qquad (1698)$$

Für rhombische Kristalle folgt

$$\overline{\overline{\overline{\chi}}} = \frac{1}{3} (\chi_{11} + \chi_{22} + \chi_{33}) \qquad (1699)$$

und für wirtelige Kristalle:

$$\overline{\overline{\overline{\chi}}} = \frac{1}{3} (2\chi_{11} + \chi_{33}) \qquad (1700)$$

Im kubischen Fall ist $\overline{\overline{\overline{\chi}}}$ mit χ_{11} identisch.

Die genaue Vermessung eines Steinsalz-Einkristalls von Werk Asse bei Wolfenbüttel ergab den Wert

$$\chi_{11} = 4{,}87 \pm 0{,}03 \tag{1701}$$

wohingegen eine polykristalline Probe des gleichen Werkes eine Suszeptibilität von

$$\chi'_{11} = 4{,}92 \pm 0{,}04 \tag{1702}$$

ergab. Bei sich überlappenden Fehlergrenzen ist die Übereinstimmung beider Meßwerte als gut zu bezeichnen.

Die zweite Annahme geht von der Möglichkeit aus, daß die aneinander grenzenden Kristallite eine gleichartige Polarisation wie der Gesamtkörper aufweisen, dafür aber die elektrische Feldstärke von Kristallit zu Kristallit variiert. Dies bedeutet, daß über den inversen Suszeptibilitätstensor zu mitteln ist. Die Mittelung führt im allgemeinen Fall auf:

$$\overline{\overline{\overline{\chi}}} = \frac{3\chi_I\chi_{II}\chi_{III}}{\chi_I\chi_{II} + \chi_{II}\chi_{III} + \chi_{III}\chi_I} \tag{1703}$$

Für ein statistisch regellos orientiertes Kristallaggregat rhombischer Kristalle resultiert

$$\overline{\overline{\overline{\chi}}} = \frac{3\chi_{11}\chi_{22}\chi_{33}}{\chi_{11}\chi_{22} + \chi_{22}\chi_{33} + \chi_{33}\chi_{11}} \tag{1704}$$

und für den Fall wirteliger Individuen:

$$\overline{\overline{\overline{\chi}}} = \frac{3\chi_{11}\chi_{33}}{\chi_{11} + 2\chi_{33}} \tag{1705}$$

Bei kubischen Kristallindividuen ist $\overline{\overline{\overline{\chi}}}$ wieder mit χ_{11} identisch.

Die Untersuchung einer nahezu ungeregelten Marmorprobe von Auerbach, deren Gefügebild Abb. 106 kennzeichnet, erbrachte einen Suszeptibilitätswert von:

$$\overline{\overline{\overline{\chi}}} = 7{,}24 \pm 0{,}03 \tag{1706}$$

Die Messung erfolgte bei Zimmertemperatur und einer Frequenz von 50 Hz. Mit den Calcit-Werten von Tabelle 32 folgt aus Beziehung (1700) der Maximalwert von:

$$\overline{\overline{\overline{\chi}}} = 7{,}333 \tag{1707}$$

Aus (1705) folgt der Minimalwert:

$$\overline{\overline{\overline{\chi}}} = 7{,}326 \tag{1708}$$

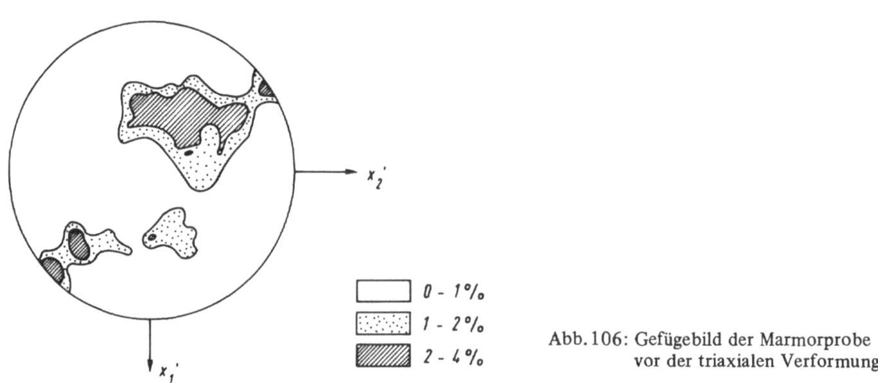

Abb. 106: Gefügebild der Marmorprobe vor der triaxialen Verformung

Diese beiden Mittelwerte liegen jedoch so eng beeinander, daß eine Entscheidung über die Art der Koppelung der Kristallite hier nicht möglich ist. Andererseits zeigt der zu niedrige Meßwert von 7,24, daß eine geringe Vorregelung der Marmorprobe vorgelegen hat.

Bei den stark unterschiedlichen Suszeptibilitätswerten von Rutil, wie sie Tabelle 33 entnommen werden können, ist die Differenz zwischen maximalem und minimalem Mittelwert $\overline{\overline{\overline{\chi}}}$ weitaus stärker als im vorhergehenden Fall des Calcits. Es resultiert für ein regellos orientiertes Rutilaggregat

$$\overline{\overline{\overline{\chi}}} = 117{,}3 \tag{1709}$$

und:

$$\overline{\overline{\overline{\chi}}} = 104{,}5 \tag{1710}$$

Anhand von Rutil müßte eine Entscheidung, welche Grenzannahme besser gilt, möglich sein, doch sind bisher noch keinerlei Untersuchungen an Rutilaggregaten, die hautpsächlich in metamorphen sowie in pegmatitisch-pneumatolytischen Gängen und hydrothermalen Drusen vorkommen, möglich gewesen.

Wie Tabelle 33 zeigt, liegen die Suszeptibilitätswerte von Bariumpriderit $BaTiO_3$ um mehr als eine Zehnerpotenz auseinander. Die ferroelektrische Eigenschaft dieser Kristallart ist aus Abb. 107 ersichtlich. Die Temperaturabhängigkeit der Suszeptibilitätswerte wurde verschiedenen Publikationen entnommen, insbesondere den Arbeiten von B.T. Mathias (1948) und W.J. Merz (1949). Im tetragonalen Modifikationsgebiet nimmt die dielektrische Anisotropie mit sinkender Temperatur zu und erreicht am Umwandlungspunkt zur rhombischen Symmetrie den Höchstwert. Die Suszeptibilitätswerte betragen hier:

$$\chi_{11} = 5200 \tag{1711}$$

$$\chi_{33} = 190 \tag{1712}$$

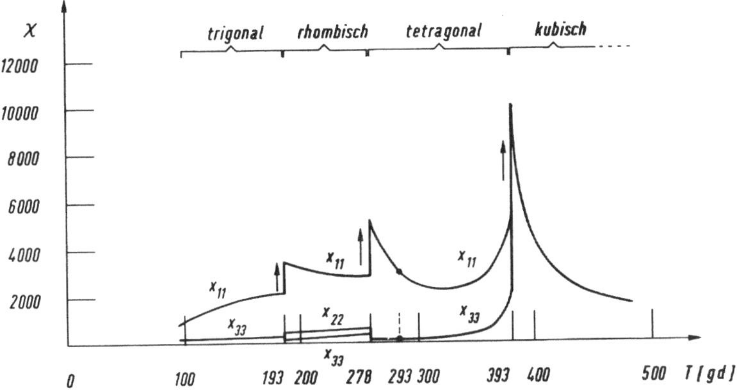

Abb.107: Temperaturabhängigkeit der Suszeptibilitätswerte von Bariumpriderit beim Aufheizen

In Tabelle 39 sind nach den Beziehungen (1700) und (1705) die oberen und unteren Grenzwerte der Suszeptibilität von Bariumpriderit $BaTiO_3$ berechnet und danach der schraffierte Grenzbereich von Abb.108 gezeichnet worden.

Tabelle 39. *Berechnung der Grenzwerte der Suszeptibilität von Bariumpriderit bei verschiedenen Temperaturen*

Temperatur T gd	χ_{11}	χ_{22}	χ_{33}	Oberer Grenzwert $\overline{\overline{\chi}}$	Unterer Grenzwert $\underline{\underline{\chi}}$
100	900	900	150	650	338
150	1750	1750	160	1220	393
193	2100	2100	300	1500	700
193	3200	380	190	1257	366
278	2820	580	350	1250	608
278	5200	5200	190	3530	407
293	2919	2919	167	2001	450
300	2550	2550	200	1767	556
330	2300	2300	280	1627	676
350	2400	2400	370	1723	848
380	4000	4000	1000	3000	2000
393	5000	5000	2000	4000	3333
393	10000	10000	10000	10000	10000
400	4600	4600	4600	4600	4600
450	2000	2000	2000	2000	2000
500	1650	1650	1650	1650	1650

Ferner wurde in die Abb.108 die an polykristallinem Bariumpriderit gemessene Temperaturkurve eingetragen. Leider wurden von A. Herspring (1956) keine Angaben über den Grad der Ungeregeltheit seiner Probe gemacht, so daß nicht mit Sicherheit gesagt werden kann, daß die Probe völlig ungeregelt war. Im Bereich der Zimmertemperatur –– entsprechend 293°K –– sowie im rhombischen Modifikationsbereich dürfte die Mittelung (1700) gültig sein, welche besagt, daß bei allen Kristalliten die elektrische Feldstärke gleich der des gesamten Kristallaggregats ist. Von Kristallit zu Kristallit wechselt dann die dielektrische Polarisation nach der bekannten Tensoreigenschaft der Suszeptibilität. Eine eindeutige Aussage über den Kopplungsmechanismus lassen die Funktionswerte von Abb.108

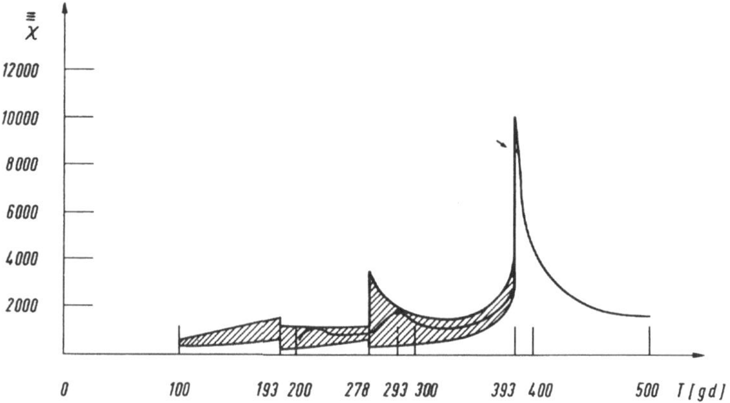

Abb.108: Temperaturkennlinie einer polykristallinen Probe von Bariumpriderit

jedoch nicht zu, da besonders im Temperaturintervall zwischen 320° und 395°K die Temperaturkurve des polykristallinen Materials zwischen den Grenzwerten liegt. Bei 393°K wird der bei Einkristallen beobachtete Peak von 10 000 nicht erreicht. Die Temperaturkurve biegt im kubischen Modifikationsbereich, der nicht ferroelektrisch ist, bei der Suszeptibilität von etwa 9 000 (Pfeil) um und geht dann in den hyperbolischen Abstiegszweig über. Erwartungsgemäß fallen hier die Kurvenverläufe sowohl der ein- als auch polykristallinen Probe zusammen.

Ungeregelte Proben von Bariumpriderit erhält man durch Sinterung von gepreßten Pulveraggregaten. Die von H. Schmidt (1952) erzielte Temperaturkurve, welche in Abb.109 wiedergegeben ist, entspricht schon besser der ersten Annahme einer Äqui-Feldstärke im polykristallinen Verband. Dies wird durch die Messung von W.P. Mason (1963) bestätigt. In Abb. 110 deutet sich in der Temperaturcharakteristik bereits ein knickförmiger Kurvenverlauf an, der auf die Phasenumwandlung hindeutet.

Da Bariumpriderit Hystereseeffekte zeigt, wurde in allen Fällen mit sehr niedrigen elektrischen Feldstärken gearbeitet, in der Regel mit Feldstärken bei bzw.

unter 0,01 V/m. Die Frequenzabhängigkeit ist indes relativ gering, wie Abb.111 zeigt. Die Messungen sind für verschiedene Frequenzintervalle insbesondere den

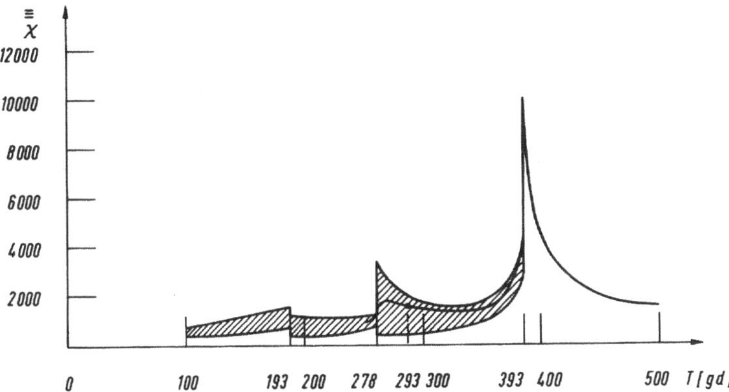

Abb.109: Temperaturkennlinie einer ersten Keramikprobe von Bariumpriderit

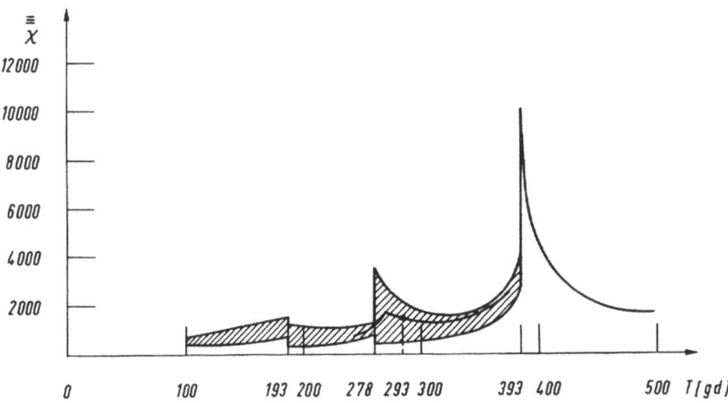

Abb.110: Temperaturkennlinie einer zweiten Keramikprobe von Bariumpriderit

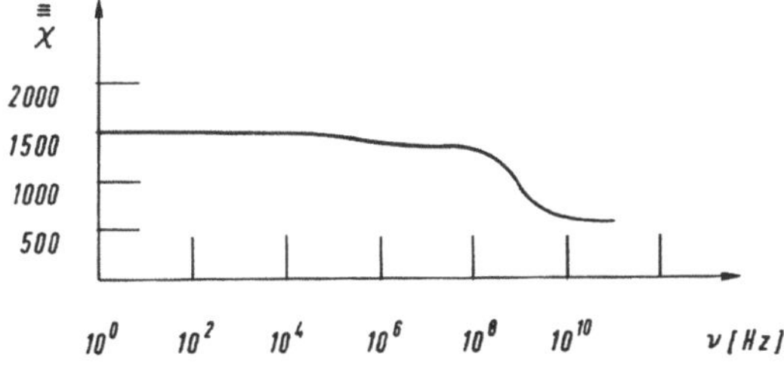

Abb.111: Frequenzabhängigkeit der Suszeptibilität von polykristallinem Bariumpriderit

Publikationen von P.W. Forsbergh (1949) und Y.M. Poplavko, V.G. Tsykalov und V.I. Molchanov (1969) entnommen worden.

Weitere Untersuchungen liegen an Natriumnitrit $NaNO_2$ vor. Wie aus Abb.112 ersichtlich ist, nimmt die Komponente χ_{22} bei der Temperatur von 436,6°K die hohe Suszeptibilität von

$$\chi_{22} = 3000 \tag{1713}$$

an. Bei Zimmertemperatur –– siehe Tabelle 31 –– ist die ferroelektrische Eigenschaft von Natriumnitrit nicht erkennbar.

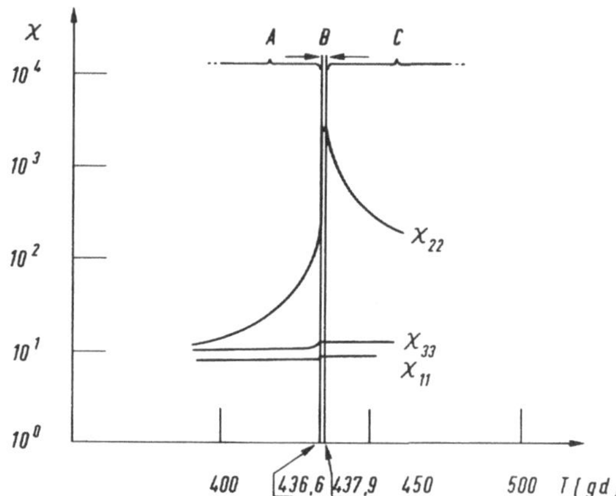

Abb.112: Temperaturabhängigkeit der Suszeptibilitätswerte von Natriumnitrit

Bis zur Umwandlungstemperatur von 436,6°K befindet sich Natriumnitrit im ferroelektrischen Zustand *A* und besitzt rhombische Symmetrie mit einer zweizähligen Hauptachse, die gleichzeitig Spur der beiden Symmetrieebenen ist. Dieser von S. Sawada, S. Nomura, S. Fujii und I. Yoshida (1958) untersuchte Modifikationsbereich *A* grenzt an den Bereich *B*, der von Y. Yamada, I. Shibuya und S. Hoshino (1963) festgestellt wurde. In diesem schmalen Bereich *B* wird ein antiferroelektrischer Zustand angenommen; die wahrscheinlich gleichfalls rhombische Kristallmodifikation ist noch nicht näher untersucht worden. Oberhalb 437,9°K befindet sich Natriumnitrit im normalen nichtferroelektrischen Zustand *C*. Wie Abb.113 kennzeichnet, besitzt das rhombische Kristallsystem neben drei zweizähligen Symmetrieachsen gleichzeitig drei orthogonal aufeinander stehende Symmetrieebenen. Der Modifikationsbereich *C* wurde von C.C. Stephenson und H.E. Adams (1944) untersucht.

Ein gepreßtes, porenfreies Plättchen aus Natriumnitrit lieferte die in Abb.114 eingetragene Kennlinie. Sie paßt sich in den schraffierten Bereich der Grenzkurven ein, die nach (1700) und (1705) gemäß Tabelle 40 berechnet wurden. Auch hier wird die Feldstärke-Hypothese gestützt. Bemerkenswert ist die Tatsache, daß die polykristalline Probe den hohen Peak der oberen Grenzkurve nicht nachahmt, wie dies auch beim Bariumpriderit festgestellt wurde.

Die Suszeptibilität $\overline{\overline{\overline{\chi}}}$ der Marmorprobe von Auerbach nahm mit steigender Temperatur geringfügig zu. Gegenüber dem bei 20°C und 50 Hz gemessenen Wert

$$\overline{\overline{\overline{\chi}}} = 7{,}24 \pm 0{,}03 \tag{1714}$$

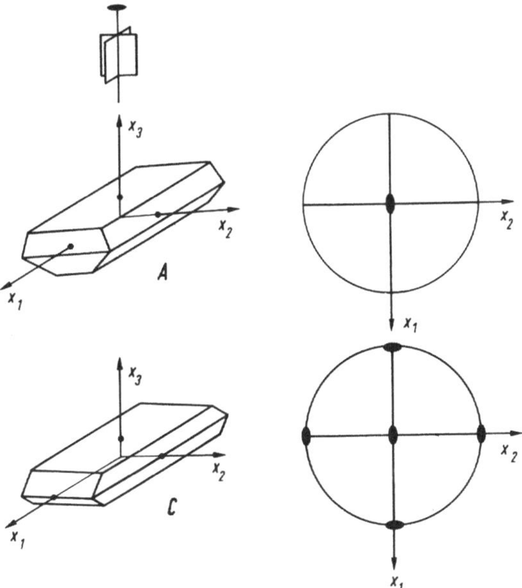

Abb. 113: Zwei rhombische Zustände des Natriumnitrits

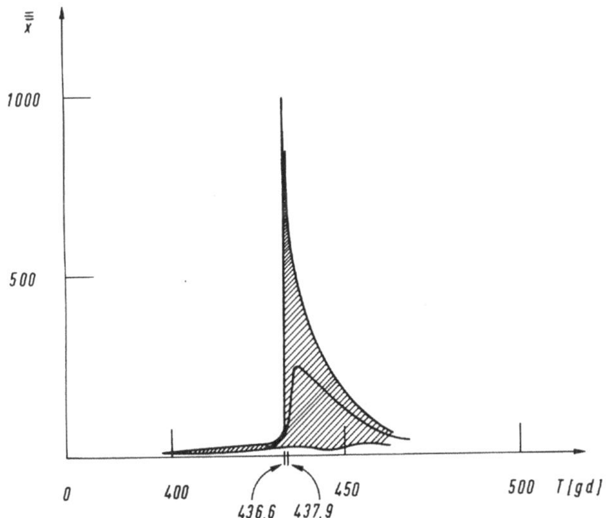

Abb. 114: Temperaturkennlinie von polykristallinem Natriumnitrit

ergab sich bei der gleichen Meßfrequenz bei 200°C der Wert:

$$\overline{\overline{\overline{\chi}}} = 7{,}41 \pm 0{,}04 \tag{1715}$$

Tabelle 40. *Berechnung der Grenzwerte der Suszeptibilität von Natriumnitrit bei verschiedenen Temperaturen*

Temperatur T gd	χ_{11}	χ_{22}	χ_{33}	Oberer Grenzwert $\overline{\overline{\chi}}$	Unterer Grenzwert $\overline{\overline{\chi}}$
400	7,9	13,0	10,1	10,3	9,9
410	7,9	16,1	10,2	11,4	10,8
420	8,0	27,8	10,3	15,4	11,6
430	8,1	60,2	10,7	26,3	12,9
436,6	9,8	3000	11,9	1007,2	16,1
437,9	9,7	2520	11,9	847,2	16,0
440	9,2	1180	11,9	400,3	15,5
450	9,1	540	11,9	187,0	15,3
460	9,0	240	11,9	87,0	23,7

Auch die Frequenzabhängigkeit ist sehr gering, wie die Suszeptibilität bei 20°C und 10^5 Hz

$$\overline{\overline{\overline{\chi}}} = 7{,}18 \pm 0{,}03 \qquad (1716)$$

zeigt.

7.12. Regelung von Marmor unter triaxialer Beanspruchung

Da im Kristall nur einzelne Ebenen als Gleitflächen möglich sind, werden sich bei der triaxialen Verformung die einzelnen Körner der zuvor nahezu ungeregelten Marmorprobe so lange verlagern, bis die Gleitflächen eine für die Verformung günstige Lage haben. Nach einer derartigen Beanspruchung liegen die Körner nicht mehr regellos im verformten Körper. So erfolgte die Einregelung bei den untersuchten Marmorproben hauptsächlich nach Zwillingsgleitebenen, welche wie die Pol- und Äquatorlagen der *c*-Achsen anhand von hauptbeanspruchungsorientierten Dünnschliffen mit dem Universaltisch eingemessen wurden. Die Gefügeeinmessungen wurden in dankenswerter Weise von F. Karl und H. Kern (1968) durchgeführt und ergaben das in Abb. 115 wiedergegebene Gefügediagramm.

Die Triaxialverformung erfolgte mit den Hauptspannungen

$$\sigma'_{11} = -\ 73\,550\,000 \text{ N/m}^2 \qquad (1717)$$

$$\sigma'_{22} = -220\,650\,000 \text{ N/m}^2 \qquad (1718)$$

$$\sigma'_{33} = -441\,300\,000 \text{ N/m}^2 \qquad (1719)$$

in einer selbstkonstruierten Prüfanlage, welche es gestattet, in drei zueinander senkrechten Richtungen unabhängig voneinander und feinstufig regelbar Prüfkräfte bis zu je 10^6 *N* (Newton) aufzubringen. Die Kantenlänge der Prüfwürfel betrug 4 cm. Die Belastungsgeschwindigkeit wurde in allen drei Richtungen zu $4{,}25 \cdot 10^4$ N/m$^2 \cdot$s normiert.

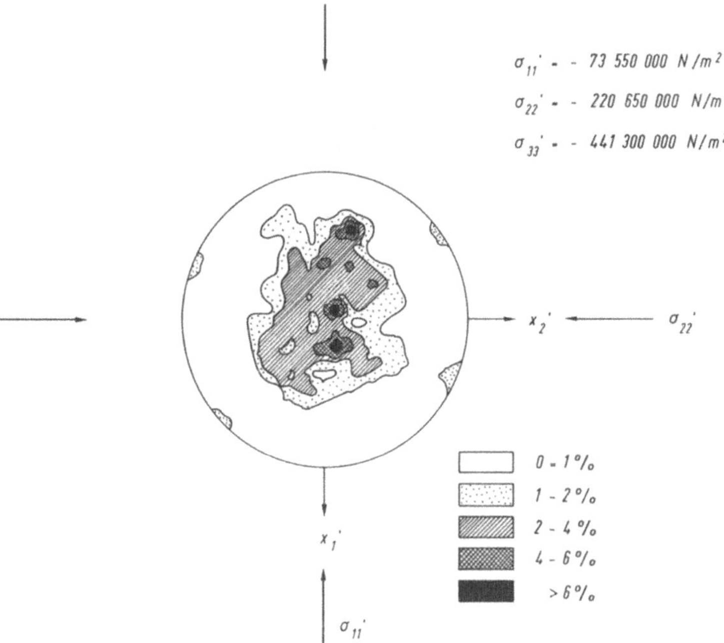

Abb.115: Gefügebild der Marmorprobe nach der triaxialen Verformung

Bei der Verformung hat eine Umregelung zu Polanhäufungen von Gleitflächen parallel zu σ'_{22} stattgefunden, wobei eine deutliche statistisch-rhombische Symmetrie erkennbar ist. Der vorherrschende Winkel der Gleitflächen beträgt im Mittel 120°. Weiterhin konnte festgestellt werden, daß die Verformung mit einer Internrotation von Gleitflächen verbunden ist, wie das Maximum in der Mitte zeigt.

Aus dem in dieser Weise definiert-geregelten Marmorprüfkörper wurde senkrecht zur Hauptbeanspruchung σ'_{33} eine dünne Gesteinsscheibe herausgearbeitet und senkrecht zu dieser Scheibe die Suszeptibilität zu

$$\chi'_{33} = 7{,}18 \pm 0{,}04 \tag{1720}$$

gefunden. Die Suszeptibilität ist durch die teilweise Einregelung der *c*-Achsen in die Meßrichtung erwartungsgemäß niedriger als der gleichfalls bei 20°C und 50 Hz gemessene Wert

$$\overline{\overline{\overline{\chi}}} = 7{,}24 \pm 0{,}03 \qquad (1721)$$

der nahezu ungeregelten Probe, deren Gefügebild in Abb. 115 dargestellt wurde.

An dieser Stelle sei vermerkt, daß in der früheren Publikation W. Dreyer (1967) die Bestimmung der Suszeptibilität χ'_{33} von triaxial verformtem Marmor mit den in (1717) bis (1719) angegebenen Hauptspannungen den Wert 7,15 ergeben hat. Der statistische Fehler dieses ersten Meßwertes betrug 0,05, so daß ein Variationsbereich von 7,10 bis 7,20 vorliegt. Um diesen Variationsbereich einzuengen, wurden in der Folgezeit weitere Messungen unter gleichen Meßbedingungen durchgeführt. Unter Einbeziehung der früheren Werte ergab sich der verbesserte Wert (1720) von 7,18, dessen statistischer Fehler nur noch 0,04 beträgt. Das verbesserte Meßergebnis, dem insgesamt 40 Einzelmessungen zugrunde lagen, wurde von W. Dreyer (1970) veröffentlicht und besitzt einen Variationsbereich von 7,14 bis 7,22. Die Verschiebung der oberen Schranke von 7,20 auf 7,22 ist mißlich. Ihre Reduktion kann nur durch weitere Messungen erfolgen, die in Kürze eingeleitet werden.

7.13. Berechnung der Suszeptibilität von Kristallgemengen mit Textur

In Abb. 116 ist die Situation der Kristallorientierung an einem Dünnschliff demonstriert. Der Dünnschliff möge hierbei so dünn geschliffen sein, daß jedes

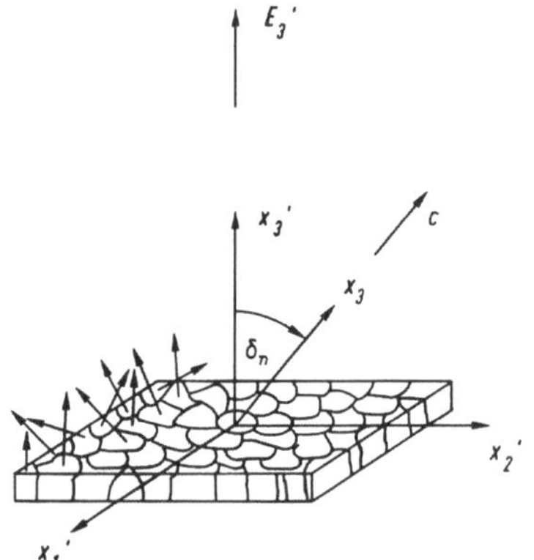

Abb. 116: Polykristallines Kristallaggregat mit Textur

Kristallkorn zweifach angeschnitten wird. Die *c*-Achse eines beliebig herausgegriffenen Kristallits bildet mit der probenfesten Achse x'_3 einen Winkel δ_n, der von Kristallit zu Kristallit verschieden ist. In Abb.117 ist die spezielle Dünnschliffschnittlage des Kristallits noch einmal herausgestellt worden. Die Orientierung des Kristallits wird durch die Winkel φ_n, δ_n, ψ_n eindeutig festgelegt.

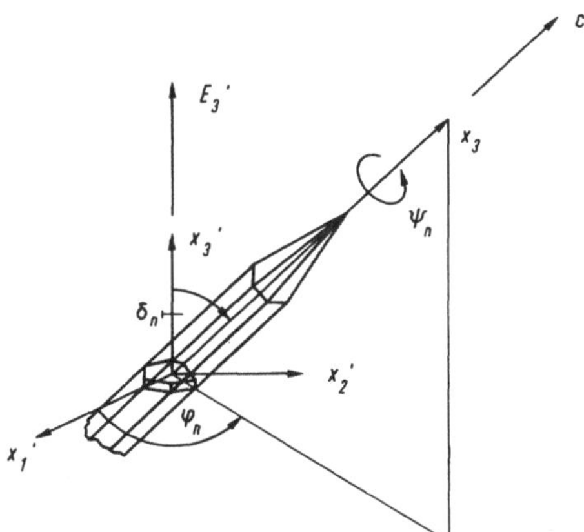

Abb.117: Dünnschliffschnittlage

Über N Kristallite des Dünnschliffs summiert, ergibt sich in Richtung x_3' die Polarisation:

$$P_3' = \frac{1}{F} \sum_{n=1}^{N} P_{3_n}' F_n \tag{1722}$$

Hierbei bedeutet F die vom elektrischen Feld E_3' erfaßte Meßfläche mit N Kristalliten:

$$F = \sum_{n=1}^{N} F_n \tag{1723}$$

Die Polarisation P_3' ergibt sich aus (1396) und den probenfesten Standardkoordinaten (170), (171), (172) zu:

$$P_3' = \epsilon_0 E_3' \,[\sin^2\delta\,(\cos^2\psi\,\chi_{11} + \sin^2\psi\,\chi_{22}) + \cos^2\delta\,\chi_{33} + \sin 2\delta\,(\sin\psi\,\chi_{23} + \cos\psi\,\chi_{13}) + \sin^2\delta\,\sin 2\psi\,\chi_{12}] \tag{1724}$$

Wegen der Rotationssymmetrie der Kristallagen um die Feldachse x_3' kommt in diesem Ausdruck die Koordinate φ nicht vor. Für wirtelige Kristallarten vereinfacht sich (1724) zu:

$$P_3' = \epsilon_0 E_3' \,[\chi_{11} + (\chi_{33} - \chi_{11}) \cos^2\delta] \tag{1725}$$

Für einen bestimmten Kristall ist

$$P_{3_n}' = \epsilon_0 E_3' [\chi_{11} + (\chi_{33} - \chi_{11}) \cos^2\delta_n] \tag{1726}$$

zu schreiben. Somit folgt für Marmor:

$$P'_3 = \frac{\epsilon_0 E'_3}{F} \sum_{n=1}^{N} [\chi_{11} + (\chi_{33} - \chi_{11}) \cos^2 \delta_n] F_n \tag{1727}$$

Die entsprechende Suszeptibilität ist:

$$\chi'_{33} = \frac{1}{F} \sum_{n=1}^{N} [\chi_{11} + (\chi_{33} - \chi_{11}) \cos^2 \delta_n] F_n \tag{1728}$$

Ist die Korngröße nahezu gleich, resultiert:

$$\chi'_{33} = \chi_{11} + \frac{1}{N} (\chi_{33} - \chi_{11}) \sum_{n=1}^{N} \cos^2 \delta_n \tag{1729}$$

Nach W. Dreyer (1970) wurde die Teilmenge N von 327 Körnern im Dünnschliff erfaßt und –– einschließlich Fehlerrechnung –– das Ergebnis

$$\chi'_{33} = 7{,}12 \pm 0{,}07 \tag{1730}$$

erhalten. Innerhalb der Fehlergrenze stimmt dieses Resultat mit der direkten Messung (1720) überein.

7.14. Idealtexturen

Sind alle c-Achsen des Marmors in Richtung x'_3 eingeregelt, so ist gemäß

$$\chi'_{33} = \chi_{33} \tag{1731}$$

die zu erwartende Suszeptibilität:

$$\chi'_{33} = 7{,}03 \tag{1732}$$

Die stereographischen Diagramme der behandelten Idealtexturen sind in Abb. 118 zusammengestellt. Für den Texturtyp A gilt die Bedingung:

$$\delta = 0 \tag{1733}$$

Liegen die c-Achsen aller Calcitkristalle senkrecht zur Hauptrichtung x'_3, so mißt man in dieser Richtung x'_3 den Größtwert der Suszeptibilität:

$$\chi'_{33} = 7{,}54 \tag{1734}$$

Der Neigungswinkel ist für alle Kristallite von Typ *B* einheitlich:

$$\delta = 90^{\circ} \tag{1735}$$

Typ *C* mit randlichen Maximis entspricht Typ *B*.

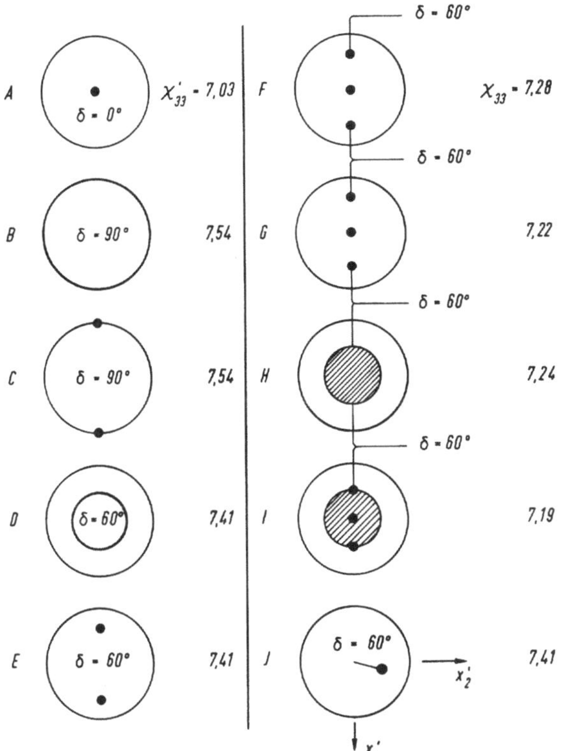

Abb.118: Idealtexturen

Liegen die *c*-Achsen auf einem Kegelmantel mit dem Neigungswinkel

$$\delta = 60^{\circ} \tag{1736}$$

liefert die allgemeine Beziehung

$$\chi'_{33} = \chi_{11} - (\chi_{11} - \chi_{33}) \cos^2 \delta \tag{1737}$$

die für Typ *D* gültige Formel:

$$\chi'_{33} = \tfrac{1}{4}(3\chi_{11} + \chi_{33}) \tag{1738}$$

Hieraus resultiert der Zahlenwert:

$$\chi'_{33} = 7{,}41 \tag{1739}$$

Typ *E* entspricht Typ *D*, wenn –– wie hier angenommen –– die beiden Maximis gleiche Intensität haben.

Ist die Intensität der Maximis –– Typ *F* entsprechend –– auf drei Punktrichtungen gleichmäßig verteilt, gilt:

$$\chi'_{33} = \tfrac{1}{2}(\chi_{11} + \chi_{33}) \tag{1740}$$

Zahlenmäßig ergibt sich hieraus:

$$\chi'_{33} = 7{,}28 \tag{1741}$$

Typ *G*, bei welchem die mittlere Intensität doppelt so groß ist, wie die bei

$$\delta = 60^{\circ} \tag{1742}$$

gegebene Punktintensität, besitzt die Suszeptibilität:

$$\chi'_{33} = \tfrac{1}{8}(3\chi_{11} + 5\chi_{33}) \tag{1743}$$

Der Zahlenwert beträgt:

$$\chi'_{33} = 7{,}22 \tag{1744}$$

Bei gleichmäßiger Verteilung der *c*-Achsen im Mittelbereich, der durch den allgemeinen Winkel δ abgegrenzt wird, gilt:

$$\chi'_{33} = \chi_{11} + (\chi_{33} - \chi_{11}) \frac{\int_0^{\delta} \cos^2\delta \sin\delta \, d\delta}{\int_0^{\delta} \sin\delta \, d\delta} \tag{1745}$$

Die Integration liefert:

$$\chi'_{33} = \chi_{11} + \tfrac{1}{3}(\chi_{33} - \chi_{11})(1 + \cos\delta + \cos^2\delta) \tag{1746}$$

Im Fall von Typ *H* ist die Grenze der gleichmäßigen Achsenverteilung durch

$$\delta = 60^{\circ} \tag{1747}$$

gegeben. Es folgt:

$$\chi'_{33} = \frac{1}{12}(5\chi_{11} + 7\chi_{33}) \tag{1748}$$

Der Zahlenwert beträgt:

$$\chi'_{33} = 7{,}24 \tag{1749}$$

In Annäherung an das Gefügebild der Marmorprobe nach der triaxialen Verformung von Abb.115 sei Typ *I* betrachtet. Die Intensität der Gleichverteilung sei doppelt so groß wie die einer einzelnen Punktintensität. Die Superposition von Typ *A*, *D* und *H* liefert:

$$\chi'_{33} = \frac{1}{5}\chi_{33} + \frac{2}{5}\cdot\frac{1}{8}(3\chi_{11} + 5\chi_{33}) + \frac{2}{5}\cdot\frac{1}{12}(5\chi_{11} + 7\chi_{33}) \tag{1750}$$

Zusammengefaßt ergibt sich:

$$\chi'_{33} = \frac{1}{60}(19\chi_{11} + 41\chi_{33}) \tag{1751}$$

Zahlenmäßig folgt:

$$\chi'_{33} = 7{,}19 \tag{1752}$$

Dieser Wert entspricht fast genau dem Meßwert (1720) von:

$$\chi'_{33} = 7{,}18 \pm 0{,}04 \tag{1753}$$

Aus diesem Vergleich ist der Nutzen des Verfahrens der Superposition von Idealtexturen ersichtlich.

Ist ein einzelnes Maximum vorhanden, wie in Abb.118 unter Typ *J* dargestellt ist, so entspricht dieser Fall Typ *D*, da das Azimut φ ohne Belang ist.

7.15. Dielektrische Textur bei paralleler Ausrichtung der Hauptachse

Liegen die *c*-Achsen der Kristallite –– wie beim Teicheis –– einander parallel, so gilt die Mittelung:

$$\chi_{ij} = \frac{1}{2\pi}\int_0^{2\pi} \chi'_{ij}\, d\varphi \tag{1754}$$

Gemäß Abb.119 sind die Richtungskosinuswerte:

$$a_{ij} = \begin{pmatrix} \cos\varphi & \sin\varphi & 0 \\ -\sin\varphi & \cos\varphi & 0 \\ 0 & 0 & 1 \end{pmatrix} \tag{1755}$$

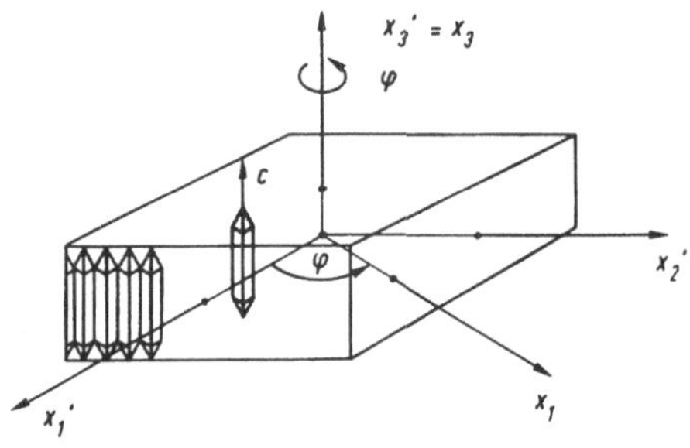

Abb.119: Dielektrische Textur bei paralleler Ausrichtung der Hauptachse

Aus

$$\chi'_{ij} = a_{ik} a_{jl} \chi_{kl} \tag{1756}$$

resultiert mit

$$a_{13} = 0 \tag{1757}$$

$$a_{23} = 0 \tag{1758}$$

$$a_{31} = 0 \tag{1759}$$

$$a_{32} = 0 \tag{1760}$$

$$a_{33} = 1 \tag{1761}$$

die Koeffizientenfolge:

$$\chi'_{11} = a_{11}^2 \chi_{11} + 2a_{11}a_{12}\chi_{12} + a_{12}^2 \chi_{22} \tag{1762}$$

$$\chi'_{12} = a_{11}a_{21}\chi_{11} + (a_{11}a_{22} + a_{12}a_{21})\,\chi_{12} + a_{12}a_{22}\chi_{22} \tag{1763}$$

$$\chi'_{13} = a_{11}\chi_{13} + a_{12}\chi_{23} \tag{1764}$$

$$\chi'_{22} = a_{21}^2 \chi_{11} + 2a_{21}a_{22}\chi_{12} + a_{22}^2 \chi_{22} \tag{1765}$$

$$\chi'_{23} = a_{21}\chi_{13} + a_{22}\chi_{13} \tag{1766}$$

$$\chi'_{33} = \chi_{33} \tag{1767}$$

Mit den übrigen Richtungskosinus

$$a_{11} = \cos\varphi \tag{1768}$$

$$a_{12} = \sin\varphi \tag{1769}$$

$$a_{21} = -\sin\varphi \tag{1770}$$

$$a_{22} = \cos\varphi \tag{1771}$$

resultiert:

$$\chi'_{11} = \chi_{22} - (\chi_{22} - \chi_{11}) \cos^2\varphi + \chi_{12} \sin 2\varphi \tag{1772}$$

$$\chi'_{12} = \tfrac{1}{2} (\chi_{22} - \chi_{11}) \sin 2\varphi + \chi_{12} \cos 2\varphi \tag{1773}$$

$$\chi'_{13} = \chi_{13} \cos\varphi + \chi_{23} \sin\varphi \tag{1774}$$

$$\chi'_{22} = \chi_{11} + (\chi_{22} - \chi_{11}) \cos^2\varphi - \chi_{12} \sin 2\varphi \tag{1775}$$

$$\chi'_{23} = -\chi_{13} \sin\varphi + \chi_{23} \cos\varphi \tag{1776}$$

$$\chi'_{33} = \chi_{33} \tag{1777}$$

Die Mittelung liefert:

$$\bar{\chi}_{11} = \tfrac{1}{2} (\chi_{11} + \chi_{22}) \tag{1778}$$

$$\bar{\chi}_{12} = 0 \tag{1779}$$

$$\bar{\chi}_{13} = 0 \tag{1780}$$

$$\bar{\chi}_{22} = \tfrac{1}{2} (\chi_{11} + \chi_{22}) \tag{1781}$$

$$\bar{\chi}_{23} = 0 \tag{1782}$$

$$\bar{\chi}_{33} = \chi_{33} \tag{1783}$$

Damit folgt der Tensor:

$$\bar{\chi}_{ij} = \begin{pmatrix} \tfrac{1}{2} (\chi_{11} + \chi_{22}) & 0 & 0 \\ 0 & \tfrac{1}{2} (\chi_{11} + \chi_{22}) & 0 \\ 0 & 0 & \chi_{33} \end{pmatrix} \tag{1784}$$

Die Suszeptibilitätswerte χ_{12}, χ_{13} und χ_{23} der triklinen Kristallite mitteln sich heraus. Dieser Sachverhalt gilt nicht nur für monomineralisches Gestein sondern ganz allgemein für ein Gestein mit beliebig vielen Mineralkomponenten. Die Mittelung liefert erwartungsgemäß eine dielektrische Textur von tetragonaler Symmetrie.

Bei triklinen, monoklinen und rhombischen Kristallaggregaten kann man somit feststellen, ob die a-Achsen geregelt sind oder nicht. Tetragonale Symmetrie des Kristallaggregats belegt die völlige Regellosigkeit der a-Achsenorientierung. Texturuntersuchungen an natürlichen bzw. künstlichen Aggregaten liegen zur Zeit noch nicht vor.

Bei wirteligen Kristallen geht (1784) in

$$\bar{\chi}_{ij} = \begin{pmatrix} \chi_{11} & & 0 \\ 0 & \chi_{11} & 0 \\ 0 & 0 & \chi_{33} \end{pmatrix} \tag{1785}$$

über. Die Einkristallsymmetrie bleibt erhalten.

7.16. Dielektrische Textur nadelförmiger Kristallite

Künstliche Texturen nadelförmiger Kristallite, deren c-Achsen in der Schichtebene liegen, führen bei sonstiger Regellosigkeit zu einem Texturtyp, der in Abb.120 gekennzeichnet ist. Innerhalb der senkrecht zu x_3' orientierten Schicht-

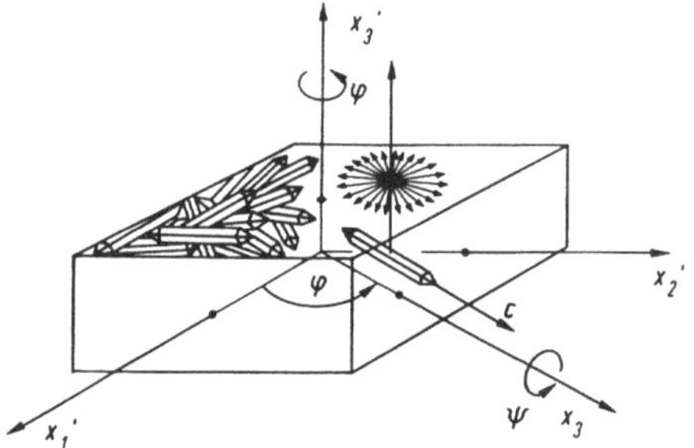

Abb.120: Dielektrische Textur nadelförmiger Kristallite

ebene haben die c-Achsen eine beliebige Lage φ. Die Regellosigkeit bezüglich der a-Achsenlage wird durch die Mittelung der Winkelkoordinate ψ nachgebildet. Die Mittelung erfolgt somit über zwei Koordinaten:

$$\bar{\bar{\bar{\chi}}}_{ij} = \frac{1}{4\pi^2} \int_0^{2\pi} \int_0^{2\pi} \chi'_{ij} \, d\varphi \, d\psi \tag{1786}$$

Setzt man in der Formelgruppe (164) bis (172) den Winkel

$$\delta = 90^{\circ} \tag{1787}$$

resultiert:

$$a_{ij} = \begin{pmatrix} -\sin\varphi\ \sin\psi & \sin\varphi\ \cos\psi & -\cos\varphi \\ -\cos\varphi\ \sin\psi & \cos\varphi\ \cos\psi & \sin\varphi \\ \cos\psi & \sin\psi & 0 \end{pmatrix} \tag{1788}$$

Hervorzuheben ist der spezielle Wert

$$a_{33} = 0 \tag{1789}$$

und die Reduktion der Transformation (1756) zu:

$$\chi'_{11} = a_{11}^2\chi_{11} + 2a_{11}a_{12}\chi_{12} + 2a_{11}a_{13}\chi_{13} + a_{12}^2\chi_{22} + 2a_{12}a_{13}\chi_{23} + a_{13}^2\chi_{33} \tag{1790}$$

$$\chi'_{12} = a_{11}a_{21}\chi_{11} + (a_{11}a_{22} + a_{12}a_{21})\chi_{12} + (a_{11}a_{23} + a_{13}a_{21})\chi_{13} + a_{12}a_{22}\chi_{22} + (a_{12}a_{23} + a_{13}a_{22})\chi_{23} + a_{13}a_{23}\chi_{33} \tag{1791}$$

$$\chi'_{13} = a_{11}a_{31}\chi_{11} + (a_{11}a_{32} + a_{12}a_{31})\chi_{12} + a_{13}a_{31}\chi_{13} + a_{12}a_{32}\chi_{22} + a_{13}a_{32}\chi_{23} \tag{1792}$$

$$\chi'_{22} = a_{21}^2\chi_{11} + 2a_{21}a_{22}\chi_{12} + 2a_{21}a_{23}\chi_{13} + a_{22}^2\chi_{22} + 2a_{22}a_{23}\chi_{23} + a_{23}^2\chi_{33} \tag{1793}$$

$$\chi'_{23} = a_{21}a_{31}\chi_{11} + (a_{21}a_{32} + a_{22}a_{31})\chi_{12} + a_{23}a_{31}\chi_{13} + a_{22}a_{32}\chi_{22} + a_{23}a_{32}\chi_{23} \tag{1794}$$

$$\chi'_{33} = a_{31}^2\chi_{11} + 2a_{31}a_{32}\chi_{12} + a_{32}^2\chi_{22} \tag{1795}$$

Mit den speziellen Werten

$$a_{11} = -\sin\varphi\sin\psi \tag{1796}$$

$$a_{12} = \sin\varphi\cos\psi \tag{1797}$$

$$a_{13} = -\cos\varphi \tag{1798}$$

$$a_{21} = -\cos\varphi \sin\psi \tag{1799}$$

$$a_{22} = \cos\varphi \cos\psi \tag{1800}$$

$$a_{23} = \sin\varphi \tag{1801}$$

$$a_{31} = \cos\psi \tag{1802}$$

$$a_{32} = \sin\psi \tag{1803}$$

folgt:

$$\chi'_{11} = \chi_{11}\sin^2\varphi\sin^2\psi - \chi_{12}\sin^2\varphi\sin 2\psi + \chi_{13}\sin 2\varphi\sin\psi + \\ + \chi_{22}\sin^2\varphi\cos^2\psi - \chi_{23}\sin 2\varphi\cos\psi + \chi_{33}\cos^2\varphi \tag{1804}$$

$$\chi'_{12} = \tfrac{1}{2}\chi_{11}\sin 2\varphi\sin^2\psi - \tfrac{1}{2}\chi_{12}\sin 2\varphi\sin 2\psi + \chi_{13}\cos 2\varphi\sin\psi + \\ + \tfrac{1}{2}\chi_{22}\sin 2\varphi\cos^2\psi - \chi_{23}\cos 2\varphi\cos\psi - \tfrac{1}{2}\chi_{33}\sin 2\varphi \tag{1805}$$

$$\chi'_{13} = -\tfrac{1}{2}\chi_{11}\sin\varphi\sin 2\psi + \chi_{12}\sin\varphi\cos 2\psi - \chi_{13}\cos\varphi\cos\psi + \\ + \tfrac{1}{2}\chi_{22}\sin\varphi\sin 2\psi - \chi_{23}\cos\varphi\sin\psi \tag{1806}$$

$$\chi'_{22} = \chi_{11}\cos^2\varphi\sin^2\psi - \chi_{12}\cos^2\varphi\sin 2\psi - \chi_{13}\sin 2\varphi\sin\psi + \\ + \chi_{22}\cos^2\varphi\cos^2\psi + \chi_{23}\sin 2\varphi\cos\psi + \chi_{33}\sin^2\varphi \tag{1807}$$

$$\chi'_{23} = -\tfrac{1}{2}\chi_{11}\cos\varphi\sin 2\psi + \chi_{12}\cos\varphi\cos 2\psi + \chi_{13}\sin\varphi\cos\psi + \\ + \tfrac{1}{2}\chi_{22}\cos\varphi\sin 2\psi + \chi_{23}\sin\varphi\sin\psi \tag{1808}$$

$$\chi'_{33} = \chi_{11}\cos^2\psi + \chi_{12}\sin 2\psi + \chi_{22}\sin^2\psi \tag{1809}$$

Die Mittelung liefert:

$$\overline{\overline{\chi}}_{11} = \tfrac{1}{4}(\chi_{11} + \chi_{22} + 2\chi_{33}) \tag{1810}$$

$$\overline{\overline{\chi}}_{12} = 0 \tag{1811}$$

$$\overline{\overline{\chi}}_{13} = 0 \tag{1812}$$

$$\overline{\overline{\chi}}_{22} = \tfrac{1}{4}(\chi_{11} + \chi_{22} + 2\chi_{33}) \tag{1813}$$

$$\overline{\overline{\chi}}_{23} = 0 \tag{1814}$$

$$\overline{\overline{\chi}}_{33} = \tfrac{1}{2}(\chi_{11} + \chi_{22}) \tag{1815}$$

Es folgt der Tensor:

$$\overline{\overline{\chi}}_{ij} = \begin{pmatrix} \frac{1}{4}(\chi_{11}+\chi_{22}+2\chi_{33}) & 0 & 0 \\ 0 & \frac{1}{4}(\chi_{11}+\chi_{22}+2\chi_{33}) & 0 \\ 0 & 0 & \frac{1}{2}(\chi_{11}+\chi_{22}) \end{pmatrix} \qquad (1816)$$

Die Suszeptibilitätswerte χ_{12}, χ_{13} und χ_{23} der triklinen Kristallite mitteln sich unabhängig davon, ob es sich um mono- oder polymineralisches Gestein handelt, heraus. Die Mittelung liefert eine dielektrische Textur von tetragonaler Symmetrie. Der Tensor (1816), welcher die Lagentextur trikliner, monokliner und rhombischer Kristalle beschreibt, vereinfacht sich für wirtelige Kristallindividuen zu:

$$\overline{\overline{\chi}}_{ij} = \begin{pmatrix} \frac{1}{2}(\chi_{11}+\chi_{33}) & 0 & 0 \\ 0 & \frac{1}{2}(\chi_{11}+\chi_{33}) & 0 \\ 0 & 0 & \chi_{11} \end{pmatrix} \qquad (1817)$$

Die Symmetrie des Lagengefüges bleibt tetragonal. Texturuntersuchungen an natürlichen Aggregaten sowie an künstlich gepreßten Gefügen wurden vom Verfasser durchgeführt. Eine Übereinstimmung des gemessenen und des nach (1817) berechneten Tensors konnte wegen der Restporosität der Preßkörper nicht festgestellt werden. Die Porosität setzt die Meßwerte systematisch herab und überlagert als Störeinfluß den Textureffekt.

Im folgenden Abschnitt wurde die Abhängigkeit der Suszeptibilität von der Porosität näher untersucht.

7.17. Abhängigkeit der dielektrischen Suszeptibilität von der Porosität

Zur Abschätzung des Porositätseffekts sei in Abb.121 ein Kondensator betrachtet, dessen Inhalt nur teilweise mit Materie gefüllt ist. Der Luftspalt s^* betrage einen Bruchteil des Plattenabstandes s^{**}. Die Suszeptibilität χ^{**} des Kombinationsmediums beträgt einschließlich des Luftspaltes:

$$\chi^{**} = \frac{U^*}{U^{**}}(1+\chi^*) - 1 \qquad (1818)$$

Hierbei bedeutet χ^* die Suszeptibilität der Luft. Die Spannung am Kondensator bestimmt sich zu:

$$U^{**} = E\,s + E^* s^* \qquad (1819)$$

Ist nur Luft im Kondensator vorhanden, geht (1819) mit

$$s = 0 \tag{1820}$$

in

$$U^* = E^* s^{**} \tag{1821}$$

über. Nach Einführung von (1819) und (1821) in (1818) folgt:

$$\chi^{**} = \frac{E^* s^{**}}{E s + E^* s^*}(1 + \chi^*) - 1 \tag{1822}$$

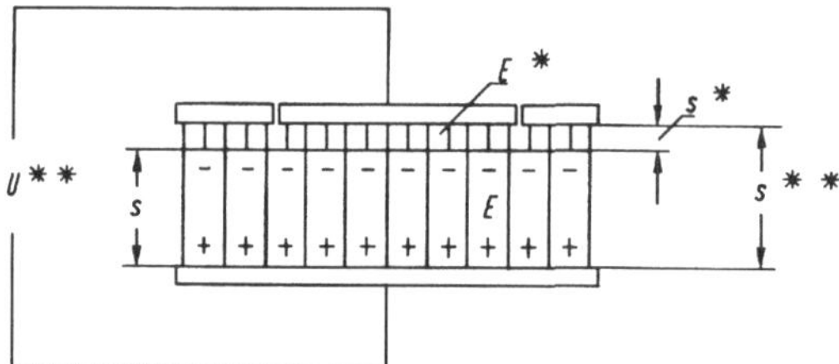

Abb.121: Luftspalt-Kondensator

Im Kondensator herrscht –– unabhängig von der Befüllung –– die gleiche dielektrische Verschiebung D, welche stetig durch die Grenzfläche des Dielektrikums geht. Bedeutet E die elektrische Feldstärke im Medium der Suszeptibilität χ so gilt nach (1367):

$$E = \frac{D}{\epsilon_0(1 + \chi)} \tag{1823}$$

Im Luftspalt ist entsprechend:

$$E^* = \frac{D}{\epsilon_0(1 + \chi^*)} \tag{1824}$$

Setzt man (1823) und (1824) in (1822) ein, resultiert:

$$\chi^{**} = \frac{1}{\dfrac{s/s^{**}}{1 + \chi} + \dfrac{s^*/s^{**}}{1 + \chi^*}} - 1 \tag{1825}$$

Das Reziprozitätsgesetz (1825) läßt sich auf beliebig viele Komponenten erweitern. Führt man die Volumenanteile

$$p = s/s^{**} \tag{1826}$$

und

$$p^* = s^*/s^{**} \tag{1827}$$

ein, erhält man:

$$\chi^{**} = \frac{1}{\frac{p}{1+\chi} + \frac{p^*}{1+\chi^*}} - 1 \tag{1828}$$

Mit

$$p = 1 - p^* \tag{1829}$$

folgt:

$$\chi^{**} = \frac{1}{\frac{1-p^*}{1+\chi} + \frac{p^*}{1+\chi^*}} - 1 \tag{1830}$$

Im übertragenen Sinn hat p^* die Bedeutung der Porosität, wenn man sich den Luftspalt über die Probe in Poren aufgeteilt denkt. Für Luft gilt näherungsweise:

$$\chi^* = 0 \tag{1831}$$

Führt man diesen Wert in (1830) ein, folgt:

$$\chi^{**} = \frac{1-p^*}{1+\chi p^*} \cdot \chi \tag{1832}$$

Verallgemeinert gilt für texturiertes poröses Gesteinsmaterial:

$$\chi_{ii}^{**} = \frac{1-p^*}{1+\overline{\chi_{ii}}p^*} \cdot \overline{\chi_{ii}} \tag{1833}$$

Für den porenfreien Verband

$$p^* = 0 \tag{1834}$$

folgt aus (1833) erwartungsgemäß

$$\chi_{ii}^{**} = \overline{\chi_{ii}} \tag{1835}$$

und für den feststoffreien Fall

$$p^* = 1 \tag{1836}$$

resultiert:

$$\chi_{ii}^{**} = 0 \tag{1837}$$

Bei ungleichen Zeigern i und j gilt

$$\chi_{ij}^{**} = \frac{1}{\frac{1-p^*}{\overline{\chi}_{ij}} + \frac{p^*}{\chi^*}} \tag{1838}$$

bzw. die Umformung:

$$\chi_{ij}^{**} = \frac{\chi^*}{\chi^* + p^*(\overline{\chi_{ij}} - \chi^*)} \tag{1839}$$

Diese Beziehung zeigt, daß bei ungleichen Zeigern die Näherung (1831) nicht angewandt werden darf. Für den porenfreien Verband (1834) gilt wiederum (1835), wohingegen in feststoffreier Füllung (1836) die Beziehung

$$\chi_{ij}^{**} = \chi^* \tag{1840}$$

resultiert. Mit den Ergebnissen (1833) und (1839) ist die gestellte Aufgabe gelöst, einen quantitativen Zusammenhang zwischen dem dielektrischen Tensor und der Porosität herzustellen.

Steinsalzpreßlinge NaCl von 1 % Porosität ergaben die von der Meßrichtung unabhängige Suszeptibilität von:

$$\chi^{**} = 4{,}57 \pm 0{,}12 \tag{1841}$$

Nach (1833) ergibt sich bei Einführung des Porositätswertes

$$p^* = 0{,}01 \tag{1842}$$

und der Festsubstanz-Suszeptibilität

$$\overline{\chi} = 4{,}87 \tag{1843}$$

der rechnerische Wert des porösen Verbandes zu:

$$\chi^{**} = 4{,}60 \tag{1844}$$

Die Übereinstimmung von Meß- und Rechenwert liegt innerhalb der Fehlergrenze. In Tabelle 41 ist dieses Beispiel neben weiteren Bestimmungsgängen eingetragen worden. Die Porosität von 1 % reduziert den Feststoffwert der Suszeptibilität um rund 1,5 %.

Tabelle 41. *Vergleich berechneter und gemessener Suszeptibilitätswerte poröser Gesteine*

Gestein	Mineral	Feststoff-suszeptibilität $\bar{\chi}$	Porosität p %	Gesteins-suszeptibilität (berechnet) χ^{**}	Gesteins-suszeptibilität (gemessen) χ^{**}
Steinsalz	$NaCl$	4,87	1	4,60	4,57
Fluorit	CaF_2	5,67	4	4,44	4,59
Coelestin	$SrSO_4$	10,50	3	7,75	7,59
Natriumnitrit	$NaNO_2$	4,97	5	3,78	3,64
Natriumnitrit	$NaNO_2$	4,97	10	2,99	2,87
Bariumpriderit	$BaO \cdot TiO_2$	2002	7	13,19	19,2

Ein verdichtetes Gemenge von Fluorit CaF_2, dessen Porosität p^* 4 % betrug, erbrachte einen Suszeptibilitätswert von:

$$\chi^{**} = 4{,}59 \pm 0{,}17 \tag{1845}$$

Das kubisch kristallisierende CaF_2 besitzt eine Kristallsuszeptibilität:

$$\bar{\chi} = 5{,}67 \tag{1846}$$

Die Berechnung liefert:

$$\chi^{**} = 4{,}44 \tag{1847}$$

Eine ungeregelte Probe rhombisch kristallisierenden Coelestins $SrSO_4$, deren Porosität 3 % betrug, zeigte eine von der Meßrichtung unabhängige Suszeptibilität:

$$\chi^{**} = 7{,}59 \pm 0{,}26 \tag{1848}$$

Es sei hier angemerkt, daß für ungeregelte Proben die Indizes i und j fortfallen dürfen:

$$\chi_{ij}^{**} = \chi^{**} \tag{1849}$$

Die Suszeptibilitätswerte des rhombischen Minerals

$$\chi_{11} = 6{,}7 \tag{1850}$$

$$\chi_{22} = 17{,}5 \tag{1851}$$

$$\chi_{33} = 7{,}3 \tag{1852}$$

ergeben den nach (1699) zu bestimmenden Mittelwert:

$$\bar{\chi} = 10{,}50 \tag{1853}$$

Die berechnete Suszeptibilität des porösen Verbands ergab:

$$\chi^{**} = 7{,}75 \tag{1854}$$

Das ebenfalls rhombisch kristallisierende Natriumnitrit $NaNO_2$, dessen Preßlinge eine Porosität von 5 % aufwiesen, lieferten die von der Meßrichtung unabhängige Suszeptibilität:

$$\chi^{**} = 3{,}64 \pm 0{,}23 \tag{1855}$$

Mit den Werten

$$\chi_{11} = 6{,}4 \tag{1856}$$

$$\chi_{22} = 4{,}5 \tag{1857}$$

$$\chi_{33} = 4{,}0 \tag{1858}$$

und dem daraus folgenden Mittelwert

$$\bar{\chi} = 4{,}97 \tag{1859}$$

resultiert der Vergleichswert:

$$\chi^{**} = 3{,}78 \tag{1860}$$

Eine Natriumnitrit-Probe mit einer Porosität von 10 % zeigte den Meßwert:

$$\chi^{**} = 2{,}87 \pm 0{,}14 \tag{1861}$$

Der Rechenwert

$$\chi^{**} = 2{,}99 \tag{1862}$$

liegt im Streubereich der Messung.

Eine besonders starke Erniedrigung der Verbands-Suszeptibilität durch die Porosität zeigen ferroelektrische Medien wie beispielsweise Bariumpriderit $BaTiO_3$. Die Suszeptibilitätswerte dieses bei Zimmertemperatur tetragonal kristallisierenden Minerals

$$\chi_{11} = 2919 \tag{1863}$$

$$\chi_{22} = 2919 \tag{1864}$$

$$\chi_{33} = 167 \tag{1865}$$

ergeben den Mittelwert:

$$\bar{\chi} = 2002 \tag{1866}$$

Rechnerisch beträgt die Suszeptibilität der mit einer Porosität von 7 % ausgestatteten Preßprobe:

$$\chi^{**} = 13{,}19 \tag{1867}$$

Der Meßwert

$$\chi^{*} = 19{,}2 \pm 7{,}3 \tag{1868}$$

weist wie der Rechenwert den enorm starken Suszeptibilitätsabfall nach.

Die bei ungeregeltem polykristallinem Material gültige Beziehung

$$\chi^{**} = \frac{1 - p^*}{1 + \bar{\chi} p^*} \bar{\chi} \tag{1869}$$

läßt sich bei bekannter Suszeptibilität des Gesteins auch zur Anschätzung der Porosität heranziehen:

$$p^* = \frac{1}{\bar{\chi}} \frac{\bar{\chi} - \chi^{**}}{1 + \chi^{**}} \tag{1870}$$

Eine Bariumpriderit-Schmelze, deren Suszeptibilität zu

$$\chi^{**} = 1997 \tag{1871}$$

gemessen wurde, läßt auf eine Porosität des Verbandes von

$$p^* = 0{,}00000125 \tag{1872}$$

schließen. Die meßtechnische Bestimmung einer derart niedrigen Porosität ist mit den heutigen Meßmethoden nicht möglich. Hier zeichnet sich ein neues Verfahren ab, dessen Entwicklung noch nicht abgeschlossen ist.

W. Schmidt (1902) untersuchte eine polykristalline Probe aus hexagonal kristallisierendem Pyromorphit $PbCl_2 \cdot 3Pb_3(PO_4)_2$, aus dessen Komponenten

$$\chi_{11} = 25{,}0 \tag{1873}$$

$$\chi_{22} = 25{,}0 \tag{1874}$$

$$\chi_{33} = 149 \tag{1875}$$

sich der Mittelwert

$$\bar{\chi} = 66{,}3 \tag{1876}$$

errechnet. Aus dem mitgeteilten Meßwert

$$\chi^{**} = 46{,}5 \tag{1877}$$

der porösen polykristallinen Probe bestimmt sich im nachherein aus (1870) die Porosität:

$$p^* = 0{,}0063 \tag{1878}$$

Die Nachprüfung dieses Porositätswertes von 0,63 % ist nicht möglich, da W. Schmidt (1902) hierüber keine Angaben gemacht hat.

Abschließend sei über eine Bestimmung des Verfassers an texturiertem Marmor berichtet. Für die untersuchte Marmorprobe, welche einen Porenraum von 10% aufwies, ergaben sich in den drei zueinander senkrechten Meßrichtungen die Suszeptibilitätswerte:

$$\chi_{11}^{**} = 3{,}79 \pm 0{,}03 \tag{1879}$$

$$\chi_{22}^{**} = 3{,}84 \pm 0{,}02 \tag{1880}$$

$$\chi_{33}^{**} = 3{,}72 \pm 0{,}04 \tag{1881}$$

Aus (1833) folgt:

$$\bar{\chi}_{ii} = \frac{\chi_{ii}^{**}}{1 - (1 + \chi_{ii}^{**})\, p^*} \tag{1882}$$

Mit den Werten (1879) bis (1881) resultieren die für porenfreies Gestein anzusetzenden Suszeptibilitätswerte:

$$\bar{\chi}_{11} = 7{,}28 \tag{1883}$$

$$\bar{\chi}_{22} = 7{,}44 \tag{1884}$$

$$\bar{\chi}_{33} = 7{,}05 \tag{1885}$$

Grob ist aus diesem Ergebnis abzulesen, daß die c-Achsen der Calcitkristalle vorwiegend in Richtung der Probenachse x_3' zeigen.

7.18. Dielektrische Suszeptibilität amorpher Medien

Die dielektrische Suszeptibilität wird nicht nur durch den Porositätseffekt beeinflußt, auch andere Formen der Gefügeauflockerung bewirken eine Verminderung der Suszeptibilität. Als Beispiel sei die mit einer Dichteabnahme gekoppelte Umwandlung der kristallinen Phase in den amorphen Zustand betrachtet.

Berechnet man nach (1700) für ungeregelten, porenfreien Quarzit die Suszeptibilität unter Zugrundelegung der Meßwerte (1603) und (1604), so resultiert der Mittelwert:

$$\overline{\overline{\overline{\chi}}} = 3{,}55 \tag{1886}$$

Der kryptokristalline Chalcedon SiO_2, dessen Korngrenzen amorphe Umwandlungen zeigen, besitzt dagegen nur eine Suszeptibilität von:

$$\overline{\overline{\overline{\chi}}} = 3{,}17 \tag{1887}$$

Gegenüber der Dichte des porenfreien Quarzits von 2,65 g/cm^3 besitzt Chalcedon die Dichte von 2,60 g/cm^3. Eine noch geringere Dichte weist amorphes Quarzglas SiO_2 mit 2,20 g/cm^3 auf. Erwartungsgemäß liegt die Suszeptibilität von Quarzglas niedriger.

Sie beträgt:

$$\overline{\overline{\overline{\chi}}} = 2{,}19 \tag{1888}$$

7.19. Änderung der Suszeptibilität beim Umwandlungspunkt

Beim Erstarren werden die Dipole in das Kristallgitter eingefügt. Daher fällt die Orientierungspolarisation bei festen Körpern normalerweise fort. Solange das Dielektrikum flüssig bleibt, steigt die Suszeptibilität mit abnehmender Temperatur kräftig an. Beim Umwandlungspunkt springt die Suszeptibilität auf einen relativ geringen, der Verschiebungspolarisation entsprechenden Wert zurück.

Beim Schwefel S fand J. Hattwich (1908) keine unstetige Änderung der Suszeptibilität beim Übergang in die kristalline Phase. Derartige Stoffe besitzen im flüssigen Zustand somit keine Dipole.

7.20. Permanente Polarisation

Wird eine dielektrische Flüssigkeit, die aus Dipolen besteht, bei der Erstarrung amorph, während sie sich in einem starken elektrischen Feld befindet, so werden die Dipole in ihrer gerichteten Lage fixiert und behalten diese Lage auch nach Ausschalten des elektrischen Feldes bei. Selbst nach mehreren Jahren zeigt sich keine Verringerung der permanenten Polarisation. Da nach Abtragen der Oberfläche der Polarisationseffekt erhalten bleibt, ist erkennbar, daß der gesamte Raum polarisiert ist. Ein solcher Körper wird analog zum magnetischen Fall „Elektret" genannt.

Die Raumladungsdichte der permanent polarisierten Stoffe ist stoffspezifisch. Sie liegt in der Größenordnung von $3 \cdot 10^{-3}$ C/m^3. Technische Anwendungen haben Elektrete bisher noch nicht gefunden.

Literaturverzeichnis

ADAMS, C. A.: Properties of Quartz. Scient. Rept. Dept. Phys. Macmurr. Coll. Abilence **1**, 1–5 (1961).

AGTE, C., H. ALTERTHUM, K. BECKER, G. HEYNE und K. MOERS: Die physikalischen Eigenschaften des Rheniums. Naturwissenschaften **19**, 108–109 (1931).

ALLBUTT, M., A. R. JUNKISON, and R.M. DELL: Compounds of Interest in Nuclear Technology. Amer. Inst. Min. Met. Petr. Eng. **1**, 65–67 (1964).

ALSTAD, J. K., R. V. COLVIN, and S. LEGVOLD: Single Crystal and Polycrystal Resistivity Relationships for Yttrium. Phys. Rev. **123**, 418–419 (1961).

ALT, G., and H. SCHWEPPE: Paratellurite a New Piezoelectric Material. Solid Stat. Commun. **6**, 783–784 (1968).

ANDRADE, E. N. C., and B. CHALMERS: The Resistivity of Polycrystalline Wires in Relation to Plastic Deformation and the Mechanism of Plastic Flow. Proc. Roy. Soc. London **138**, 348–374 (1932).

AUTY, R. P., and R. H. COLE: Dielectric Properties of Ice and Solid Heavy Water. Journ. Chem. Phys. **20**, 1309–1314 (1952)

BARNES, H. T.: The Orientation of Crystals of Ice in a Flux of Heat. Nature **83**, 276 (1910).

BARRETT, C. S., and L. H. LEVENSON: The Structure of Aluminium after Compression. Transact. Amer. Inst. Min. Met. Petr. Engin. **137**, 112–126 (1940).

BECHMAN, R.: Elastic and Piezoelectric Constants of Alphaquartz. Phys. Rev. **110**, 1060–1061 (1958).

BECKENKAMP, J.: Über die thermische Ausdehnung des Gipses. Zeitschrift Kristallogr. **6**, 450–455 (1882).

BECKER, K.: Eine röntgenographische Methode zur Bestimmung des Wärmeausdehnungskoeffizienten bei hohen Temperaturen. Zeitschr. Phys. **40**, 37–41 (1926).

BENOIT, J. R.: Nouvelles Etudes et Mesures de Dilatations par la Méthode de Fizeau. Trav. Mém. Bur. Int. Poids et Mesures **6**, 1–121 (1888).

BERLINCOURT, D.: Variation of Electroelastic Constant of Polycrystalline Lead Titanate Zirconate with Thoroughness of Poling. Journ. Acoust. Amer. **36**, 515–520 (1964).

BERLINCOURT, D.: Dielectric Constants of Lithium Galliumoxide. Monthley Reports Electron Res. Dept. Clevite Corp. **3**, 1–12 (1965).

BERLINCOURT, D., and W. R. COOK: Piezoelectric Properties of Lithium Trihydrogen Selenide. Bull. Amer. Phys. Soc. **6**, 140 (1961).

BERLINCOURT, D., H. JAFFE, and L. R. SHIOZAWA: Electroelastic Properties of the Sulfides, Selenides, and Tellurides of Zinc and Cadmium. Phys. Rev. **129**, 1009–1017 (1963).

BIRSS, R. R.: The Thermal Expansion Anomaly of Gadolinium. Proc. Roy. Soc. A **225**, 398–406 (1960).

BLANDIN, M. J.: Orientation des Germes cristallins de Sulfate de Magnésium dans les Champs électrique. Comptes Rendus **231**, 828–829 (1950).

BOAS, W.: Die Berechnung von Eigenschaften technischer Werkstücke aus Einkristallkonstanten und Kristallanordnung. Schweizer Archiv für angew. Wiss. und Techn. **1**, 257–264 (1935)

BOAS, W.,und E. SCHMID: Zur Berechnung physikalischer Konstanten quasiisotroper Vielkristalle. Helv. Phys. Acta **7**, 628–632 (1934).

BOREL, C.: Recherche des Constantes dielectriques de quelques Cristaux Biaxes. Comptes Rendus **116**, 1509–1511 (1893).

BOTTOMLEY, M. J., G. S. PARRY, and A. R. UBBELLOHDE: Thermal Expansion of some Salts of Graphite. Proc. Roy. Soc. Lond. A **279**, 291–301 (1964).

BRIDGE, J. R., C. M. SCHWARTZ, and D. A. VAUGHAN: X-Ray Diffraction Determination of the Coefficients of Expansion of Alphauranium. Journ. of Metals **8**, 1282–1285 (1956).

BRIDGMAN, P. W.: Certain Physical Properties of Single Crystals of Tungsten, Antimony, Bismuth, Tellurium, Cadmium, Zinc, and Tin. Proc. Amer. Acad. of Arts and Sci. **60**, 305–383 (1925).

BRIDGMAN, P. W.: Various Physical Properties of Rubidium and Caesium and the Resistance of Potassium under Pressure. Proc. Amer. Acad. of Arts and Sci. **60**, 385–421 (1925).

BRIDGMAN, P. W.: The Compressibility of eighteen Cubic Compounds. Proc. Amer. Acad. of Arts and Sci. **67**, 345–374 (1932).

BRILL, R., und A. TIPPE: Gitterparameter von Eis I bei tiefen Temperaturen. Acta Cryst. **23**, 343–345 (1967).

BRINKMANN, R., W. GIESEL und R. HOEPPENER: Über Versuche zur Bestimmung der Gesteinsanisotropie. Neues Jahrb. Geol. Paläont. Monatsh. **1**, 22–33 (1961).

BRUGGEMANN, D.A.G.: Berechnung verschiedener physikalischer Konstanten von heterogenen Substanzen insbesondere der Dielektrizitätskonstanten und Leitfähigkeiten von Vielkristallen der nichtregulären Systeme. Ann. Phys. **25**, 645–672 (1936).

BUNGE, H. J.: Zur Darstellung von Fasertexturen in reziproker Polfigur. Zeitschr. Metallkunde **51**, 535–536 (1960).

BUNGE, H. J.: Ein Zuverlässigkeitskriterium für Polfiguren von Texturen kubischer Kristalle. Kristall und Technik **1**, 171–173 (1966).

BUNGE, H. J.: Mathematische Methoden der Texturanalyse. Akademieverlag Berlin **202**, 1–330 (1969).

CAGLIOTI, V.: La Struttura dei Fili di Cloruro d'Argento lavorati a freddo (Die Struktur kalt bearbeiteten Silberchlorids). Atti. R. Acad. Nat. Lincei Rend. **18**, 570–574 (1933).

CHEVENARD, P.: Relation entre la Dilatation anomale et la Variation thermique de l'Aimantation des Corps Ferromagnetiques. Comptes Rendus **172**, 1655–1657 (1921).

CHILDS, B.G.: The Thermal Expansion of Anisotropic Metals. Rev. Mod. Physics **25**, 665–670 (1953).

COLLINS, J.G., J.A. COWAN, and G.K. WHITE: Thérmal Expansion of Indium. Cryogenics **7**, 219–220 (1967).

COOK, W.R., and H. JAFFE: The Crystallographic, Elastic, and Piezoelectric Properties of Ammonium Pentaborate and Potassium Pentaborate. Acta Cryst. **10**, 705–707 (1957).

CORRUCCINI, R.J., and J.J. GNIEWEK: Thermal Expansion. Techn. Solids at Low Temperature Monogr. Wash. **29**, 1–36 (1961).

CRISLER, D.F., J.J. CUPAL, and A.R. MOORE: Dielectric, Piezoelectric, and Electromechanical Coupling Constants of Zinc Oxide Crystals. Proc. IEEE **56**, 225–226 (1968).

CURIE, J.: Recherches sur le Pouvoir Inducteur spécifique et la Conductibilité des Corps cristallisés, Annales Chim. et Physique **17**, 385–434 (1889).

CZYZAK, S.J., H. PAYNE, W.M. BAKER, J.C. MANTHURUTHIL, and T.M. BIENIEWSKI: Susceptibility of Greenockite. Univ. Detroit Tech. Rept. **6**, 1–8 (1960).

DOBORZYNSKI, D.: Messungen der Dielektrizitätskonstante fester Körper mit Hilfe der Methode pondermotorischer Kräfte. Bull. Int. Akad. Polonaise Sci. et Lettr. A **6**, 320–349 (1937).

DREYER, W.: Festigkeitseigenschaften natürlicher Gesteine insbesondere der Salz- und Karbongesteine. Clausthaler Hefte der Lagerstättenkunde und Geochemie der mineralischen Rohstoffe **5**, 1–247 (1967).

DREYER, W.: Neuere Forschungsergebnisse auf dem Gebiet der Gesteinsphysik. Bergbauwissenschaften **14**, 299–308 (1967).

DREYER, W.: Regelungseigenschaften monomineralischer Gesteine bei gerichteter Beanspruchung. Proc. Int. Symp. Darmstadt **1**, 336–374 (1970).

DUNN, C.G.: On the Determination of Preferred Orientations. Journ. Appl. Phys. **30**, 850–857 (1959).

DUTTA, B.N., and B. DAYAL: Lattice Constants and Thermal Expansion of Palladium and Tungsten by X-Ray Method. Phys. Stat. Solids **3**, 2253–2259 (1963).

ERDMANN, J.C.: Wärmeleitung in Kristallen, theoretische Grundlagen und fortgeschrittene experimentelle Methoden, Lecture Notes in Physics, Vol. 1, 1–283. Berlin–Heidelberg–New York: Springer, 1969.

ERFLING, H.D.: Thermische Dilatation von Graphit aus Ceylon. Ann. Phys. **34**, 136–140 (1939).

ERRERA, J., und H. BRASSEUR: Ionenpolarisation in Kristallen. Phys. Zeitschr. **34**, 368–373 (1933).

ESKOLA, P.: Studien über eine aus einem einheitlichen Einkristall bestehende Eisdecke. Kristalle und Gesteine **1**, 323–328 (1946).

FELLINGER, R.: Bestimmung der Dielektrizitätskonstanten von Kristallen im homogenen elektrischen Felde. Ann. Phys. 7, 333–357 (1902).

FIZEAU, H.: Methode zur Bestimmung der Ausdehnung fester Körper durch die Wärme. Ann. Phys. **123**, 515–522 (1864).

FIZEAU, H.: Über Ausdehnungskoeffizienten der Kristalle. Ann. Phys. **135**, 372–387 (1868).

FORSBERGH, P.W.: Frequence Dependence of the Dielectric Constants of Barium Titanate. Progr. Rep. **5**, 17–19 (1949).

GEUSIC, J.E., H.J. LEVINSTEIN, J.J. RUBIN, S. SINGH, and L.G. VANUITERT: The nonlinear Optical Properties of Barium Sodium Niobate. Appl. Phys. Letters **11**, 269–271 (1967).

GOENS, E., und E. SCHMID: Elastische Konstanten, elektrischer Widerstand und thermische Ausdehnung des Magnesiumkristalls. Phys. Zeitschr. **37**, 385–391 (1936).

GORTON, A.T.G. BITSIANES, and T.L. JOSEPH: Thermal Expansion Coefficients for Iron and its Oxides from X-Ray Diffraction Measurements at elevatedTemperatures. Transact. Met. Soc. AIME **233**, 1519–1525 (1965).

GRIGGS, D.T., and W.B. MILLER: Deformation of Yule Marble due to Compression and Extension Experiments. Geol. Soc. Amer. Bull. **62**, 853–862 (1951).

GRIGGS, D.T., F.J. TURNER, and H.C. HEARD: Deformation of Rocks at elevated Temperatures. Rock Deformation Symposium of Geol. Soc. Amer. Mem. **79**, 39–104 (1960).

GRÜNEISEN, E., und E. GOENS: Untersuchungen an Metallkristallen im Hinblick auf die thermische Ausdehnung von Zink und Cadmium. Zeitschr. Phys. **29**, 141–156 (1924).

GRÜNEISEN, E., und O. SCKELL: Quecksilberkristalle. Ann. Phys. **19**, 387–408 (1934).

HAESSNER, F., U. JAKUBOWSKI und M. WILKENS: Anwendung elektronischer Feinbereichsbeugung zur Ermittlung der Walztextur von Kupfer. Phys. Sol. State **7**, 701–710 (1964).

HALL, P.M., S. LEGVOLD, and F.H. SPEDDING: Electrical Resistivity of Yttrium Single Crystals. Phys. Rev. **116**, 1446–1447 (1959).

HAMANO, K., K. NEGISHI, M. MARUTAKE, and S. NOMURA: Electromechanical Properties of Sodium Nitrite Single Crystals. Jap. Journ. Appl. Phys. **2**, 83–90 (1963).

HARRIS, G.B.: Quantitative Measurement of Preferred Orientation in Rolled Uranium Bars. Phil. Mag. **43**, 113–123 (1952).

HARRIS, B., and D.E. PEACOCK: Physical Properties of some Niobium and Columbium Alloys at Low Temperature. Transact. Met. Soc. AIME **236**, 471–473 (1966).

HATTWICH, J.: Über Dielektrizitätskonstanten beim Schmelzpunkt. Sitzungsber. Akad. Wiss. Wien **117**, 903–909 (1908).

HAUSSÜHL, S.: Kristallographische Eigenschaften von Silbersulfattetraammoniakat. Zeitschr. Naturforsch. A **15**, 549–550 (1960).
HAUSSÜHL, S.: Piezoelektrische und elastische Eigenschaften von Kaliumcuprocyanid. Zeitschr. Krist. **125**, 184–187 (1967).
HAUSSÜHL, S.: Piezoelektrisches und elektrisches Verhalten von Lithiumjodat. Phys. Stat. Solids K **29**, 159–162 (1968).
HENNING, F.: Über die Ausdehnung fester Körper bei tiefer Temperatur. Ann. Phys. **22**, 631–639 (1907).
HERSPRING, A.: Ferroelektrische keramische Werkstoffe. Elektrotechn. Zeitschr. **72**, 53–58 (1956).
HIDNERT, P., and W.T. SWEENEY: Thermal Expansion of Magnesium and some of its Alloys. Bur. Stand. Journ. Res. **1**, 771–792 (1928).
HILL, R.: The Elastic Behaviour of a Crystalline Aggregate. Proc. Phys. Soc. Lond. A **65**, 349–354 (1952).
HONDA, K.: Die thermodynamischen Eigenschaften der Elemente. Ann. Phys. **32**, 1027–1063 (1910).
HONDA, K., und Y. SHIMIZU: Einfluß der Kaltbearbeitung und Dichteänderung auf die Suszeptibilität von Kupfer. Sci. Rep. Tohoku Imp. Univ. **22**, 915–923 (1933).
HU, H.: An Electron Transmission Study of Rolled and Annealed Silicon Iron Crystal. Trans. AIME **230**, 572–580 (1964).
HUMBEL, F., F. JONA und P. SCHERRER: Anisotropie der Dielektrizitätskonstante des Eises. Helv. Phys. Acta **26**, 17–32 (1953).
IEVINS, A., und M. STRAUMANIS: Die Bestimmung von Ausdehnungskoeffizienten nach der Pulver- und der Drehkristallmethode. Zeitschr. Anorg. Chem. **238**, 175–188 (1938).
JAFFE, H.: Dielectric Constants of Potassium Pentaborate. The Brush Development Comp. Cleveland Contr. **1583**, 1–12 (1948).
JAFFE, H.: Dielectric Susceptibility of Zinkite. Paper pres. Symp. Sonics and Ultrasonics held at Santa Monica Calif. **1**, 1–22 (1964).
JANNETTAZ, E.: Sur les Anneaux colorés produits dans le Gypse par la Pression et sur leur Connexion avec l'Ellipsoide des Conductibilités thermiques et avec les Clivages. Comptes Rendus **75**, 940–942 (1872).
JANNETTAZ, E.: La Propagation de la Chaleur dans les Corps cristallisés. Ann. Chim. Phys. **29**, 5–82 (1873).
JOHANSSON, C.H., und J.O. LINDE: Röntgenographische Bestimmung der Atomanordnung in den Mischristallreihen Gold und Kupfer sowie Palladium und Kupfer. Ann. Phys. **78**, 439–460 (1925).
JOHNSON, V.A.: Calculation of the Dielectric Constant of Tellurium. Phys. Rev. **73**, 1231 (1948).
KARL, F., und H. KERN: Über die Beanspruchung und Verformung von Gesteinen. Contr. Miner. Petr. **18**, 199–224 (1968).
KEMPTER, C.P., R.O. ELLIOT, and K.A. GSCHNEIDER: Thermal Expansion of Delta and Epsilon Zirconium Hydrides. Journ. of Chem. Phys. **33**, 837–840 (1960).

KERN, H.: Über den Einfluß von Beanspruchungsart und Gefügeanisotropie auf das Formverhalten von Marmoren. Bergbauwissenschaften **16**, 185–190 (1969).

KERN, H.: Dreiaxiale Verformung an Solnhofener Kalkstein und röntgenographische Gefügeuntersuchungen mit dem Texturgoniometer. Contr. Miner. Petr. **31**, 39–66 (1971).

KERN, H., und G. BRAUN: Deformation und Gefügeregelung von Steinsalz im Temperaturbereich 20 bis 200°C. Contr. Mineralogy **40**, 169–181 (1973).

KHAN, A. A.: X-Ray Determination of Thermal Expansion of Zinc Oxide. Acta Cryst. A **24**, 403 (1968).

KLOCKE, F.: Über die optische Struktur des Eises. Neues Jahrb. Min. A **1**, 279–285 (1879).

KLOCKE, F.: Über die optische Struktur des Gletschereises. Neues Jahrb. Min. A **1**, 23–30 (1881).

KNOPF, E. B.: Fabric Changes in Yule Marble after Deformation in Compression. Amer. Soc. Sci. **247**, 433–461 (1949).

KOHLHAAS, R., P. DÜNNER und N. SCHMITZ-PRANGHE: Über die Temperaturabhängigkeit der Gitterparameter von Eisen, Kobalt und Nickel im Bereich hoher Temperaturen. Zeitschr. Angew. Physik **23**, 245–249 (1967).

KOLB, R.: Vergleich von Anhydrit, Cölestin, Baryt und Anglesit in bezug auf die Veränderung ihrer geometrischen und optischen Verhältnisse mit der Temperatur. Zeitschr. Krist. **49**, 14–61 (1911).

KOPTSIK, V. A., and I. B. KOBYAKOV: The Dielectric, Piezoelectric and Elastic Parameters of Cancrinite Crystals. Sov. Phys. **4**, 201–203 (1959).

LAJNER, D. I., E. I. KRUPNIKOVA und A. S. BAJ: Ausmessung von Ätzgruben im Elektronenmikroskop. Trud. Gos. Nauch. Issl. Proj. Inst. Obrab. Tsvet. Met. **20**, 143–147 (1961).

LAPLACA, S., and B. POST: Thermal Expansion of Ice. Acta Cryst. **13**, 503–505 (1960).

LEYDOLT, F.: Optische Achsenverteilung der Eiskristalle in einem Eiszapfen. Ber. Wien. Akad. **7**, 477–487 (1851).

LIEBISCH, T., und H. RUBENS: Über die optischen Eigenschaften einiger Kristalle im langwelligen ultraroten Spektrum. Sitzungsber. Berl. Akad. **1**, 876–899 (1919).

LIEBISCH, T., und H. RUBENS: Über die optischen Eigenschaften einiger Kristalle im langwelligen ultraroten Spektrum. Sitzungsber. Berl. Akad. **3**, 211–220 (1921).

MASON, W. P.: The Elastic, Piezoelectric and Dielectric Constants of Potassium Dihydrogen Phosphate and Ammonium Dihydrogen Phosphate. Phys. Rev. **69**, 173–194 (1946).

MASON, W. P.: Piezoelectric Crystals and their Applications to Ultrasonics. Van Norstr. Comp. Toronto **1**, 288–389 (1950).

MASON, W. P.: Barium Titanate Ceramics. Amer. Inst. Phys. Handb. Comp. Mc Graw-Hill **3**, 3–98 (1963).

MASON, W. P.: Crystal Physics of Interaction Processes. Acad. Press New York and Lond. **23**, 1–354 (1966).

MATTHIAS, B.T.: Dielectric Constant and Piezoelectric Resonance of Barium Titanate Crystals. Nature **161**, 325–326 (1948).

MAUER, F.A., and L.H. BOLZ: Measurements of Thermal Expansion of Cermet Components by High Temperature X-Ray Diffraction. Tech. Sol. Low Temp. Monogr. Wash. Rep. **5837**, 1–24 (1957).

MEDOFF, J., and I. CADOFF: The Anisotropy of Thermal Expansion in Zinc. Transact. Met. Soc. AIME **230**, 246–248 (1964).

MEGAW, H.D.: The Thermal Expansion of certain Crystals with Layer Lattice. Proc. Roy. Soc. Lond. A **142**, 198–214 (1933).

MERZ, W.J.: The Electrical and Optical Behavior of Barium Priderite Single Domain Crystals. Phys. Rev. **76**, 1221–1225 (1949).

MEYERHOFF, R.W., and J.F. SMITH: Anisotropic Thermal Expansion of Single Crystals of Thallium, Yttrium, Beryllium, and Zinc at Low Temperatures. Journ. Appl. Phys. **33**, 219–224 (1962).

MÜGGE, O.: Über die Plastizität der Einkristalle. Neues Jahrb. Min. A **2**, 211–228 (1895).

MUELLER, M.H., H.W. KNOTT, W.P. CHERNOCK, and P.A. BECK: Preferred Orientation in Rolled Uranium Rods. Transact. Met. Soc. AIME **212**, 793–798 (1958).

MUNN, R.W.: Rôle of the Elastic Constants in negative Thermal Expansion of Axial Solids. Journ. Phys. C **5**, 535–542 (1972).

MURPHY, E.J.: The Temperature Dependence of the Relaxation Time of Polarizations in Ice. Transact. Amer. Electrochem. Soc. **65**, 133–142 (1934).

NYE, J.F.: Physical Properties of Crystals. Oxf. Clar. Press Brist. Ser. **1**, 53–67 (1960).

OWEN, E.A., and T.L. RICHARDS: On the Thermal Expansion of Beryllium. Phil. Mag. **22**, 304–311 (1936).

OWEN, E.A., and E.W. ROBERTS: The Thermal Expansion of the Crystal Lattices of Cadmium, Osmium, and Ruthenium. Phil. Mag. **22**, 290–304 (1936).

PAOLOVIC, A., and R. PEPINSKI: Reexamination of Low Temperature Properties of Crystalline Quartz. Journ. Appl. Phys. **25**, 1344–1345 (1954).

PARSONS, R.B., and A.D. YOFFE: Thermal Expansions of the Alkali Metal Azides. Acta Cryst. **20**, 36–42 (1966).

PATERSON, M.S.: Experimental Deformation and Faulting in Wombeyan Marble. Geol. Soc. Amer. Bull. **69**, 1302–1308 (1958).

PAWAR, R.R., and V.T. DESHPANDE: The Anisotropy of the Thermal Expansion of Titanium. Acta Cryst. A **24**, 316–317 (1968).

PFAFF, F.: Untersuchungen über die Ausdehnung der Kristalle durch die Wärme. Ann. Phys. **107**, 148–154 (1859).

PISANI, M.: Über Dielektrizitätskonstanten fester Körper. Inaug. Diss. Berl. **27**, 1–33 (1903).

POPLAVKO, Y.M., V.G. TSYKALOV, and V.I. MOLCHANOV: Microwave Dielectric Dispersion of the Ferroelectric and Paraelectric Phases of Barium Titanate. Sov. Phys. Sol. State **11**, 2708–2709 (1969).

POWLES, J.G.: A Calculation of the Static Dielectric Constant of Ice. Journ. Chem. Phys. **20**, 1302–1308 (1952).

PULFRICH, C.: Über das Abbe-Fizeausche Dilatometer. Instrumentenkunde **13**, 365–380 (1893).
RAMACHANDRAN, G.N., and W.A. WOOSTER: Determination of Elastic Constants from Diffuse Reflection of X-Ray. Nature **164**, 839–940 (1949).
RAO, N.: Dielectric Constants of Crystals. Proc. Ind. Acad. Sci. A **30**, 82–86 (1949).
RAO, K.V.K., and L. IYENGAR: X-Ray Studies on the Thermal Expansion of Ruthenium Dioxyde. Acta Cryst. A **25**, 302–303 (1969).
RAO, K.V.K., S.V.N. NAIDU, and P.L.N. SETTY: Thermal Expansion of Magnesium Fluoride. Acta Cryst. **15**, 528–530 (1962).
RATHENAU, G.W., J. SMIT, and A.L. STUYTS: Ferromagnetic Properties of Hexagonal Oron Oxide Compounds with and without a Preferred Orientation. Zeitschr. Phys. **133**, 250–260 (1952).
RAYNOR, G.V., and W. HUME-ROTHERY: A Technique for the X-Ray Powder Photography of reactive Metals and Alloys with special Reference to the Lattice Spacing of Magnesium at High Temperatures. Journ. Inst. Met. **65**, 379–387 (1939).
REEBER, R.R., and G.W. POWELL: Thermal Expansion of Wurtzite. Journ. Appl. Phys. **38**, 1531–1534 (1967).
ROE, R.J., and W.R. KRIGBAUM: Description of Crystallite Orientation in Polycrystalline Materials having Fiber Texture. Journ. Chem. Phys. **40**, 2608–2615 (1964).
ROSENHOLTZ, J.L., and D.T. SMITH: Linear Thermal Expansion of Calcite, Iceland Spar, and Yule Marble. Amer. Mineralogist **34**, 846–854 (1949).
ROSENHOLTZ, J.L., and D.T. SMITH: The Directional Concentration of Optic Axes in Yule Marble. Amer. Journ. Sci. **249**, 377–384 (1951).
SAINI, H., et A. MERCIER: Dilatation thermique du Nitrate de Sodium mesurée aux Rayons X. Helv. Phys. Acta **7**, 267–272 (1934).
SAWADA, S., S. NOMURA, S. FUJII, and I. YOSHIDA: Ferroelectricity in Sodium Nitrite. Phys. Rev. Letters **1**, 320–321 (1958).
SCHÄFER, C.,und M. SCHUBERT: Kurzwellige ultrarote Eigenfrequenzen der Sulfate und Karbonate. Ann. Phys. **50**, 283–338 (1916).
SCHMID, E., und F. STAFFELBACH: Über den spezifischen Widerstand des Tellurs. Ann. Phys. **29**, 273–278 (1937).
SCHMIDT, H.: Über einige Messungen an Bariumtitanat. Acustica B **2**, 83–88 (1952).
SCHMIDT, W.: Bestimmung der Dielektrizitätskonstanten von Kristallen mit elektrischen Wellen. Ann. Phys. **9**, 919–937 (1902).
SCHRAUF, A.: Über die Trimorphie und die Ausdehnungskoeffizienten von Titanoxyd. Zeitschr. Krist. **9**, 433–485 (1884).
SCHRAUF, A.: Die thermischen Konstanten des Schwefels. Zeitschr. Krist. **12**, 321–375 (1887).
SEDSTRÖM, E.: Peltierwärme samt thermischer und elektrischer Leitfähigkeit einiger fester metallischer Lösungen. Ann. Phys. **59**, 134–144 (1919).
SEIWERT, R.: Thermische Verschiebung der langwelligen Grenze der Grundgitterabsorption von Cadmiumsulfid. Ann. Phys. **6**, 241–252 (1949).

SÉNARMONT, H.: Über die Wärmeleitung in kristallinen Substanzen. Ann. Phys. **75**, 50–62 (1848).
SHINODA, G.: X-Ray Investigations on the Thermal Expansion of Solids. Mem. Coll. Sci. Kyoto **17**, 27–30 (1934).
SHIRANE, G., R. NEWNHAM, and R. PEPINSKI: Dielectric Properties and Phase Transitions of Sodium Niobate. Phys. Rev. **96**, 581–588 (1954).
SIEMES, H.: Röntgenographische Bestimmung der Texturen von verformtem Solnhofener Kalkstein. Proc. First. Congr. Int. Soc. Rock. Mech. Lisb. **1**, 205–215 (1966).
SIEMES, H., und D. SCHACHNER: Theoretische Ableitung der Schertexturen von Bleiglanz und Vergleich dieser mit Texturen natürlich verformter Bleiglanze. Neues Jahrb. Min. Abh. **102**, 221–250 (1965).
SINGH, H.P.: Determination of Thermal Expansion of Germanium, Rhodium and Iridium by X-Rays. Acta Cryst. A **24**, 469–471 (1968).
SINGH, H.P., and B. DAYAL: Lattice Parameters and Thermal Expansion of Zinc Telluride and Mercury Selenide. Acat Cryst. A **26**, 363–364 (1970).
SMITH, R.T.: Dielectric Constants of Lithium Niobate. Proc. Ann. Symp. Frequ. Contr. US Army Electr. Lab. Fort Monmouth **21**, 39–42 (1967).
SMYTH, C.P., and C.S. HITCHCOCK: Dipole Rotation in Crystalline Solids. Journ. Amer. Chem. Soc. **54**, 4631–4647 (1932).
SOSMAN, R.B.: The Properties of Silica. Chem. Cat. Comp. Inc. New York **1**, 1–16 (1927).
STÄBLEIN, H.: Quantitative Beziehungen zwischen Textur und Remanenz hexagonaler Ferrite. Techn. Mitt. Krupp Forsch. Ber. **24**, 103–112 (1966).
STÄBLEIN, H., und J. WILLBRAND: Quantitative Texturbestimmung von vorzugsgerichtetem Bariumferrit. Zeitschr. Angew. Phys. **21**, 47–51 (1966).
STARKE, H.: Über eine Methode zur Bestimmung der Dielektrizitätskonstanten fester Körper. Ann. Phys. **60**, 629–641 (1897).
STEPHENSON, C.C., and H.E. ADAMS: The Heat Capacity of Ammonium Dihydrogen Arsenat. Journ. Amer. Chem. Soc. **66**, 1409–1412 (1944).
STOKES, G.G.: On the Conduction of Heat in Crystals. Cambr. and Dublin Math. Journ. **6**, 215–236 (1851).
STRAUMANIS, M.: Die Gitterkonstanten und Ausdehnungskoeffizienten des Tellurs und Selens. Zeitschr. Krist. **102**, 432–454 (1940).
STURCKEN, E.F., and J.W. CROACH: Predicting Physical Properties in Oriented Metals. Transact. Met. Soc. AIME **227**, 934–940 (1963).
TAYLOR, J.B., S.L. BENNETT, and R.D. HEYDING: Physical Properties of Arsenic. Journ. Phys. Chem. Solids **26**, 69–74 (1965).
THOMAS, J.G., and E. MENDOZA: The Electrical Resistance of Magnesium, Aluminium, Molybdenium, Cobalt, and Tungsten at Low Temperatures. Phil. Mag. **43**, 900–910 (1952).
TURNER, F.J.: Preferred Orientation of Calcite in Yule Marble. Amer. Journ. Sci. **247**, 593–621 (1949).
TURNER, F.J., and C.S. CHIH: Deformation of Yule Marble observed Fabric Changes due to Deformation. Geol. Soc. Amer. Bull. **62**, 887–905 (1951).

TURNER, F. J., D. T. GRIGGS, R. H. CLARK, and R. H. DIXON: Deformation of Yule Marble. Geol. Soc. Amer. Bull. **67**, 1259–1294 (1956).
TURNER, F. J., D. T. GRIGGS, and H. C. HEARD: Experimental Deformation of Calcite Crystals. Geol. Soc. Amer. Bull. **65**, 883–934 (1954).
TUTTON, A. E.: Die thermische Deformation der kristallisierten Sulfate von Kalium, Rubidium und Cäsium. Zeitschr. Krist. **31**, 426–467 (1899).
TYNDALL, J.: On some Physical Properties of Ice. Phil. Trans. Roy. Soc. Lond. **148**, 211–229 (1859).
VANDYKE, K. S., and G. D. GORDON: Dielectric Susceptibility of Bariumpriderite. US Signal Corps Contr. Rep. Wesleyan Univ. Middletown **1556**, 1–8 (1950).
VISWAMITRA, M. A., and S. RAMASESHAN: The Anomalous Thermal Expansion of Kaliumjodide at Low Temperatures. Acta Cryst. **15**, 513–514 (1962).
VOIGT, W.: Lehrbuch der Kristallphysik. Bibl. Math. Teubn. **12**, 1–978 (1910).
VORONKOV, A. A.: The Piezoelectric, Elastic and Dielectric Properties of Crystals of Magnesium Sulfate Heptahydrate. Sov. Phys. Cryst. **3**, 722 (1958).
WALTER, J. L., and E. F. KOCH: Electron Microscope Study of the Structures of Coldrolled and Annealed Crystals of High Purity Silicon Iron. Acta Met. **10**, 1059–1075 (1962).
WARNER, A. W.: Measurement of Dielectric Constants of Lithium Gallium Oxide. Proc. Amer. Symp. Frequ. Contr. US Army Electr. Lab. Fort Monmouth **5**, 1–5 (1965).
WASSERMANN, G., und J. GREVEN: Texturen metallischer Werkstoffe, 2. Aufl., 1–808. Berlin–Göttingen–Heidelberg: Springer, 1962.
WEISSENBERG, K.: Statistische Anisotropie in kristallinen Medien und ihre röntgenographische Bestimmung. Ann. Phys. **69**, 409–435 (1922).
WESTBROOK, L. R.: Indium Recovery by Electrode Position. Trans. Amer. Electrochem. Soc. **57**, 289–296 (1930).
WHITE, G. K.: Thermal Expansion of Solids at Low Temperature. Proc. Int. Conf. Low Temp. Phys. **8**, 394–396 (1963).
WILENKIN, N. J.: Special'nye Funkcii i teorija predstavlenija Grupp (Spezielle Funktionen und Darstellungstheorie der Gruppen). Isdatelstwo Nauka Moskau **16**, 1–112 (1965).
WILSON, E.: On the Measurements of Low Magnetic Susceptibility by an Instrument of New Type. Proc. Roy. Soc. Lond. A **98**, 274–284 (1921).
WINTSCH, H.: Über Dielektrizitätskonstante, Widerstand und Phasenwinkel des Eises. Helv. Phys. Acta **5**, 126–144 (1932).
WOOSTER, W. A.: Experimentelle Kristallphysik. Verlagsreihe Deutsch. Verl. Wiss. Berl. **1**, 51–61 (1938).
YAMADA, Y., I. SHIBUYA, and S. HOSHINO: Phase Transition in Sodium Nitrite. Journ. Phys. Soc. Jap. **18**, 1594–1603 (1963).
ZUBOV, V. G., and A. P. GRISHINA: Dielectric Constant and Refractive Indices of Quartz after Exposure to Fast Neutrons. Sov. Phys. Cryst. **7**, 185–187 (1962).

Namenverzeichnis

Sachverzeichnis